U0173585

创新方法名著译丛

丛书主编／周　元

（原著第二版）

集成产品与工艺设计和开发

产品实现过程

〔美〕爱德华·B．玛格拉博（Edward B. Magrab）
〔美〕萨特扬德拉·K．古普塔（Satyandra K. Gupta）
〔美〕F．帕特里克·麦克拉斯基（F. Patrick McCluskey）　／著
〔美〕彼得·A．桑德博恩（Peter A. Sandborn）

曹国忠　郭海霞　于　菲　张争艳　武春龙　刘　伟　贾丽臻／译

Integrated Product and Process Design and Development

The Product Realization Process

科学出版社

北京

图字:01-2017-6270

内 容 简 介

本书面向企业产品和技术创新需求,综合考虑用户需求和满意度、质量、可靠性、制造方法和材料选择、装配、成本、环境、调度等要素与环节,构建了系统化产品实现过程,即集成产品与工艺设计和开发(IP^2D^2),主要介绍 IP^2D^2 团队、产品成本分析、用户需求分析、设计规范、功能分解、概念设计、装配与拆卸设计、材料选择、制造工艺设计以及产品和流程改进等内容,为读者提供了一种分阶段、逐步构建高质量产品的方法,并在书中提供多个工程案例介绍方法的具体实施途径。

本书适于企业研发人员、管理人员、工科研究生和本科高年级学生阅读使用,对于产品创新设计具有较高的参考价值,对提升工程技术人员的创新能力和创新效率有重要的意义。

图书在版编目(CIP)数据

集成产品与工艺设计和开发:产品实现过程:原著第二版/(美)爱德华·B. 玛格拉博 (Edward B. Magrab) 等著;曹国忠等译.
—北京:科学出版社,2020.11
(创新方法名著译丛/周元主编)
书名原文:Integrated Product and Process Design and Development:
The Product Realization Process
ISBN 978-7-03-062717-9

Ⅰ.①集… Ⅱ.①爱… ②曹… Ⅲ.①产品设计 Ⅳ.①TB472

中国版本图书馆 CIP 数据核字 (2019) 第 225572 号

责任编辑:张　菊 / 责任校对:樊雅琼
责任印制:肖　兴 / 封面设计:黄华斌

斜 学 出 版 社 出版
北京东黄城根北街 16 号
邮政编码:100717
http://www.sciencep.com
中国科学院印刷厂印刷
科学出版社发行　各地新华书店经销
*
2020 年 11 月第 一 版　开本:720×1000　1/16
2020 年 11 月第一次印刷　印张:28 1/4
字数:570 000
定价:338.00 元
(如有印装质量问题,我社负责调换)

作　　者

爱德华·B. 玛格拉博是马里兰大学科利奇帕克分校工程学院机械工程系的名誉教授，也曾担任该学院工程研究中心制造项目主任。他的研究方向是集成设计与制造。玛格拉博博士在华盛顿哥伦比亚特区的美国天主教大学机械工程系任教 9 年，之后到国家技术标准研究所（NIST）工作，在 NIST 制造工程中心担任主管 12 年，包括任职机器人计量组组长和自动制造研究部垂直加工工作站经理。玛格拉博博士已经出版 7 本著作并发表了许多期刊文章，并拥有 1 项专利。玛格拉博博士是美国机械工程师学会的终身研究员，也是马里兰州注册的专业工程师。

萨特扬德拉·K. 古普塔是马里兰大学机械工程系和系统研究所的教授。古普塔教授主要从事新一代计算机辅助设计和制造系统计算基础开发，研究项目包括加工生成过程规划、自动可制造性分析、自动重新设计、钣金弯曲生成过程规划、钣金弯曲自动化工具设计、装配规划和模拟、微机电系统集合参数模拟模型提取等。古普塔教授已发表 150 多篇期刊、会议论文，并在著作中撰写多章节。他是美国机械工程师学会（ASME）、制造业工程师协会（SME）和汽车工程师学会（SAE）的成员，曾担任 *IEEE Transactions on Automation Science and Engineering* 杂志和 ASME *Journal of Computing and Information Science in Engineering* 杂志的副主编，还曾在几何建模和处理会议、计算机辅助设计会议、产品生命周期管理会议、CAD 和图形会议以及 ACM 实体和物理建模会议上担任程序委员会成员。

F. 帕特里克·麦克拉斯基是马里兰大学帕克分校工程学院机械工程系的副

教授，也是 CALCE 中心成员。他在微电子、微系统（MEMS）材料、材料加工及其封装领域发表了大量论文，也是 3 本书和众多书籍章节的合著者，其中一本书是 *Electronic Packaging Materials and Their Properties*。他还担任过该领域许多会议的大会主席或技术主席，是 *IEEE Transactions on Components and Packaging Technologies* 杂志的副主编，同时也是本科课程工程材料和制造工艺及电子系统机械设计的协调员。他在利哈伊大学获得了材料科学和工程学博士学位。

彼得·A. 桑德博恩是马里兰大学科利奇帕克分校工程学院机械工程系的教授，还担任电子产品和系统中心（EPSC）的研究室主任。他主要从事技术权衡分析、系统生命周期经济学、技术退化和系统虚拟条件研究。在到马里兰大学之前，他是得克萨斯州奥斯汀市 Savantage 的创始人兼首席技术官，还是微电子和计算机技术公司技术部的高级成员。他在多芯片模块设计和电子部件报废预测方面发表了百余篇（部）论文和著作。桑德博恩博士是 *IEEE Transactions on Electronics Packaging Manufacturing* 杂志的副主编，也是 *International Journal of Performability Engineering* 杂志的编委会成员。

第二版前言

自从十多年前这本书的第一版问世以来，产品的实现过程已经经历了许多重大的变化，主要是由于全球竞争的公司在越来越短的发展时间内生产出了具有创新性、视觉吸引力和高质量的产品。

第二版反映了这些进展，同时仍然保持第一版的目标：对集成产品实现过程中使用的现代工具进行全面论述。本书通过产品实现过程的集成方法，对高质量产品的创建进行了一个连贯和详细的介绍。它强调用户的角色，以及如何将用户需求转化为产品需求和规范。它提供了可以用来进行产品成本分析的方法，并给出了大量关于如何产生和评价满足用户需求的产品概念的建议。本书介绍了几个重要的产品开发步骤，这些步骤通常需要同时考虑，包括材料、制造过程选择和装配工艺。然后本书考虑了生命周期目标、环境因素和安全需求对产品结果的影响。最后，简要介绍了实验设计和六西格玛原理，作为实现质量的一种手段。

这本书提供了大量的图表来说明各种各样的想法、概念和方法，以及两个贯穿本书的例子，为读者提供了一种现实的感觉，即产品的创作是如何在各个阶段进行的。另外读者会发现，这本书包含了大量通常出现于许多独立来源的特定信息。

为了捕捉产品实现过程的新特征，作者有幸邀请了三位同事帮助他增加了原始材料。萨特扬德拉·K. 古普塔博士阅读了整个手稿，提出了许多改进建议，并在模具装配、分层制造和生物启发的概念生成上增加了新的材料。彼得·A. 桑德博恩博士完全重写了第 3 章 "产品成本分析"。这一章现在解释了如何计算制造成本、所有权成本和产品及系统的生命周期成本，以及这些成本如何影响设计团队的决策过程。F. 帕特里克·麦克拉斯基博士充分修订了第 8 章 "材料选择"，并在工程塑料、陶瓷、复合材料和智能材料等现代材料部分增加了新的内容。此外，第 1 章已被改写，以反映过去十年和现在所取得的进展。

本书可以作为集成产品实现方法的唯一、综合性资料。该资料已在马里兰大学机械工程系高年级教学中成功应用了十年。由于许多公司现在期望新毕业的工程师具备与本书中所介绍的方法相关联的能力、方法和技能，因此这本书对新手和有经验的工程师来说都是有用的，他们可能需要了解更多关于产品实现过程的现代方法。集成产品实现方法在机电产品开发、飞机系统和子系统、电子封装和制造、建筑设计和施工，以及军事装备的开发和采购等方面具有应用价值。

爱德华·B. 玛格拉博

萨特扬德拉·K. 古普塔

F. 帕特里克·麦克拉斯基

彼得·A. 桑德博恩

科利奇帕克，马里兰

第一版前言

在过去的十年中，产品的实现过程经历了许多非常重要的变化，其中许多变化是由有关质量、成本和上市时间的日益激烈的国际竞争所带来的。本书介绍了集成产品与工艺设计和开发（IP^2D^2）协同方法的发展，该方法已成功地应用于构思、设计和快速生产具有竞争力的高质量产品。从最广泛的意义上来说，IP^2D^2 描述符被用于影响产品实现过程的指示、重叠、交互和迭代的所有方面。该方法是一个持续的过程，其目标是利用产品成本、性能和特性、价值和上市时间使公司盈利能力与市场份额增加。

IP^2D^2 协同方法的新范式是在详细设计过程开始之前，以一种或多或少的重叠方式考虑一组非常广泛的需求、目标和约束。该产品构建过程方法是从满足最初功能需求和约束的一组全面的候选方案中评估与选择最终方案。因此，本书的目标是建立一种鼓励创造力和创新的设计态度，将其作为和产品开发过程的整体同等重要的部分，同时还要考虑用户需求和满意度、质量、可靠性、制造方法和材料选择、装配、成本、环境、调度等。本书还表明，IP^2D^2 团队成员需要代表来自从商业、市场营销、采购和服务到设计、材料、制造和生产等不同类型的知识和公司群体。

本书详细介绍了产品实现过程的集成方法，并包含了大量的不同来源中广泛分布的具体信息。本书强调用户满意度及其与产品定义的关系，展示并说明已证实的被成功用于产品创建的方法。这本书提供了大量的图表来说明所呈现的各种设想、概念和方法，并包含了贯穿全书的案例，为读者提供一种产品是如何经历不同阶段被逐步构建的现实感觉。这两个例子将极大地增强人们对 IP^2D^2 过程各个阶段的理解。然而，为了从本书所描述的过程中获得最大的收益，你应该参与到这个过程中来。

在试图传达新产品实现过程的综合特性方面，存在着一个两难的局面。IP^2D^2 方法或多或少是一个同步和迭代的方法，但引入这个方法时，必须按顺序完成。因此，在引入该方法时，学习的方式和学习后实际应用的方式会有所不同。也就是说，按顺序学习的步骤将以重叠和迭代的方式应用，并且有不同的时间尺度。这里描述的方法包含当前应用的所有组件，但不同组织倾向于根据他们的产品和政策进行不同程度的应用。

本书中的内容是以下列方式排列的。前三章介绍了 IP^2D^2 方法，结合其目前发展，定义质量并展示了它如何成为现在产品开发的一种驱动力，概述了成功用于实现产品的目标和方法；然后说明 IP^2D^2 方法是什么，以及其任务通常实现的顺序；最后，确定影响产品成本的因素。

第 4~6 章给出了 IP^2D^2 团队获得用户需求的具体过程，然后将这些需求转换为产品的一组多级功能需求，并生成和评估大量的满足用户需求的产品解决方案及具体特征。

第 7~10 章介绍了面向 "X" 设计中最重要的方面，即设计过程，该设计过程生产的产品能够使个人期望的产品特性最大化，其由 X 表示。第 7~9 章介绍了装配方法、材料选择和制造过程，这是在产品开发周期中影响产品成本、上市时间、可制造性、工厂生产力和产品可靠性的三个非常重要的方面。第 10 章提出了关于 IP^2D^2 团队如何满足制造、市场、社会、产品生命周期和环境要求的具体建议，这些建议有时会对产品产生冲突约束。

最后一章，第 11 章，介绍了一种非常强大的统计技术，可以用来改进产品和制造过程。

这本书可以作为 IP^2D^2 方法的唯一、综合性资料。书中内容已在马里兰大学机械工程系的初级、高级和研究生教学中成功使用。由于许多公司现在都希望新毕业的工程师能够拥有与本书中方法相关的能力、方法和技能，因此对于刚入行和有经验的工程师来说，这本书都应该是有用的，他们可能需要更多地了解产品实现过程的现代方法。IP^2D^2 方法适用于机械和机电产品、飞机系统和子系统、电子封装、建筑设计和施工及军事装备的开发。

作者非常幸运，来自马里兰大学科利奇帕克分校机械工程系的许多同事，为书稿最后的改进做了大量的工作。乔治·迪特和沙皮·阿扎克博士通读了整篇手稿，并提供了大量的建议和见解。马乔里·安·纳山博士对第 8 章和第 9 章的写作提供了帮助。这两章的大部分内容取自阿伦·昆基塔帕的硕士论文的一部分，他将这些材料整合到一个称为设计顾问的计算机工具中。伊安尼丝·米尼斯和张广明博士通读了第 11 章，米尼斯博士提供了案例 4。此外，米尼斯博士还为 10.10 节做出了重大贡献。张博士在 1996 年秋季的初级课程 "产品工程和制造"中也提供了大量的反馈。梅尔文奉献了书中大部分的插图。

两个贯穿全书的问题——干式贴墙系统和钢架连接工具，是作者在 1994 年秋季和1996年秋季开设的"设计制造"课程中,学生学期项目最终结果的综合。第11章的例子1和例子3中使用的数据来自作者的研究生课程"高级工程统计"中学生提交的报告。表6.5是大卫·霍洛威博士在1995~1996年教授的高级课程"集成产品和工艺开发"中,学生在两学期中提交材料的综合。

    这本书的许多产出受到了西屋基金会的慷慨资助,以及 ARPA/NSF 技术再投资项目奖——"为21世纪的制造业准备工程师"的资助,作者是该项目的负责人。

目　录

| 第 1 章 | 21 世纪初的产品开发

本章总结了产品实现过程的现状,介绍了其几个重要的方面。

1.1 引　言

人类诞生之初,创造和制造人工制品的过程就开始了。首先是为生存而创造的器物:武器、避难所、衣服和耕作用具。这些器物随着火、车轮和钢铁等的出现得到了改进,随着时间的推移,这些器物变得更加丰富和复杂。随着社会的发展,人们的需求和满足这些需求的人工制品也在不断发展。此外,许多社会从地方性社会演变为区域性社会,同时将当地经济转变为区域经济。在一开始,这些转变需要几百年到几千年的时间。自大约 300 年前的工业革命开始,设备和手工制品的开发及改进的速度得到大大提高。在这段时间里,我们看到企业从本地实体发展为全球实体,并且我们已经在工业化国家看到,经济正从国家经济过渡到相互依赖的全球经济,这在 20 世纪的后半叶尤为明显。

这种从最初的地方社会中的竞争向全球范围内的竞争的转变对产品的实现过程产生了非常重大的影响。在这种环境中,企业必须在全球范围内竞争成本、质量、性能和上市时间。这就要求个人和公司重新审视,应该如何创造产品和服务,以及如何将这些产品和服务带到市场中去。在过去的 30 年里,我们已经清楚地认识到,实现这一目标可以利用集成产品实现方法。这种方法倾向于实现以下几点:"扁平"组织结构;在一开始就获取更多的支持者;更重视用户、产品质量、成本和上市时间;在实现过程中使用大量的并行;要求组织具有创造性和创新性。

已经开发了一些新的方法,用来消除导致公司业绩不佳和用户满意度低下的那些情况。这些情况的几个例子如下:不稳定的产品质量;对市场反应迟缓;缺乏创新、有竞争力的产品;非竞争性的成本结构;员工参与不足;反应迟钝的用户服务和低效率的资源配置。在这些点上,新方法已经将许多公司转变为具有如下能力的实体。

- 通过将新想法和新技术融入产品，对用户需求做出快速反应。
- 生产满足用户期望的产品。
- 适应不同的商业环境。
- 产生新想法，并结合现有的元素创造新的价值来源。

在过去的 40 年里，在产品开发的各个阶段，各种描述符被用来表明改进的方法被用于产品的设计和制造。这里将使用的描述符是集成产品与工艺设计和开发（IP^2D^2）协同方法。在最广泛的意义上，IP^2D^2 描述符被用于影响产品实现过程的指示、重叠、交互和迭代等所有方面。该方法是一个持续的过程，其目标是利用产品的成本、性能和特性、价值和上市时间使公司的盈利能力与市场份额增加。

本书的目的是展示一种在这种环境下的各个阶段实施集成产品实现过程的途径。这个过程要求 IP^2D^2 团队与用户、公司管理层、竞争对手的产品及供应商进行交互。这些交互对设计过程产生了很大的影响，并要求 IP^2D^2 团队使用某些类型的工具和方法并以一种建设性的方式来管理这些交互。例子如下。

- IP^2D^2 团队必须与用户互动，以了解他们的需求和偏好，并获得他们对现有产品的反馈。
- 质量对用户非常重要。因此，IP^2D^2 团队需要确保产品的质量符合用户的期望。
- IP^2D^2 团队必须通过对竞品进行对标测试来持续监控竞争对手的产品。
- IP^2D^2 团队需要与公司管理层进行互动，以了解当前产品如何适应公司整体战略。
- IP^2D^2 团队需要与供应商进行互动，以了解他们的成本结构，并获得关于可制造性的建议。

为了达到这些目标，本书分为 11 章，每一章都从一个工程师的角度来处理产品实现过程的一个特定方面。然而，在试图传达产品实现过程的集成特性方面，存在着一个困难。产品实现过程或多或少是重叠和迭代的，但尝试某种方法时，必须按顺序执行。因此，在尝试该方法时，学习的方式和学习后实际应用的方式会有所不同。也就是说，按顺序学习的步骤将以重叠和迭代的方式应用，并且有不同的时间尺度。

第 1 章，介绍了产品开发工程师工作的环境。它简要概述了当前的制造企业状况，并描述了许多具有全球竞争力的公司正在成功实施的几种方法。在第 2 章中，介绍了集成产品与工艺设计和开发方法，并对其成功实施提出了建议。在第 3 章中，提出了用于确定产品总成本（即从产品开始构思到被丢弃或回收所耗费的成本)的方法。

第 4~6 章解决了工程师们任务的核心问题——如何创造出用户想要的并愿意支付的有利可图的产品。第 4 章讨论了如何确定用户需求并将其转化为产品规范。第 5 章介绍了用于将用户需求转化为产品的基本需求和规范的方法。第 6 章介绍了如何生成、评估产品概念并将其转化为满足用户需求的物理实体(具体特征)。

第 7~10 章提出了面向"X"设计的许多重要方面——将个体所希望的特征(X)最大化的产品设计过程。第 7~9 章分别介绍了装配方法、材料选择和制造工艺——在产品开发周期中影响产品成本、产品上市时间、可生产性、工厂生产力与产品可靠性的三个非常重要和相互依赖的方面。第 10 章提出了产品开发团队如何满足制造、市场营销、社会、产品生命周期和环境要求的具体建议,这些建议有时会对产品产生相互冲突的约束。最后一章(第 11 章)介绍了一种强大的统计技术,可以产生缺陷更少、可变性更低、与目标值更接近的产品,缩短开发时间并降低成本。

图 1.1 总结了上面描述的主题。

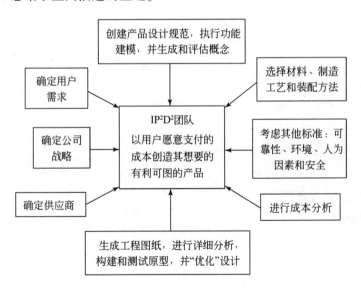

图 1.1　IP^{2}D^2 团队的主要任务

1.2 目前在生产过程中使用的思路和方法

1.2.1 介绍

我们介绍并简要讨论以下基本术语:工程设计、制造、物流和可生产性。

1.2.1.1 工程设计

工程设计是一个系统的、创造性的、反复的过程,它运用工程原理来构思和开发符合特定需求的组件、系统与过程。这是一个动态和进化的过程,涉及四个不同的方面[①]。

- 问题定义——从事实和错解的模糊集合演变为问题的一致性陈述。这是产品创意形成的阶段。
- 创新过程——一种非常主观的方式,用于设计解决方案的具体实现,这很大程度上取决于参与过程人员的具体知识。这是将想法转化为产品的各种概念的阶段。
- 分析过程——确定提出的解决方案是否正确,从而提供评估方法。这是构建和评估原型的阶段。
- 最终检验——确认设计是否满足初始要求。

工程设计的这四个方面在产品实现过程中是不可或缺的,在 2.2 节中将有详细的描述。需要指出,设计中的原创程度可能会有所不同。设计过程可用于创建以前不存在的产品,或者可以使现有的产品适应新的应用程序,也可以简单地改进现有产品。这些类型的设计目标仍然需要将产品实现过程进行整合。

美学设计通常指的是塑造一个物体或设备的创新性行为,而不关心如何制作甚至是否可以制作。美学设计现在对产品实现过程变得越来越重要,许多企业正在寻找能够整合工程和美学设计的专业人员。当美学设计专门集成到产品的创作中以提高其可用性和适销性时,它通常被称为工业设计。工业设计强调产品或系统的某些方面,这些方面与人的特点、需求和兴趣,如视觉、触觉、安全性和便利性,是最直接相关的。

---

① N. P. Suh, *Principles of Design*, Oxford University Press, New York, 1990.

1.2.1.2 制造

制造是将原材料转化为可用产品的一系列活动和操作。

1.2.1.3 物流

物流是与时间相关的资源定位。它包括计划、获取、储存、分销货物、能源、信息、人员及用来满足制造商和用户需求的从原产地到消费点的服务。

资源跟踪是物流的一个重要组成部分,条形码的使用使资源跟踪变得更容易。然而,条形码的一个缺点是,为了让它被读取,条形码和条形码阅读器之间必须直接可视。最近十年,射频识别(RFID)设备逐渐作为条形码的替代品。经识别,这些廉价的微芯片尺寸的设备发出微弱的无线电信号,信号携带有关它所附物品的少量信息。无线电接收机请求并捕获此信息。与条形码相比,它的优点是不需要直接可视读取,它可以跟踪移动对象,RFID 设备还可以包含额外的数据。这些 RFID 设备现在被广泛应用于各种装置中。例如①,在制造厂对模具进行跟踪和监视;确保施工现场塔式起重机零部件在装配时都是可用的;跟踪从工厂到堆货场的集装箱;管理和追踪血库中的血液;置于嵌入原木的塑料钉子上,以追踪原木从森林向工厂移动的过程;跟踪将现金传送给取款机的过程。

1.2.1.4 可生产性

可生产性表示产品制造的便捷性,这是衡量设计如何方便地转化为工程图纸,以最高的质量、低廉的成本实现赢利的指标。它包含了 IP^2D^2 过程开发中早期贡献的精髓,即经过验证的设计过程,其中包括以下准则。

- 通过减少零件和零件特征的数量及类型来进行简化。
- 通过使用标准零件、公差、零件族和高度互换性来标准化。
- 选择使用首选尺寸、重量、材料、近净成形部件等。
- 通过使用内置的测试特性、模块化、测试点和可访问性来确保可测试性与可修复性。
- 在环境应力筛选过程中,使用发展测试来达到质量改进、零件合格和性能证明的要求。
- 尽量减少不同材料的数量。

---

① 案例,*RFID Journal*,http://www.rfidjournal.com/article/archive/4/0。

1.2.2 日本对产品开发过程的贡献

许多日本公司已经开发出了一些方法，这些方法已经成为面向大批量生产的产品实现过程中几个方面的典型。这些方法由于采纳了奥地利籍学者和管理顾问彼得·德鲁克在20世纪40年代末和50年代提出的原则而发展起来。这些原则是，企业必须远离指挥–控制这种管理方式，在各个层面培养真正的团队精神；生产线工人必须采取管理的观点，对生产质量负责；企业必须有明确的目标，同时给予每个员工自主权来决定如何达到这些目标。虽然这些观点现在已被广泛接受，但当时许多美国公司并不认同这些观点。当然，如今，这些方法已经被美国许多具有全球竞争力的公司所采用。

下面将简要介绍即时(JIT)生产、持续改进和精益生产。

1.2.2.1 即时(JIT)生产

即时生产是一种库存控制策略，目的是尽量减少制造过程中的库存和相关成本。这种最小化策略通常是通过取消部件检查、不必要的材料移动、车间排队、返工或维修等活动来实现的。JIT方法非常强调以下内容：制造过程的同步，以便在需要时可以使用程序集和组件；减少制造过程的中断次数及其持续时间；工厂的物理布局。然而，人们发现，JIT制造最初会暴露出子组件和组件间的质量问题；也就是说，每个组件/子组件的一个或多个属性可能与其期望值之间存在难以接受的差异，因此不能使用。由于JIT方法假定每个部分都可以使用，这可能会极大地影响给定生产运行中足够数量部件的供应量。这些存在不可接受差异的部分通常需要通过重新设计零件、使用放宽的公差或者使用过程控制技术来减少变异性。

在JIT制造环境中跟踪零件运动的一个非常有效和简单的系统是看板系统。看板系统使用一个物理标记，如卡片，它伴随着一个零件库。当第一个物品从箱子中移除时，该卡片将被移除。取出的卡片放在收集盒中。卡片包含物品编号、箱子中的零件数量、箱子送达位置以及卡片被拿掉后箱子被替换为满箱子的天数。这最后的一条信息称为延迟。卡片一天收集一次，卡片上注明的物品的补货按卡片上注明的延误时间安排到指定地点。

该系统的优点如下。

- 它很容易被所有的参与者理解。
- 它提供非常明确的信息。
- 其实现是低成本的。

- 它通过最小化库存来确保没有生产过剩。
- 它确保快速响应任何更改。
- 它对车间工人负责。

在一个新的看板系统的实施中,通过将看板卡嵌入 RFID 设备中,博世[①]已成功集成 RFID 设备与看板卡。他们在生产过程中四次使用 RFID 设备,并能够通过制造系统监控零件的进展。

1.2.2.2 持续改进

持续改进(日本的改善)认识到工业竞争力来自不断改进产品(或服务)实现过程,以确保用户满意度保持高的水平。"持续"这个词意味着在很长一段时间里,每天都要把基本的事情做得更好一点。采用持续改进理念的企业掌握了从错误中吸取教训的能力,确定了问题的根源,提供了有效的对策,并授权员工实施这些对策。

1.2.2.3 精益生产[②]

精益生产(也被称为丰田生产系统)是一种制造理念,强调在生产实现过程中消除浪费,以提高用户满意度。消除浪费包括消除下列各项。

- 产量超过需求(生产过剩)。
- 不必要的运动部件,也就是与加工没有直接关系的生产。
- 多余的库存,在这些库存中有太多的零件/组件将不会被使用,即它们不必要地等待下一步的生产过程。
- 人员和机器的移动比执行处理所需要的要多。
- 缺陷,需要检查才能找到并修复,有时可能是由于供应商供应的物品质量不佳造成的。
- 使用过多的过程实现最终产品,这会产生不必要的活动,这通常与产品设计不佳有关。

因此,精益生产的目标是做正确的事,在正确的地点、正确的时间,用正确的数量,实现标准的工作流程。重要的是做到这一切的同时尽量减少浪费,灵活应变,

---

① R. Wessel,"RFID Kanban System Pays Off for Bosch,"*RFID Journal*, May 7,2007,http://www. rfid-journal. com/article/articleview/3293/1/1/。

② 例如,一个美国制造商成功地应用了精益生产技术,详见"Custom Motor? Give us two weeks," *Mechanical Engineering*,September 2008,pp. 52-8。

并能迅速改变。为了达到标准工作流程，需要后两个属性。不正常的生产流程会增加浪费，因为生产过程的产能必须为生产高峰做好准备。

要实现浪费最小化需要做到以下几点。

- 生产系统是由用户需求拉动的，也就是 JIT 技术的使用。
- 构成产品的组件没有任何缺陷。
- 使用持续改进。
- 制造系统能够在不牺牲效率的情况下降低废品产量。
- 与愿意分担风险、成本和信息的供应商建立良好的关系。
- 对正在进行的实际工作进行可视监测。

1.3 创　　新

创新是将新的或现有的知识转化为新的或改进的产品、过程和服务，目的是为用户创造新的价值，并为创新者创造财务收益。这是由知识的逐渐增长所带来的结果。但是，创新与可能产生专利的发明之间还有区别。最近，如下情况下可能会被授权专利：将以前专利中公开的技术组合起来，但该组合方案对于领域中绝大多数技术人员来说并非显而易见的[①]。然而，2007 年美国最高法院的判决认定工程师经常使用现有设备和明显的解决方案来解决已知问题。法院认为，即使没有事先的教学、建议或动机来组合，其组合可能仍然是明显的。他们指出，本领域的普通技术人员也是具有常规创造力的人。在最高法院的眼中，工程师知道改变系统中的一个组成部分，可能需要修改其他组件，并且那熟悉的部分可能超出其主要用途。这可能会产生改进和"一般创新"，但很可能无法获得专利。

面对创新通常有八个挑战[②]。

1）产生设想，这个设想可能来自任何地方。

2）制定一个解决方案，这一步通常比产生设想更难。

3）获得赞助和资助，如果在组织内部工作就在内部获得，如果是独立工作就从外部获得。

4）确保解决方案具有可扩展性，以便可以大量复制。

5）通过向目标用户传达想法并实现它，使目标用户接收到，这样普通人就可以使用创新。

---

① K. Teska, "Ordinary Innovation," *Mechanical Engineering*, September 2007, pp. 39-40。

② S. Berkun, *The Myths of Innovation*, O'Reilly, Sebastopol, CA, 2007。

6)通过监控的手段打败你的竞争对手达到协作、激发灵感或某些战术意识的目的。

7)对创新的引入进行时间安排,使其尽可能满足用户的最高利益和关注。

8)保持正常的业务运营,即在追求创新时履行所有现有义务。

在目前的环境中,企业要想找到发展和创新的机会,必须做到以下几个方面。

- 通过认识全球竞争的影响来了解其行业的趋势。
- 了解他们的用户。
- 了解新技术的影响。
- 了解可用的波动性和成本消耗的不断上涨所带来的启示。
- 了解这些上涨对环境因素的影响。

企业应该创新的原因有很多。一些公司已经成功地将创新作为一种手段用于以下方面。

- 满足用户对新产品和服务的需求。
- 改善公司的长期经营状况。
- 成为业内公认的领导者。
- 集成产品与工艺设计和开发。
- 以新的方式对待解决方案和机会,从而在竞争中保持领先。
- 增长,特别是在利润方面,因为增长而能增加投资。
- 揭示各种产品线的相互影响,从而扩大产品线。
- 扩展到新的市场和用户。
- 重振其组织、商业模式、战略和流程。
- 在公司内创建一个创业的环境。
- 了解如何快速响应市场变化。
- 将知识产权转化为有价值的产品。
- 保留最有创造力的员工。

将创新作为其战略一部分的公司注重以下方面。

- 在组织外部寻找能成长和增加利润的想法与机会。
- 采用战略营销。
- 培养和维护公司的知识产权。
- 开发合适的产品,如满足用户需求并能更快上市的产品;它们以市场而不是产品为中心。
- 有正确的合作关系。
- 根据他们的创新要求做出雇用决定。

- 使用电脑来减少评估创新所需的时间。
- 迅速应用创新。
- 生产易于与竞争对手产品区别开来的产品。

另一个创新趋势——以用户为中心的创新——也已有报道①。它是一种对现有的以制造商为中心的创新模式的补充。以用户为中心的创新已体现在软件信息产品、手术产品和冲浪板装备上。

尽管许多公司的目标是创新并迅速将这些创新带入市场,但是创新进入市场的实际情况以及它们的速度并不那么令人鼓舞。在大公司中,很少有创意能被真正推向市场。在评估过程中,最初的筛选和业务分析通常会消除其中的80%。然后,对剩下的20%进行一些开发和测试,只有原来的5%左右的概念能够留存。在商业化过程之后,通常只有一个创意能够实现②。

由历史可知,好的想法需要很长时间才能成功,而且会伴随着某些营销转变和基础设施变化的发生。一个例子是引入电影摄影的柯达。在推出电影摄影之前,拍摄照片时使用玻璃板。1853 年发明电影,而首次用摄影机拍摄是 1889 年。到 1902 年,当柯达将焦点从专业摄影师转移到业余摄影师时,柯达拥有 90% 的市场份额。一路走来,花了大约 20 年淘汰了玻璃板摄影产业。另一个例子是微波炉。第一个商业产品在 1947 年出现,售价大约为 1000 美元。1955 年,第一个家用产品开始销售,1968 年第一个台面产品被引入。1971 年,约有 1% 的美国家庭拥有微波炉;1986 年约有 25% 的家庭拥有微波炉。今天,估计有 90% 的美国家庭都有。最后一个例子,胡佛真空吸尘器的原型最早出现在 1901 年,1910 年胡佛吸尘器售出约 2000 台;1920 年约有 230 000 台被出售。应当指出的是当时只有 30% 的美国家庭拥有电力。

从历史上,我们也了解到,成功的创新也会造成不好的影响。杀虫剂 DDT 能控制疟疾,但也扰乱了生态,并产生了抗 DDT 的蚊子。汽车的个性化运输,促进了商业和城市的发展,但造成了大约一半的城市污染,而且仅在美国每年就有约 4 万人因交通事故死亡。手机提供了移动接入、方便和便携的安全系统,但却为公众带来了另一个烦恼,容易养成开车接打电话这一危险的驾驶习惯。

---

① E. Von Hippel, *Democratizing Innovation*, MIT Press, Cambridge, MA, 2005。

② C. Terwiesch and K. T. Ulrich, *Innovation Tournaments*: *Creating and Selecting Exceptional Opportunities*, Harvard Business Press, Boston, MA, 2009. 书中作者建议将创新大赛作为一种识别特殊机会的手段。他们的意思是,通过创新大赛,一个人拥有一系列的竞争性评审。在这些评审中,想法由越来越严格的标准产生和评估,直到其中一些被认真考虑。

市场范围内的一些创新可能是所谓的破坏性或非持续性的创新。前面提到的柯达电影胶片的推出就是一个破坏性创新的例子,它淘汰了玻璃平板法。传统产品开发与破坏性产品开发之间的一个重要区别在于,在传统产品的开发中,市场、用户和价值链是已知的。在破坏性创新中,这类信息可能并不明确。例如,1887年美国国家碳公司在美国引进干电池时,预期的应用还不知道,因此它们的尺寸应该是多少也不确定。另外,没有人知道这些设备的价格应是多少,因为之前没有售出过。1898年手电筒由美国常备电池公司发明。1914年,美国国家碳公司收购美国常备电池公司,并将干电池和手电筒一起销售,以此拓展了市场。虽然很难想象,但那时干电池几乎没有其他用途。

1.4　质　量

1.4.1　追求优质产品和服务的历史

质量工程始于1924年,沃尔特·A.肖哈特博士介绍了一种称为统计质量控制基础的方法。他将问题分为两类——有指定原因的变化问题和偶然的变化问题,并且引入了控制图作为区分这两者的工具。肖哈特表明,可以将生产过程带入统计控制状态——也就是说,只有偶然的变化——并使其处于控制之中。在20世纪50年代初期,W.爱德华兹·戴明博士开始通过各种途径将管理引入改进设计、产品质量、测试和销售的方法中,包括应用方差分析和假设检验等统计方法(见第11章)。此外,戴明博士指出,通过采用适当的管理、组织原则,可以减少浪费、返工、员工流失和诉讼,提高质量并同时降低成本,从而提高用户忠诚度。他认为,关键在于持续改进,并将制造业视为一个系统,而不是零碎的部分。日本的许多公司都接受了他的想法,最终使日本制造成为优质产品的代名词。

1941年,约瑟夫·M.朱兰注意到了维尔弗雷多·帕累托的工作。朱兰将帕累托的原则运用到质量问题上,他指出:在一般情况下80%的问题产生于20%的原因。之后朱兰专注于质量管理。朱兰的质量管理课程因为其中上层管理需要培训的观点在美国受到了抵制。于是他于1954年前往日本,发展和讲授质量管理课程,在日本,培训用了大约20年的时间获得了回报,20世纪70年代,日本人开始被视为生产优质产品的世界领导者。

东京大学的石川馨教授在1962年介绍了质量圈的概念,日本电话电报公司是第一家尝试这种新方法的日本公司。质量圈最终成为公司全面质量管理(TQM)

系统的重要环节。石川馨教授还开发了石川图(也称为因果图或鱼骨图),它是一种图形工具,用于探索系统未能按预期执行的最重要的根本原因。

大野耐一被认为是丰田生产系统之父,如前所述,该系统也被称为精益生产。丰田生产系统由世界领先的制造实践和丰田生产系统专家新乡重夫在欧美地区推广。他写了几本有关该系统的书籍,并在英文版中添加了 poka-yoke(防止错误)(见10.2 节)。

田口玄一博士是日本工程师及统计学家,他在 20 世纪 50 年代开发了一种应用统计数据来提高制成品质量的方法。该方法基于经典的实验设计方法(见11.4节)。田口已经意识到,就像休哈特所说的那样,过度变化是制造质量差的根源,对规范的内部和外部的个别项目的改变会适得其反。为了强调这一点,他引入了损失函数的概念,该概念将在11.6 节中讨论。一些传统的西方统计学家对田口的方法一直存在争议,但其他学者已经接受了他的许多概念,认为这是对知识体系的有效扩展。

1.4.2 质量量化

日本工业标准 JIS Z 8101-1981 将质量定义为可用于确定产品或服务是否满足其预期应用的特性和性能的总和。该定义附带的一条注释指出,在确定产品或服务是否满足其应用时,还必须考虑该产品或服务对社会的影响。第二个注释将质量特征定义为质量构成的要素。无论产品的质量结果在其质量特征的基础上达到多高的程度,如果产品没有满足基本的用户要求,仍视为未满足质量目标。因此,产品质量是根据产品是否实现其预期功能以及产品或服务满足用户要求的程度来评估的——每次产品应在其预期的环境或操作条件下使用,并贯穿其预期使用寿命。

价值的概念被嵌入质量的定义中,它被定义为质量特征的总和与产品成本的比。因此,单位花费对应的质量特征越高,其价值越高。

Garvin[1] 提出了以下八个维度或质量类别作为质量的评价框架。

1)性能:性能是指产品的主要操作特性。质量的这一维度涉及可测量的属性,因此可以根据其主要操作特性的各个方面进行客观排序。

2)特性:特性通常是性能的次要方面,并且是补充产品基本功能的特征。特性通常用于定制或个性化买家的购买。特性的例子如汽车上的电动车窗、干衣机

---

[1] D. A. Garvin,"Competing on the Eight Dimensions of Quality," *Harvard Business Review*,pp. 101-109,November-December,1987。

上的五种不同的烘干循环等。

3）可靠性：产品在特定时间段内发生故障或失效的可能性。它是对其在指定操作环境下的无故障或故障率的一种度量（见 10.1 节）。

4）一致性：一致性是指产品的设计和操作特性符合用户期望与既定标准（包括法规、环境和安全标准，即安全和无风险操作）的程度。用户期望包括适用性（或适宜性或适当性）和易用性的概念。对于用户来说，产品不会带来很高的安全风险，而且产品的制造过程、使用以及它的报废处理不会对环境造成明显的损害是非常重要的。此外，产品可能会产生很少或不产生令人不愉快或不需要的副产品，如噪声和热量（见 10.4 节和 10.5 节）。

性能、特性和一致性的维度是相互关联的。因此，当大多数竞争产品具有几乎相同的性能和许多相同的特性时，许多用户会倾向于期望所有的产品都能拥有这些特性。然后，这个期望为该产品的一致性设置了基线。为了说明这一点，请参见表 1.1，它给出了三种产品（洗衣机、冰箱和自驱动割草机①）的许多性能标准和特性。这个例子说明了影响用户购买决策的各种特征广度。另一个例子是《消费者报告》对汽车"最佳购买选择"的评判要求。为了达到这一要求，车辆的可靠性必须高于平均水平，要在保险行业和美国政府的碰撞测试中获得很好的碰撞测试评分，对于 SUV 来说，不应该在政府的翻转测试中出现问题。换句话说，《消费者报告》认为所有的汽车都应该具备这些品质。

最后，一致性的一个重要方面是产品对一致性标准的坚持，这定义了产品和服务的特征以及度量它们的方法。这方面主要的国家和国际标准机构是国际标准化组织［ISO（http://www.iso.org/），参见 1.4 节］、美国国家标准学会［ANSI②（http://www.ansi.org/）］、美国材料试验学会［ASTM（http://www.astm.org）］。美国政府通过其国家标准和技术协会［NIST（http://www.nist.gov/）］积极参与许多测量标准活动。这些标准具有影响产品性能的作用，使产品具有较高的质量和可靠性、安全防护性、产品之间的兼容性和环保性。

5）耐用性：耐用性是产品寿命的衡量标准——也就是说，在产品失效前能够使用的次数。它也能衡量一个产品在报废之前的使用量，以确定更换是否比继续修理更好。耐用性和可靠性是紧密联系的。

---

① 例如，手机和车载引擎的众多属性，请参阅第 7 章和第 10 章。E. Lewis, W. Chen, and L. C. Schmidt, *Decision Making in Engineering Design*, ASME Press, New York, 2006。

② ANSI 通过网站（www.nssn.org）管理用于标准搜索的引擎。它是同类产品中最大的搜索引擎，有 30 多万条记录来自 ANSI、其他美国私营部门标准机构、政府机构和国际组织。

表 1.1 三种产品的性能标准和特性

项目		洗衣机	冰箱	自驱动割草机
性能		用水量	效率	电机功率
		衣服的清洁度	温度	输送
			温度分布	可操作性
				锐度
				易用性
				启动发动机
特性	不平衡自动关闭	自动控制水温	轻	湿度保鲜储藏格	草捕捉器的处理
	洗涤速度	精美的盖子	体积大小		进挡
	脱水速度	可将水提升至 2 米以上	自动制冰机		刀具高度变化
	水位数	的排放泵	冰箱的位置和大小		真空部位吸取粉屑
	漂白剂分发器		可调节的架子		切削均匀性
					在高草中工作得很好
					捕草能力
一致性		—	压缩机噪声水平		—
			氯氟烃（CFC）或氢氟碳（HFC）		

6）服务能力：服务能力是指服务反馈的速度、服务人员的礼貌和能力，以及维修的方便程度。它还与所需的维护程度（简单、不频繁或没有）有关（参见10.3 节）。

7）美学：美学就是产品的外观、感觉、声音、品味或气味，都属于个人主观判断和个人的偏好。产品的感觉通常包括人体工程学，也就是说，它适合人类使用（参见10.6 节）。

尽管美学特征具有主观性，但美学设计对用户来说是非常重要的。许多公司认为美学设计是一种向用户传达产品和竞争产品之间差异的手段[1]。一些人认为[2]，好的设计可能是保护环境可持续性的一种方式。也就是说，如果某样东西看起来不错，购买者就不太可能把它扔掉。还有些公司已经意识到有些产品需要更女性化的元素。索尼[3]在其便携式笔记本电脑上设置了更大的空间，以容纳女性更长的指甲。LG 电子（LG Electronics）在观察到年轻女性喜欢自拍后，将自己的手机摄像头自动对焦手臂的长度。惠普在注意到用户从台式机转向笔记本电脑后，他们意识到设计可以增加销量[4]。惠普笔记本电脑的设计非常成功，使得其平均售价比行业平均价格高出 17% 以上。似乎除了价值变得重要之外，市场也开始重视设计。当然，仅有设计是不够的。以 iPod 为例，人们发现，其除了产品的设计具有吸引力，它的性能还和预期一样，有大型支持系统，该系统能提供内容和服务、软件和界面，并且有良好的零售体验，以及一系列的配件。所有这些都非常有意义，并且与 iPod 用户贴近。

微软前总裁比尔·盖茨对一个人的美学设计能力印象深刻。当被问[5]到他从苹果公司总裁史蒂夫·乔布斯那里学到了什么时，盖茨回答说："嗯，我愿意付出很多来获得史蒂夫的品位。我们在 Mac 产品的讨论中，提到了关于软件选择的问题，应该如何选择，在我看来是一个工程问题，这就是我的思维方式。我发现史蒂夫是基于对人和产品的理解来做出决定，这对我来说是很难解释的。他做事情的

---

① 关于 50 个世界上最成功的产品设计的总结，请看 C. D. Cullen and L. Haller，*Design Secrets：Products 2*，Rockport Publishers，Gloucester，MA，2004。

② R. Walker，"Emergency Decor," *The New York Times*，December 9，2007，http://www. nytimes. com/2007/12/09/magazine/09wwln-consumed-t. html? ref=magazine。

③ M. Marriott，"To Appeal to Women，Too，Gadgets Go Beyond 'Cute' and 'Pink,'" *The New York Times*，June 7，2007，http://www. nytimes. com/2007/06/07/technology/07women. html。

④ D. Darlin，"Design Helps HP Profit More on PCs," *The New York Times*，May 17，2007，http://www. nytimes. com/2007/05/17/technology/17hewlett. html。

⑤ L. Grossman，"Bill Gates Goes Back to School," *Time*，June 7，2007，http://www. time. com/time/magazine/article/0,9171,1630564,00. html。

方式是不同的,我觉得这很神奇。"

8)感知质量:口碑是质量认知度的主要特征。它的力量来自一个不成文的类比:今天的产品质量与昨天的产品质量相似,或者一条新产品线的产品质量与一家公司现有产品的质量相似。

产品质量、市场份额和公司的投资回报之间有着密切的关系。不管产品的市场份额如何,高质量的产品往往会获得最高的投资回报。一项针对全球 167 家汽车公司的研究①表明,质量差的公司的平均销售增长约为 5.4% ,而那些持续生产高质量产品的公司的平均销售增长为 16% 。而且,有报告表明在那些持续生产高质量产品的公司中,有大多数公司使用了以下技术:质量功能部署(见 4.2 节)、产品和流程的失效模式与效果分析(见 10.1.2 节)、实验设计(见第 11 章)和"防止错误"工具(参见 10.2 节)。

为了说明这八个方面的质量,参考一个激光打印机广告的摘录。相应的质量指标在括号中给出。

- 减少等待时间:每分钟多达 19 页,并在 8 秒内产生第一页(性能)。
- 以 1200 分辨率的有效输出质量提供美观的扫描和复制文件以及清晰线条(性能)。
- 通过每月 7000 页的工作周期和 2000 页的单件打印墨盒可以减少干预、简化维护、降低成本(耐用性,适用性)。
- 可在控制面板上快速设置工作,该面板具有双行背光显示和 10 键数字键盘(功能)。
- 带有 30 页自动送纸器的扫描、传真和复印(功能)。
- 方便:紧凑设计占用空间小(美学)。
- 在 250 页输入托盘和 10 页优先托盘中的纸与其他介质(功能)。
- 可通过 USB 连接你的工作小组(一致性,功能)。
- 使用 64MB RAM 有效地处理复杂的作业(性能、功能)。
- 期望内置集成办公场景支持所有流行的打印语言(一致性)。
- 随时准备更换墨粉;当墨粉较少时,接收报警,显示剩余墨粉使用时间,享受轻松的在线订购或者查看附近商店的库存和价格(适用性)。
- 一年保修期(适用性,可靠性)。
- 依靠卓越的印刷:因为服务和可靠性而连续 16 年获得《计算机杂志》"读

---

① L. Argote and D. Epple, "Learning Curves in Manufacturing," *Science*, February 1990, pp. 920-924。

者选择奖"(感知质量,可靠性)。

- 7×24 小时免费电话或邮件回答产品问题(适用性)。

1.4.3　六西格玛

六西格玛是一套方法或一系列实践,通过减少过程的变化,系统地改进工艺性能。六西格玛这名字来自统计学,标准偏差(σ)代表一个过程的属性(参见11.7 节)。超过六西格玛极限的变化过程被认为是缺陷。摩托罗拉在 1986 年开发并实施了六西格玛的理念,最初将其作为一个指标来表示其制造过程中的缺陷数量。此后,他们将其作为一种方法论扩展到其他领域,不太强调度量标准的字面定义,而将组织的重点放在以下方面:理解和管理用户需求;调整关键业务流程以实现这些需求;利用严格的数据分析,尽量减少设计过程的变化来满足这些要求;推动业务流程的快速和可持续的改进。此外,该公司还将六西格玛的基本理念作为一种自上而下的管理系统进行如下操作:将其业务战略与关键的改进成果相结合;动员团队做影响力高的项目;加快改善业务结果;努力确保持续改进。

1.4.4　ISO 9000

ISO 9000[①] 是关于质量管理和保证的一系列国际标准,提供了维护质量体系的指导方针,质量体系是执行质量管理所需的组织结构、职责、程序、流程和资源。

ISO 9000 认证的好处如下。

- 清楚且有条理的程序。
- 更加强调满足用户的需求。
- 由独立的第三方提供标准,表明质量体系已经到位。
- 当用户从注册的 ISO 9000 组织购买产品时,所提供的产品的进货检验和测试水平需求会降低。符合国际质量标准的标准,加上供应商愿意向其用户提供产品认证,表明产品质量和一致性达到了足够的水平。

---

① ISO 是国际标准化组织,其目标是促进标准的发展、测试和认证,以鼓励商品和服务的贸易。该组织由来自 91 个国家(地区)的代表组成。美国国家标准协会(ANSI)是美国的一个自我调节组织,其作用在于协调行业和协会的标准制定。

1.5 标杆管理

标杆管理是对最佳实践的探索，它将带来卓越的性能。与那些一贯在同类业绩中与众不同的公司相比，这是一个衡量公司的方法、过程、程序、产品和服务绩效的过程。因此，标杆管理是对持续过程改进的承诺。标杆管理与逆向工程不同，后者是对产品进行系统的拆解，以了解使用了什么技术以及如何进行复制。然而，没有复制意图的分解产品经常作为产品标杆管理的一部分（参见4.2.2节中关于QFD表的讨论）。

标杆管理过程提供了一种改进策略，通过寻找超越某一行业界限的对比情况，发现与所观察到的行业无关的世界级最佳实践，并可对其进行调整，以在自己的行业中提供竞争优势。通过寻求外部行业的知识，人们可以利用公认的行业最佳实践找到创新机会，从而创造出不连续性。如果标杆管理只专注于竞争对手，它可能不会带来卓越的业绩。标杆管理还可以用来打破关于某些制造过程的内部秘密，并刺激产生新的设计、设计方法或制造过程。

标杆管理可以从调查公共领域中的可用信息开始。在托马斯登记册中可以找到一个非常全面的制造业相关的供应商名单（www.thomasregister.com）。在这里，可以确定谁是潜在的竞争对手。贸易杂志通常会对该杂志感兴趣的领域内的产品进行比较研究。在某些情况下，这些杂志在了解评论家对特定性能特征和产品特征的看法方面特别有用，相关案例如下。有关汽车趋势和新闻，请访问http://www.driveusa.net/e-zines.htm，以获取许多在线杂志和汽车行业新闻的链接。有关各种消费电器的信息，请访问http://www.appliancemagazine.com/。该网站涵盖了从厨房和洗衣设备到医疗设备再到供暖和空调设备等的各种电器。对于消费类电子产品，请访问http://www.edn.com/获取面向电子设计工程师的信息和新闻。有关各种消费品的重要评论，请访问http://www.consumerreports.org/上的《消费者报告》。要获得一系列从农业到木材加工等不同行业的"免费"贸易杂志，请访问http://www.freetrademagazinesource.com。

1.6 与供应商合作——外包

与供应商合作是一种商业文化，其特征如下：长期关系、共同目标、信任和利益、双向坦诚的沟通、双方积极主动的管理支持和参与，以及对世界级基准、业绩和业务增长的持续改进。许多公司根据对质量、成本、供货方式、交货期、技术和持续改进的标杆分析来选择与发展关键供应商,并与之谈判长期协议。此外,他们寻找的供应商把用户满意度作为重中之重,清楚地表明他们是总成本最低的生产商(见 3.1 节),并保持组织和财务稳定。成功的供应商关系的重要影响之一是不再需要对供应商零件和材料进行检验与测试。

确保长期供应商关系成功的最佳方法是在新产品开发中及早与供应商接触,并在可行的情况下让供应商成为设计团队的成员。他们在设计过程中的作用如下:帮助最大限度地降低成本并缩短上市时间,确保可制造性,测试材料和零件以提高产品的整体质量。

在这种合作关系中,供应商的用户有如下责任。

- 与供应商沟通其职责、策略和期望。
- 对供应商的要求做出反应。
- 为供应商提供单点业务接口。
- 乐于倾听和改变。
- 了解供应商的企业文化和问题。
- 以业务增长来奖励供应商的业绩。
- 提供清晰和可制造的明细单。
- 制定通用指标并对性能进行定期反馈。
- 清楚地向供应商传达期望、需求和问题,并确保采取纠正措施。

在波音 787 的开发和生产过程中,波音公司对供应商态度的转变就是一个例子。波音公司①说,这种飞机中大约有 70% 已经外包,所以波音公司现在看起来不像制造商,更像一个监督一级和二级承包商的项目经理。每一个一级和二级承包商都可能依赖更多的专业分包商。此外,与其他飞机的开发相比,波音公司给了这些承包商和分包商更多的责任。对于他们中的许多人来说,他们的角色现在包括创建全新的系统,而不仅仅是根据波音的规范填写订单。

对一些用户来说,外包意味着产品的全部或相当一部分是离岸的。这在美国导致了一场小规模的运动②,消费者喜欢购买带有"美国制造"标签的商品。对于其中一些用户来说,这个标签代表了对工作场所和环境问题、消费者安全、优质产品以及奢侈品的关注。几家公司对这一细分市场的反应是,一小部分产品线在美

---

① P. Hise,"The Remarkable Story of Boeing's 787," July 7, 2007, *Fortune Small Business*, http://money. cnn. com/magazines/fsb/fsb_archive/2007/07/01/100123032/index. htm。

② A. Williams, "Love It? Check the Label," *The New York Times*, September 6, 2007, http://www. nytimes. com/2007/09/06/fashion/06made. html。

国进行生产,同时继续将其他产品线外包到海外。这种由海外和本地制造商生产的产品包括在缅因州制造的新百伦 992 跑鞋和在加利福尼亚州制造的芬达定制商店的吉他。

然而,企业发现将业务外包给海外制造商并不一定是最好的方式。保持供应链接近公司可以更好地控制它,从而有助于公司对市场需求有更强的反应能力,并能尽量减少库存。另外,运输成本的突然增加可能会大大影响最初通过离岸实现的任何成本节约①。实际上,是否外包取决于这几个因素:汇率、用户信心、劳动力成本、政府监管以及熟练管理人员的可得性。

用户/供应商合作关系的共同目标之一是供应商成为最低总成本生产商。为了实现这一点,用户必须做到以下几点。
- 建立切合实际的成本目标。
- 提供成本基准协助。
- 分担变更成本。
- 倾听并执行降低成本的想法。
- 提供及时的供应商付款。
- 对供应商的成本和技术思想保密。

同时,用户必须努力做到以下几点。
- 尽量减少时间表更改。
- 制定切实可行的时间表和优先事项。
- 支持即时制造流程。
- 提供对未来需求的预测。
- 与供应商建立电子数据交换接口,用于预测、发布、开发票和付款。
- 分享基准信息和及时技术。

关于供应商交付时间和交付周期,供应商必须具备以下能力。
- 即时制造流程,具有短周期设置和处理小批量生产的能力。
- 正确的专业知识。
- 高度的灵活性,以适应用户的进度变化。
- 在约定日期交付的能力。
- 用户的预测和调度数据。

---

① L. Rohter, "Shipping Costs Start to Crimp Globalization," *New York Times*, August 3, 2008。

1.7　大规模定制

大规模定制①能既为个人用户提供定制性产品,又不失去大规模生产的优势,即高生产率、低成本、质量一致和快速响应。大规模批量生产的目标是统一开发、生产、销售,并且以足够低的价格提供给每个人,使大家都能得到负担得起的商品和服务。而大规模定制的目标则是,能够生产出足够种类的定制产品,这样几乎每个人都能找到他们想要的东西。因此,大规模定制是两个长期竞争系统的综合:大规模的生产制造,而产品和服务却是定制的。在大规模生产中,低成本主要是通过规模经济实现的,通过扩大经济的规模(生产过程的集中输出和更快的吞吐量)来降低单个产品或服务的成本。在大规模定制中,低成本主要通过范围经济(采用单一工艺生产更多种类的产品或服务)来实现,这样可以有效节约成本、提高速度。

下面是几种实现大规模定制的方法。

● 自我定制,用户自己改变或组合产品以适应他/她的需要。例如,Microsoft Office 程序可以以不同复杂程度来满足不同人群的使用;卢特恩电子公司(http://www. lutron. com)拥有一系列照明系统,可根据各种形状、颜色和尺寸要求来定制,以满足室内设计师的需求。

● 使用标准化程序的混合定制,工厂生产中的第一次或最后一次活动都是自定义完成的,而其他活动则保持标准化。例如,IC3D(http://www. IC3D. com)为用户提供了一条牛仔裤的多方面自我选择条件,包括牛仔颜色和洗涤方式、腿型、踝型与外围等多种款式来适应设计师的需求。

● 模块化产品结构,其中模块化组件被组合,以产生一个定制的产品。例如,Dell(http://www. dell. com)计算机可以在每一大类计算机中选择不同的屏幕大小、内存量、处理器的速度、CD/DVD 装置的功能,以及硬盘驱动器的容量和转速等(另见6.3 节)。

● 灵活定制,柔性制造系统生产定制的产品,不需要更高的成本。例如,Sovital(http://www. sovital. de)生产一系列含有不同规格营养素的定制药丸。用户可根据自我需求进行购买,这样用户就不需要服用几片药丸来获得相同的营养。

大规模定制有以下优点。大规模定制在某些方面模仿了 JIT,产品是在下订单

---

① 一个包含大量关于最新的大规模定制讨论和评估的网站,http://mass-customization. blogs. com/mass_customization_open_i/casesconsumer/index. html。

后生产的,这大大减少了库存和进行预测的需要。大规模定制倾向于在生产过程中早期整合用户,公司基本上可确保自己对不断变化的市场趋势做出反应。在这方面,时尚流行周期不适合直接应用大规模定制,因为一个是源源不断的时尚潮流,而另一个是现代产品。它还可以提供一种方法,使公司能够利用标准的批量生产技术来检测可用于生产生产线的趋势。将用户纳入产品创造过程的某一方面的行为被称为"开放创新"或"共同设计"。

第 2 章 集成产品与工艺设计和开发团队

　　本章描述了集成产品与工艺设计和开发(IP^2D^2)协同方法,介绍了它的流程,并给出了有关团队组成和要求的建议。

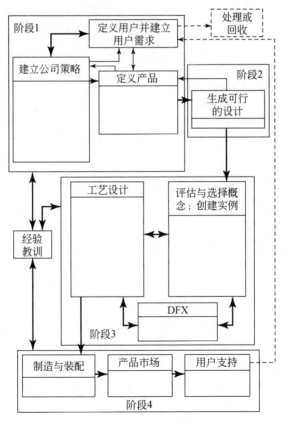

本章主要内容框架图

DFX 指面向产品生命周期各环节的设计。

2.1 简　　介

在过去的30年里,产品的生产方式一直在快速发展。在美国,演化的开始可能是由于意识到用总时间的10%进行的产品设计、制造和交付,决定着85%的项目资金消耗,而其他时间内消耗的资金不到项目资金的15%。换句话说,对于产品投入市场的最终支出,最具影响的决定将发生在其开发周期的早期阶段,如图2.1所示。看待这个问题的另一种方法是对在产品开发的设计、过程规划与构建、生产这三个阶段中进行变更的成本进行估算。如果将在设计阶段进行变更的成本设为一个单位成本,那么在设计阶段的每一个后续阶段进行变更的成本将会是设计阶段的很多倍。

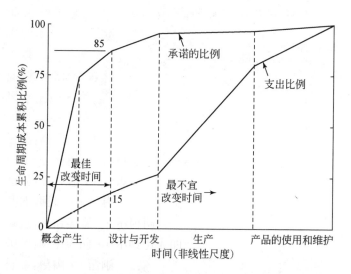

图2.1　产品实现过程中各个阶段的产品生命周期成本

IP²D²团队的总体目标是将产品概念转换成产品,从而使产品的设计和相应的过程产生如下结果。

- 高用户满意度。
- 产品成本低,利润高。
- 持平或超越竞争标杆。
- 短期上市时间。
- 降低产品开发成本。

- 高质量。
- 周转率高而在制品少。
- 原材料和成品的空间、处理与库存最小化。
- 提高自动化利用率,充分利用现有设备。
- 消除重新设计和工程变更。
- 拓展产品线,形成多品类产品。
- 供应商早期参与。

在 IP^2D^2 团队的总体目标中隐含的概念是可生产性。在 8.1.2.2 节和 9.1 节中给出了一些实现可生产性的方法。

最后,除了使用上面列出的目标将产品概念转化为产品外,IP^2D^2 团队还必须将所开发的产品置于市场的适当环境中进行开发。把产品放在更大的背景下的一个很好的例子就是爱迪生发明的灯泡。爱迪生想的不仅仅是创造一个可以工作的灯泡,他想的是创造一个城市可以使用他的灯泡的电力系统,因此,他避免创造当时没人能买的灯泡。另一个例子是 iPod,在 1.4.2 节中提到过。iPod 本身并不是一个真正的"完整"产品。只有当 iPod 所依赖的一个能提供内容和服务、软件和界面、良好的零售体验与众多配件的大型系统存在时,它才会成为现实。所有这些方面都是 iPod 成功所必需的。

2.2 IP^2D^2 团队及其日程表

一个 IP^2D^2 团队是多学科、协作、灵活和互相影响的。一个 IP^2D^2 团队应该包括适当数量的工程师,如电气、机械、材料、制造和生产工程师,此外还应包括以下领域的人员:工业设计;核算成本并确定项目预算是否恰当的财务;反映用户的需求和愿望的销售与市场部门;确保部件和系统的可互换性与可修复性的服务和零部件部门。IP^2D^2 团队还需要在新产品项目中包含主要供应商。在一些组织中,IP^2D^2 协同方法是由标准的、高质量的、高容量的部件所驱动的,这些部件可以从世界各地的长期业务资源中获得。

如果产品开发团队符合以下标准,则有益于更快地开发产品。
- 成员有能力成为大多数想法和创意的来源。
- 团队成员数量有一个合适的上限。
- 团队中的成员从产品开发到产品提供给用户的整个时间段都要全职服务于团队。
- 成员仅仅向组长报告。

- 团队中有市场、设计、工程、制造、金融和供应商代表。
- 成员之间的位置距离应适合彼此对话。
- 成员在团队环境中承担责任和享受工作。

此外，一个 IP^2D^2 团队需要有共同的词汇，认同共同的目的，并商定团队和个人的优先事项。它的成员也必须能够沟通交流信息、互相协作以获得对所有问题的共同理解。

IP^2D^2 在以下方面与美国橄榄球队类似[1]：IP^2D^2 团队作为一个单元起作用；团队有一个共同的目标；每个成员都有一个特定的目标；每个成员必须完成特定任务；每个成员的贡献对团队的成功至关重要；团队的共同努力产生更好的解决方案；团队有一个领导者；组织者（管理层）在一旁提供指导和资源。

现在介绍 IP^2D^2 团队运行的必要环境。首先，我们陈述显而易见的现象：设计涉及许多主观判断。在这样的背景下，值得注意的是[2]，处理设计方案总有许多不同的解决方案，最优解可能不存在，即使存在，找到它也可能是不切实际的。第一点是由于设计问题不能被全面地描述，总是被主观地解释，而且经常是分层组织的。第二点涉及以下事实：为了测量最优性，人们必须定义一个可测量的性能，设计方案可以根据这个指标来度量。然而，设计涉及权衡、选择和妥协。一个方面的良好性能有时是以牺牲另一个方面的性能为代价而实现的，目标陈述可能是矛盾的。因此，可能没有最佳的解决方案，只有一系列可接受的解决方案。对解决方案的评估在很大程度上取决于判断。

此外，在时间、金钱和人力方面经常存在资源限制。因为这些限制，无法在流程规定时间之前完成设计。即使目标实现了，仍可能并不令人满意。同样，设计问题也各不相同，其解决方案取决于问题定义和许多其他因素，如法律方面的考虑、政治、时尚等。因此，没有任何操作序列能保证最终结果。此外，设计还包括问题发现和问题解决，因为问题陈述经常随着问题的解决而发展，并且随着过程持续进行，问题和解决办法变得更加清晰与精确。

在 IP^2D^2 团队中，每个成员都要参与决策过程[3]，其中的每个决策都有助于将想法变为现实。在这样的环境下，人们发现以下几点。

---

① D. R. Hoffman, " Concurrent Engineering," in W. G. Ireson, C. F. Coombs, Jr., and R. Y. Moss, Eds., *Handbook of Reliability Engineering and Management*, 2nd ed., McGraw-Hill, New York, 1996。

② B. Lawson, *How Designers Think*, Architectural Press, London, 1980。

③ F. Mistree, W. F. Smith, B. A. Bras, J. K. Allen, and D. Muster, " Decision-Based Design: A Contemporary Paradigm for Ship Design," *SNAME Transactions*, Vol. 98, pp. 565-597, 1990。

● IP^2D^2 团队成员的主要职责是做出决定,其中有些可能需要连续做决定,有些可能需要同时做决定。此外,这些决定通常是分层形成的,各个层次之间的交流必须被考虑到。

● 决策通常来自不同来源和学科的信息,并可能是多个优点和性能指标的整合;然而,并不是决策需要的所有信息都能获得。

● 有些用于决策的信息可能基于科学原理,有些信息可能基于团队成员的判断和经验。

新产品的开发通常需要平衡三个因素:开发速度、产品成本、产品性能和质量。开发速度,或上市时间,是从人们开始执行产品开发计划时刻开始,到最终产品交付到第一个用户时截止,这之间的时间。人们发现,在可能的情况下,使用过去的设计、标准化和计算机化有助于加快产品实现过程。

产品成本是交付给用户的产品的总成本。重要的是不要只使用制造成本这个术语,因为总成本决定利润。成本包括与制造业启动相关的一次性成本、一次性开发成本和经常性费用。第 3 章详细讨论了这些方面。

产品性能是指产品能在多大程度上满足市场需求的性能规格,满足市场需求的产品拥有良好的产品性能。这种性能是根据产品能多大程度满足用户的需求来评估的。优秀的设计是使用性价比高的技术和设计方法达到性能目标的设计。对于某些产品,设计中的大部分时间都花在实现成本效益的解决方案上。

产品实现过程可以用几种方式来表示。我们将其分为四个阶段[①]:产品识别,概念开发,设计和制造,以及产品发布。在进入下一阶段之前,每一阶段都必须满足一定的标准。当应用标准对某一阶段进行评估时,如显示不可进入下一阶段,就应该放弃这个项目。

每个阶段都有特定的任务要执行。现在讨论四个阶段的描述和评价指标。四个阶段中 IP^2D^2 团队必须处理的特定任务如图 2.2 所示。在产品开发中需要考虑的任务如表 2.1 所示。表 2.1 中列出的所有项目并不是同等重要,各项目的重要性随产品本身、公司战略、预期市场的不同而不同,然而对于多数产品来说,产品的功能、性能和特点、安全和环境、可靠性和耐久性、成本、可制造性(可生产性)、外观和到达市场的时效性是最重要的。

---

① R. L. Kerber and T. M. Laseter, *Strategic Product Creation*, McGraw-Hill, New York, pp. 78-100, 2007。

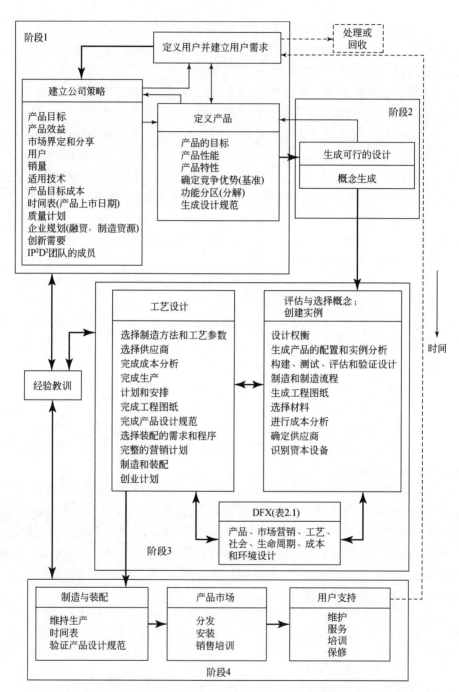

图2.2 IP^2D^2 团队的重叠和迭代产品实现的活动与产品开发的四个阶段的关系

表 2.1　产品实现过程中 IP^2D^2 方法或多或少要考虑重复使用的要素

产品设计	营销设计
功能	公司战略
它将如何使用?	用户需求和用户确认
可用性	成本
性能特点	市场份额
环境	竞争对手(对标管理)
工厂车间、包装、储存、运输和使用过程	产品线的宽度(产品的数量/版本)
特征	上市时间
技术/创新需要分析和模拟原型	产品价格/数量/组合
可生产性	数量
材料选择	总成本财务计划
加工方式	采购
处理和演示	产品特征
制造/装配	扩展和升级(计划产品改进和未来设计)
零件数量和零件差异	消除/简化调整
文件/工程图	产品选项
人为因素/人体工程学	产品的使用寿命
外观和样式(美学)	产品支持
配置	担保
模块化	备件
未来技术改进的空间	产品维修和服务频率
标准化程度	最终用户
可靠性	用户组装/安装需要
专利	用户培训需要
品质计划	公司安装需要
知觉、感觉和触觉	文档
供应商质量和认证	用户指导手册和文档
消除内部故障的成本(报废、返工等)	警告和法律问题
服务电话费	产品标识:标志,商标,品牌名称
ISO 9000	包装和标签
制造能力	广告材料(目录和小册子)
社会设计	流程设计
安全	响应性
法律问题:免责声明、责任、用户警告	用户交付日期
标准(美国/全球)	包装和运输

续表

适应材料和工艺条件的变化	转换到现有产品的生产
用最小的中断和成本将新工艺技术整合	外包零件和部件
到现有系统中	供应商
最大化响应涌现的大量需求	文档
转换时间和成本的最小化	生命周期设计
最大化的生产灵活性	可测试性/可访问性
快速的周转能力	可检测性
最大化的产品系列	可靠性
设计–相关	耐用性(产品寿命)
装配方法	备件可用性
废物	可维护性/适用性/可支持性
制造方法	物流
材料	可升级
工厂特点	保质期和储存
物料处理和流量	安装性
工作站设计(人体工程学)和操作员培训	环境设计
制造设备的能力和可靠性	拆卸
楼层布局	联邦和州监管要求与合规性
工厂位置	产品污染/毒性
安全	回收和处理
培训工厂人员	再利用/再制造
废物管理	成本分析
过程污染物/有毒物	制造/购买(外包)
生产	目标定价
质量控制	成本模型
能力/生产率	启动成本
生产计划,进度安排和采购	需要的投资

2.2.1　阶段1:产品识别

产品识别阶段的目标是产生一个值得商业投资的好的产品创意。这个阶段的输出如下。

- 展示一个强大的用户需求。
- 市场潜力的测定。

- 一种商业模式,表明公司可以从产品的销售中获利。
- 识别和评价承担该项目的风险。
- 确定是否可以获得持续的竞争优势。
- 开发产品所需资源的估计。

在很多情况下,这些估计和判断是根据初步数据得出的。这些初步研究的总体结果是令人满意的,这时就可以进入第二阶段。然而,在进行下一阶段的同时,应更全面地探讨前期研究。

在这个阶段,要寻找以下问题的答案①。

- 新产品的商业计划是什么?
- 该产品与公司所有其他产品的关系如何?
- 现有设计的使用程度如何?
- 市场何时需要该产品?
- 计划生产多久?
- 将生产多少件?
- 新产品将在哪里制造?
- 需要满足哪些规定、标准和安全要求?
- 是否有足够的经济资源?
- 产品与竞争产品有何不同?
- 公司对这类产品有丰富的知识和经验吗?
- 是否有任何采购问题?
- 是否需要资本投资?
- 是否会有任何潜在的专利侵权?
- 这是一个长期还是短期的市场机会?

2.2.2 阶段 2:概念开发

概念开发阶段的目标是生成和开发满足产品性能目标的候选概念。然后,利用一组必须满足的评估标准对候选概念进行评估。这些标准包括以下内容。

- 生产的产品要在公司的核心能力范围内。
- 自该项目开始以来,其发展中的技术风险相对较小。

① D. Clausing, *Total Quality Development*, ASME Press, New York, 1994。

- 市场条件和竞争对手都没有实质性变化。
- 制造资源需求接近预期。
- 产品原型表明产品创新具有经济可行性和制造可行性。

此外，第一阶段开展的任何研究都应在本阶段结束之前完成，并从中确认初步结论所依据的条件仍未改变。

2.2.3 阶段3：设计和制造

设计和制造阶段的目标是产生产品的工程图纸，完成生产运行测试，证明产品符合所有用户要求和所有质量标准，如果测试运行成功，则进入全面生产。

2.2.4 阶段4：产品发布

产品发布阶段的目标是将产品交付给市场。发布成功与否取决于是否满足质量目标、用户满意度目标和业务计划目标。

在这四个阶段的每一个阶段中，参与者都从中进行了学习并获得了经验。他们所学到的知识将会影响下次产品开发过程，在经验学习的基础上创造出新产品。这些经验是公司能力中非常重要的一部分，它将使公司转变为可以不断创造并迅速向市场推出用户高度认可的产品的公司。

我们现在回到图2.2和表2.1。表2.1中的所有因素定义了产品实现过程并包含 IP^2D^2 团队日程的要素。在DFX背景下，或者作为产品的约束，表2.1中的每一项都可以被视为一个目标。因此，表2.1中列出的因素并不意味着每个因素或一组因素是按顺序考虑的。事实上，除了那些为产品设定目标的因素，如公司策略、合规监管、产品性能和特征之外，它们应该或多或少地以并行或重叠方式进行处理。值得注意的是，产品开发周期中产品设计部分与过程设计部分重叠是很重要的，因为产品设计早期阶段有时会发生变化。这种方法的优点是及时满足市场对产品的要求，这通常要比引入可能影响工艺设计的产品更改风险和成本更重要。

图2.2总结了 IP^2D^2 团队通常执行任务的方式。首先，确定用户需求，然后确定公司策略，并建立了一个 IP^2D^2 团队来帮助确定能够满足这些需求的产品或产品系列。其次，确定产品的可行性，然后与公司策略进行比较，以确保符合该标准。确定竞争对手及其标杆产品。根据需要对产品定义进行调整，并制定初步的产品规格。再次，IP^2D^2 团队生成满足这些需求的候选概念，并对这些概念进行评估，

以确定它们在多大程度上满足用户需求,以及在多大程度上满足表 2.1 中列出的最重要目标和约束。如果需要的话可以进行调整,然后探索最有希望的概念。对于每个最有希望的概念,基于表 2.1 中列出的相关因素选择不同的配置和实施方案。此外,还需确定高风险区域和替代方法,并对系统性能、可靠性、可生产性等进行预测。在这个阶段,IP^2D^2 团队尝试解决看起来最难以实现的并且最重要的问题。

然后确定最佳配置和具体设计。生成初步的工程图,并构建、测试和评估产品,以及所需的特殊制造和装配过程。此外,还需确定供应商,创建初步生产计划和进度计划,启动营销计划,并创建制造启动计划;通过与开始的产品规格进行比较对样品进行评估,验证主要性能因素和用户要求的满意度,进行精确的成本分析。设计、制造过程及装配程序所需的任何改变,都在此时进行。一旦做出最终决定,明确产品的设计细节、材料、制造和装配过程、工艺计划和过程,确定最终成本后,产品进入批量生产阶段,不久之后进入市场。

2.3　技术在 IP^2D^2 中的作用

当产品的一个或多个部件的性能或制造过程出现技术突破或重大改进时,产品设计通常会焕发活力。笔记本电脑就是一个很好的例子。笔记本电脑从一开始就经历了一系列的变化和改进,包括屏幕从黑白到彩色,电池寿命的延长,硬盘存储密度的大幅增加及总重量的减轻。

但是,在必要的技术准备就绪之前设计产品的任何尝试总是会导致低质量的产品,它们落后于计划,而且成本过高。要确定该技术是否成熟到可用于产品设计中,需要解决以下问题[1]。

- 该技术是否可以用已知的工艺制造?
- 是否确定了控制新技术功能的关键参数?
- 技术参数的安全操作范围是否已知?
- 是否已识别和评估故障模式?
- 是否对该技术的生命周期进行了评估,是否知道其对环境的影响?

技术的作用也很复杂,因为在产品研制和初次投入使用的关键时刻,小的随机事件可以决定该技术能否成功,一旦采用,它就成为一种标准,因此改变它们

---

① D. G. Ullman, *The Mechanical Design Process*, 4th ed. , McGraw-Hill, New York, 2009。

成本非常高。一个经典的例子是打字机键盘的布局,最初选择键盘布局的原因在今天已经没有什么意义了,但却无法改变。以 20 世纪早期的汽车发动机为例,说明随机事件如何影响未来的技术进程。当时用户有汽油和蒸汽引擎两种选择。1909 年,斯坦利蒸汽引擎能使汽车时速达到 200 千米/小时,但仅作为豪华车配置上市销售,未能达到量产。加速它灭亡的是一次短暂的口蹄疫的暴发。1914 年,疫情迫使马槽关闭,从而使蒸汽汽车无法获得方便的水供应。也许有了更好的技术,或者仅仅是更多的蒸汽驱动的汽车,就能找到一个快速的解决方案。然而,随着其他备选方案的出现,拟购买的公众没有理由去等待蒸汽引擎的解决方案出现。

有时候,公司策略中的一个错误会导致它失去竞争优势,即使它的产品是市场上的第一个。例如,公众对松下的 VHS 录像带格式的接受程度超过了索尼的 Betamax 格式,对微软的 DOS 操作系统的接受程度超过了苹果公司的操作系统。苹果和索尼都不愿将其技术授权给竞争对手,而松下和微软却做到了,这就鼓励了更多的视频和更多的应用软件出现在市场中,为用户购买这些产品提供了充分的理由。

2.4　IP²D²团队要求

2.4.1　团队要求

IP²D² 团队要取得成功,有两组相互依存的要求[1][2][3]。第一组要求与团队中的个人成员有关,他们除了要具有特定专业领域的特定知识之外,还应该有积极的态度并且应该具有创造性。保持积极的态度让每个人都可以自由地贡献,并允许想法自由交流。如果团队成员不使用"主动杀戮"言论,这种氛围可以维持,表 2.2 中给出了代表性抽样。

---

[1] N. Cross, *Engineering Design Methods*, John Wiley & Sons, Chichester, 1984。

[2] L. B. Archer, "Systematic Methods for Designers," in *Developments in Design Methodology*, N. Cross, Editor, John Wiley & Sons, Chichester, 1984。

[3] G. Pahl, W. Beitz, J. Feldhusen, and K. - H. Grote, *Engineering Design: A Systematic Approach*, Springer-Verlag, Berlin, 2007。

表 2.2 扼杀主动性言论的例子

例子	例子
"但是我们的用户是这样想的。"	"你赢不了。"
"过程掌握还没有被证明。"	"没有。"
"我们不是这样做的。"	"我们是不同的。"
"我肯定这是考虑过的。"	"我们太忙了。"
"我们以前经历过这一切。"	"我不喜欢它。"
"让我们考虑一下吧。"	"这是不切实际的。"
"这是很久以前就排除了的。"	"那是旧技术。"
"上次我们试过了,没用。"	"我没有为此做预算。"
"没有人穿它。"	"以前已经试过了。"
"必须是可互换的。"	"要实际。"
"保险商实验室决不会批准它。"	"我们不能冒这个险。"
"我们的用户不会买它。"	"那不是我的工作。"
"现在不是时候。"	"已经尝试过了。"
"这不符合我们的标准 XYZ。"	"我们稍后再谈。"
"那是制造业的问题。"	"我们试过很多年了。"
"我们已经有了最好的系统。"	"我们的业务不一样了。"
"我们的产品设计是不同的。"	"这不是一个经过验证的设计。"
"他们不在我们合格的供应商名单上。"	"我们不能改变这一点,工业设计不会允许的。"
"我们太小了。"	"我们买不起。"
"我们已经在使用组装设计了!"	"当然要花更多的钱,但是我们会有更好的产品。"
"这是个好主意,但我不喜欢。"	"日程安排不允许。"
"以前从未试过。"	"它不会在我们的行业中发挥作用。"
"让我们好好考虑一下吧。"	"这违反公司规定。"

创意人员通常具有以下特征,他们可以做到以下几点。
- 发现问题的存在。
- 针对问题开发大量的替代解决方案。
- 开发各种各样的方法来解决问题。
- 针对问题开发独特或原创的解决方案。

另外,团队成员必须是积极的倾听者。一个积极的倾听者应做到以下几点。

- 在讲话之前先聆听。
- 评估所说的话。
- 通过转述来测试他/她对所说内容的理解。
- 不用高人一等的口气说话。
- 听取该人试图做出的贡献。

成功的 IP^2D^2 团队的第二组要求与其组成有关，即与其功能和成员互动的方式以及团队领导的特征有关。为了最大限度地提高团队工作的成功率，我们确定了以下 IP^2D^2 团队工作指南[①]。

- 团队成员必须尊重彼此的专业知识。
- 成员必须对团队目标有共同的看法。
- 应该汇聚形成一个每个人都理解和接受的解决方案。
- 提倡开放思想，避免过早共识。
- 个人和小组工作之间应该保持适当的平衡。
- 应该采用正式和非正式的交流方式。
- 领导职位应该给予那些愿意承担责任和愿意授权团队成员的人。

另一种看待 IP^2D^2 团队组成的方法是"聪明的人群"。据推测[②]，在适当的环境下，群体往往比他们中最聪明的人更聪明。有四个关键品质使集体智慧相比一小部分专家能产生更好的结果。第一，这个组织需要多样化，以便人们把不同的信息带到讨论桌前。第二，它需要有分散性，这样就不会有高层在指挥群众的回答。第三，它需要一种将成员的意见归纳为一个集体论断的方法。第四，团队中的人需要独立，他们主要关注自己的信息，而不用担心周围的人会怎么想。

一个有效的 IP^2D^2 队长应具有以下特点。

- 在项目的持续期间承担全部责任，并具备各种学科所需的知识和经验，能够与所有团队成员有效地进行沟通。
- 对团队的各种输出负责任，如规范、翻译产品概念的技术细节，关注成本和进度。
- 直接与每个 IP^2D^2 成员频繁交流与互动。
- 与用户保持直接联系。
- 具有市场想象力，并有能力辨别用户的真实想法。

---

① E. Morley，"Building Cross-Functional Design Teams，" in *Proceedings of the First International Conference on Integrated Design Management*，London，pp. 100-110，June 13-14，1990。

② J. Surowiecki，*The Wisdom of Crowds*，Random House，New York，2004。

此外,对于每个团队成员来说,在推理及口头和书面沟通方面力求达到以下智力标准①。

- 清晰——易懂,意思可以掌握。

这是最重要的标准,因为如果我们不理解意思,我们就不能发表任何意见。

- 准确——没有错误或歪曲,真实。

表述可能清晰但不准确(如所有灵长类动物的体重都低于 5 公斤)。

- 精度——精确到必要的细节层次。

表述既清晰又准确,但不精确[如烧杯里的溶液是热的(多热?)]。

- 相关性——与手头事务有关。

表述清楚、准确、精确,但与问题无关[我们测量时有一轮满月(那又怎样?)]。

- 深度——包含复杂性和相互关系。

表述清楚、准确、精确和相关,但肤浅[核反应堆的放射性废料威胁环境(肤浅的)]。

- 广度——涵盖多种观点。

当两种理论并存,而且两者都与现有证据一致时,如果你只选择其中一种,你的讨论就缺乏广度。

- 逻辑——这些部分在一起合情合理,不互相矛盾。

使用逻辑思维产生的结论,得到了个体或数据的支持。

- 公正——正当的,既不自私也不片面。

让所有相关的观点得到表达,同时认识到并非所有的观点都具有同等的价值或重要性。

2.4.2 团队创造力

创造力是通过富有想象力的技能产生可行的想法的能力。它是 IP^2D^2 过程的重要组成部分,正如 1.2 节中所讨论的,它正成为工程设计中一个必要的组成部分。在进行工程设计之前,我们要注意到创造性和设计方法之间的区别(在随后的章节中介绍和讨论)。设计方法被称为理性方法,它是鼓励系统的设计方法。有广泛的合理设计方法,涵盖设计过程中从问题澄清到细节设计的所有方面。表 2.3 总结了设计阶段六种最相关和广泛使用的方法,同时也给出了介绍这些方

---

① R. Paul, R. Niewoehner, and L. Elder, *Engineering Reasoning*, Foundation for Critical Thinking, Dillon, CA, 2006。

法的章节。

表 2.3 六个设计阶段

设计过程中的阶段	使用方法的目的
明确目标	明确设计目标和子目标及其之间的关系(第4章和第5章)
建立功能	建立新设计所需的功能和系统边界(第4章和第5章)
设定要求	对设计方案所要求的性能做出准确的说明(第5章)
产生备选方案	为产品提供完整的备选设计方案，从而扩大对潜在新方案的搜索范围(第6章)
评价备选方案	根据性能与不同加权目标比较备选设计方案的效用值(第6章)
改善细节	增加或保持产品对其购买者的价值，同时降低其生产者的成本(第6~9章)

注:数字指的是说明使用方法目的的章节。

资料来源:部分来源于 N. Cross,同前。

　　创造性的、原创的想法可以自发地发生,对个人或群体都是如此。心理学家把这种自发的想法视为一个五阶段的过程,包括识别、准备、孵化、照明和验证。识别是对一个问题存在的实现或承认。准备是经过深思熟虑努力去理解问题。孵化是让它在头脑中反复思考一段时间,并允许用个人的潜意识去处理它。照明是(通常是相当突然的)对关键思想法的洞察和阐述。验证是对想法的开发和测试。

　　当想法没有自发地产生时,人们通常会求助于群体技巧,团队成员试图利用他们的集体想象来解决任务。当一个小组集合起来进行创造性思考时,必须创造一个适当的氛围。在许多情况下,人们发现以下属性将有助于建立一个创造性的氛围。

- 欢迎和鼓励建设性的不一致、主动性、个性与多样性。
- 允许尽可能多的团队成员在决策和计划中有发言权。
- 对自己的成就给予个人认可,并给予适当的奖励。
- 允许团队成员自我引导,尽可能地自由。
- 保持组织灵活,以应对不断变化的情况。
- 鼓励思想和信息的不断交流。
- 以说服为先导。
- 通过接触外部体验来提供刺激。

2.4.2.1 头脑风暴

　　最广为人知的创造性方法是头脑风暴。这是一种生成大量想法的方法,从中可以发现一些想法值得关注。成功的头脑风暴基本准则如下。

- 关注：从明确的问题陈述开始，并有正确的特性。
- 没有任何批评：所有的想法都被接受，被认为是平等的，没有任何最初的判断、辩论或批评。
- 没有任何限制：应该鼓励独立和狂野的想法及令人吃惊的意见。
- 建立在别人的想法之上：从别人的想法出发、改变或扩展是方法的一个目标。
- 鼓励参与：应鼓励人们经常发言，提出的想法越多，会议越成功。
- 记录想法：对每一个想法进行编号，并将它们写下来，以便整个团队都能看到它们；它还提供了一种不迷失方向的返回想法的方法。
- 视觉化：尽可能多地使用视觉技术，素描、图表、实物制品、模型材料，如泡沫、管材和胶带。
- 热身：使用热身技术，用于那些以前没有一起工作过，或者不经常一起工作，或者似乎被无关的工作问题分散注意力的团队。

一些避免头脑风暴陷阱的建议①如下。

- 不要让老板先说——这可能会在不经意间限制你的工作范围。
- 不要要求每个人都有兴趣——这是一种想法的自由交流。
- 不要只包括专家的意见——外部的观点往往会促进思想的流动。
- 不要把它做得太过——创造性和灵感会在任何地方发生，并且应该能够在工作中发生。
- 不要限制"愚蠢的话题"——让参与者说出他们想要的任何东西；会议也应该是有趣的。
- 不要让参与者写下任何东西，除了他们的想法草图——记笔记会严重限制参与者的参与度。

2.4.2.2 扩大搜索空间

创造性思维的一种常见的心理障碍是，在寻找一个解决方案时，设定相当狭窄的边界。为了扩大搜索空间，采用了几种创造性技术：转换、随机输入、为什么、反向规划。

转换是一种尝试将搜索从一个区域转移到另一个区域的技术。这通常涉及应用动词以某种方式转换问题，例子②如下。

---

① T. Kelly, *The Art of Innovation*, Doubleday, New York, pp. 56-62, 2001。
② 在某些方面，这种转换技术与 6.2.3 节中讨论的 TRIZ 方法有一些共同之处。

放大	变小	修改	统一	制服	减去
添加	分开	乘	重复	取代	放松
溶解	变厚	软化	变硬	变粗糙	变平
旋转	重新排列	反向	结合	分离	替代
消除	颠倒				

创造力也可以由许多来源的随机输入触发。这可以作为一种深思熟虑的技巧来应用,如打开一本字典或其他书籍,随意选择一个单词,用这个来激发对手头问题的思考。

另一种扩展搜索空间的方法是问一系列"为什么",如"为什么这个设备是必需的?""为什么不能消除它?"等。每一个答案都跟着另一个问题,在到达死胡同或一个意想不到的答案之前,这些问题可能会激发出一个解决方案的灵感。

最后一种方法是反向规划,这是基于将一个想法(论点)与它的相反面(对立面)相结合的概念,以产生一个新的想法(合成)。它可以用来挑战一个问题的传统解决办法,提出它的对立面并寻求妥协。或者,两个完全不同的解决方案可以被有意地组合以产生一个新的想法,目的是将每个最佳特性组合到一个新的合成中。

|第 3 章|　产品成本分析

本章主要介绍决定产品制造和生命周期成本的因素及相应的成本预估方法，且举例说明设计决策和权衡是如何影响成本的。

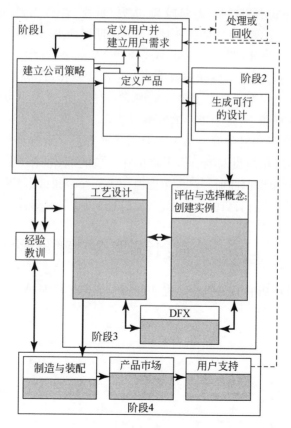

本章主要内容框架图

3.1 引　　言

产品的价值是用户对产品的品质认知与产品成本的比值。因此,设计活动的目标是创造出满足用户需求的产品且实现利润最大化。利润是产品销售价格与向用户提供产品所需成本的差额。企业需要利润保持活力。成本是资源消耗最容易获取和普遍理解的度量标准,因此,成本对于企业而言也至关重要,完全可以作为工程设计决策的基础。图2.1表明了工程决策对成本的影响,其中,在设计过程的最早期阶段做出的决策决定了产品的大部分最终成本。

3.1.1　工程经济学和成本分析

工程经济学①是所积累的知识在工程和经济学中的应用,是从经济学的角度出发,识别可替代的资源并选择最佳的策略。资源指时间、劳动力、专业知识、材料、金钱、设备等。一般而言,工程经济学处理资本分配问题;也就是说,为了使企业的长期财富最大化,应该选择哪些可用的投资。工程经济学的共同关键属性是货币时间价值、资产评估、折旧、税收和通货膨胀。工程经济学所解决的问题对企业来说非常重要;然而,确定某特定产品的制造和生命周期成本所必需的成本分析问题通常不在传统工程经济学的探讨范围之内。

3.1.2　本章研究范围

影响成本分析的因素如图3.1所示。对于低成本、大批量生产的产品,产品制造商试图通过最小化成本来谋求利润最大化。对于成本较高的产品,更重要的用户需求可能是产品总体拥有成本②的最小化。总体拥有成本不仅包括产品的购买

---

① D. G. Newman, T. G. Eschenback, and J. P. Lavelle, *Engineering Economic Analysis*, 9th ed., Oxford University Press, New York, 2004。

② 在产品开发中,制造商和用户在生产与使用产品过程中产生的所有成本的总和称为生命周期成本,通常将其分解为制造成本和用户成本。该定义主要适用于大批量产品,因为该类产品的制造成本还包括制造商承担的所有非制造成本。但不适用于飞机、电信基础设施和军事系统等“以维护为主导”的产品,因为就这些产品而言,原始设备制造商承担的非制造成本以及用户承担的运营和支持成本可能会使制造成本变得更低。在本章中,我们将拥有成本或总体拥有成本称为一切成本的总和;由原始设备制造商承担的制造成本,由原始设备制造商承担的生命周期成本以及由产品所有者承担的运营和支持成本。

成本,还包括产品的维修及使用成本,对于某些产品来说这类成本可能是很重要的。例如,一台喷墨打印机售价为 100 美元,更换墨盒可能需要 40 美元或更多。尽管打印机的成本是决定是否购买打印机的一个因素,但每个墨盒所能打印的页面数量及成本占打印机的总体拥有成本的很大比例。在 3.6.5 节中,将对打印机的总体拥有成本进行具体、详细分析。对于诸如飞行器之类的产品,运营和支持成本可能高达产品总体拥有成本的 80%。

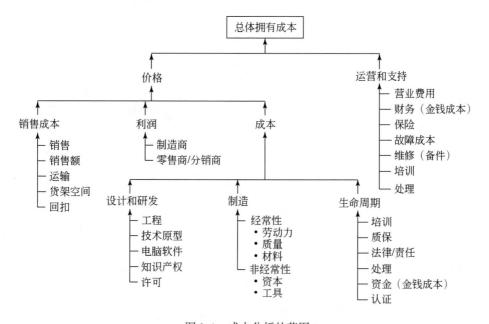

图 3.1　成本分析的范围

一般来说,产品价格主要由制造商决定,用户决定了运营和支持成本。但是,根据产品的不同,可能会有用户和制造商共享的生命周期成本。在某些情况下(如大型军事系统),设计和研发成本可能由用户支付。

　　本章将介绍影响产品总体拥有成本的一般因素,及一些可以使 IP^2D^2 团队聚焦于这些因素的工具。表 3.1 总结了本章所述的成本建模的作用和意义,及其与几种产品的关联。在整个产品生产过程中,应该对与成本有关的概念、过程和具体实施进行评估;成本分析在具体实施阶段具有最大的潜在影响力,6.5 节将对此展开讨论。

表 3.1　第 3 章中介绍的成本建模因素总结

成本贡献	描述	章节	关联	
			大批量消费品[a]	小批量复杂系统[b]
间接成本和间接制造成本	企业运营的累积成本	3.2.2	中	低
隐性成本	难以量化的成本	3.2.3	高	低
设计和开发	产品开发的非经常性成本	3.3.1	低	中
制造	经常性成本(劳动力、材料)、非经常性成本(工具和资本)	3.3.2	高	低
质量	不符合规范的制造项目的成本	3.3.3	低(取决于产品)	中
测试、诊断和返工	制造过程中检测和修复缺陷的经常性成本	3.3.4	低	高
备件、可用性和可靠性	产品交付给用户后的维修成本	3.4.1	低	高
质保和修复	提供质保覆盖的成本	3.4.2	高	不适用[c]
认证	获得和维持所需认证的成本	3.4.3	低(取决于产品)	高
金钱成本	为产品制造提供所需的金钱成本	3.5.2	低	高

a 例如,烤面包机、高尔夫球、铅笔和笔记本电脑。
b 例如,飞机、轮船和城市 911 系统。
c 对于小批量复杂系统,这些成本包括在备件、可用性和可靠性方面。

3.2　产品成本的确定

3.2.1　拥有成本

本节从产品制造者和产品所有者两个角度介绍产品成本的基本贡献。对用户的销售价格 P 由以下公式计算得出:

$$P = \frac{1}{N_{pm}}(C_{pm} + C_{sa} + P_r) \qquad (3.1)$$

式中，N_{pm} 为产品生命周期内生产的总单位数量；C_{pm} 为制造商生产 N_{pm} 个单位的总成本；C_{sa} 为向用户销售的成本，包括营销（广告）、运输、货架空间、销售人员工资和回扣的成本；P_r 为分销链涉及的个体实体（制造商、分销商、零售商）的所有利润的累积。

从制造商的角度来看，产品的总成本计算如下：

$$C_{pm} = N_{pm}(C_M + C_L + C_C + C_W) + C_T + C_{OH} + C_D + C_{WR} + C_Q \qquad (3.2)$$

式中，C_M 为每单位的材料成本［式(3.6)总结了和产品制造相关的所有活动］；C_L 为每单位的制造和装配劳动力成本［式(3.5)总结了和产品制造、装配相关的所有活动］；C_C 为每单位的资本成本（如设备和设施）（不包括间接成本中的成本）［式(3.7)总结了和产品制造相关的所有活动］；C_W 为每单位的废弃物处理成本，包括制造过程产生的危险和非危险废弃物的管理；C_T 为不包括间接成本中的一次性成本（如加工成本）；C_{OH} 为间接成本；传统的成本核算可能包括在 C_L 或 C_M 中［式(3.4a)］；C_D 为设计和开发成本(3.3.1 节)；C_{WR} 为生命周期支持成本［式(3.21)和3.4 节］；C_Q 为资质和认证成本（如 FCC 认证、UL 认证)(3.4.3 节)。

制造的产品数量 N_{pm} 是影响材料成本 C_M、销售成本 C_{sa} 和间接成本 C_{OH} 的一个因素。另外，如果这些成本包括库存成本，那么间接成本取决于 N_{pm}。

产品所有者对产品的成本 C_{pc} 有不同看法，他们认为 C_{pc} 包括产品 P 的购买价格及其他与产品总体拥有成本有关的要素，如下式(3.3)

$$C_{pc} = N_{pc}(P + C_x + C_O + C_S) + C_{sp} + C_t + C_Q \qquad (3.3)$$

式中，N_{pc} 为购买的单位总数量；P 为每单位的价格；C_x 为应纳税额（销售税、关税、进口税等）；C_O 为每单位的运营成本；C_S 为每单位的支持成本（定期换油、维修合同等）；C_{sp} 为维持 N_{pc} 个单位的备件成本；C_t 为培训成本。

用户购买的产品数量 N_{pc} 影响着供应链中各个实体的利润总额 P_r，进而影响了用户的购买价格 P。

式(3.1)~式(3.3)普遍适用于从铅笔到飞行器等各式各样的产品。但式(3.1)和式(3.3)均假定用户已经购买了该产品。如果该产品是从制造商租赁的，则这些公式是不适用的。

3.2.2　间接成本

间接成本指成本中与特定运营产品或项目无明显关联的部分，并且必须以某种方法在所有产品单位中按比例分摊①。间接成本包括不直接参与制造过程的人员(如管理者和秘书)的劳动力成本;各种设施费用,如建筑物的水电费和抵押贷款;提供给员工的非现金收益,如健康保险、退休金、失业保险及其他业务运营成本,如核算、税收、家具、保险、病假和带薪休假。

在传统的成本核算中,间接成本被分配到某个指定的 base 中。这个 base 往往由直接人工小时数决定,也可以由机器时间、占地面积、员工数量、材料消耗等来决定。利用直接人工小时数计算间接成本,通常称之为负担率,可分别利用式(3.4a)或式(3.4b)确定间接成本 C_{OH} 或负担劳动率 L_{RB},

$$C_{OH} = N_{pm} b C_L \tag{3.4a}$$

$$L_{RB} = L_R (1+b) \tag{3.4b}$$

式中,b 为劳动负担率(范围:$0.3 \leqslant b \leqslant 2$);$L_R$ 为劳动率(通常以每小时美元计),按年换算,为员工的年薪。

活动成本分析法是一种特殊的成本分析方法,它将间接成本分配到产品制造或企业运营所需的各项活动中。3.3.2 节将对此方法展开讨论。

3.2.3 隐性成本

隐性成本是难以量化的成本,无法在 C_{pm} 和 C_{pc} 中明确地表示出来,甚至可能无法与任何一个产品产生联系。隐性成本的例子如下。
- 产品市场份额的收益或损失。
- 公司股票价格的变化。
- 未来产品在市场中的定位。
- 对竞争对手及其应对措施的影响。
- 在当前产品中,与使用新技术或新材料相关的工程、制造及支持经验的未来价值。
- 将来可能需要解决的,对健康、安全及环境的长期的影响。

上述例子在成本方面难以量化,因为这要求企业(整个组织或公司)从一个更广的视角而不仅仅是一个产品的角度去考虑,且分析的范围大于一个产品的制造

---

① P. F. Ostwald and T. S. McLaren, *Cost Analysis and Estimating for Engineering and Management*, Pearson Prentice Hall, Upper Saddle River, NJ, 2004。

和支持生命周期。但这类成本确实是真实存在的,往往会对一个产品的成本产生重大的影响。

3.3　设计和制造成本

本节将讨论非经常性的设计和开发成本,及与制造和装配有关的成本;在制造业收益背景下,讨论成本和质量的关系。

3.3.1　设计和开发成本

由于无论生产多少件产品,设计和开发成本都是一次性费用,因此它们又被称为非经常性成本。就小批量生产而言,通常设计成本对产品成本的影响大于大批量生产。设计和开发成本要素如下。

- 产品说明书的制定。
- 概念设计。
- 知识产权的获取和保护,如许可成本和专利申请成本。
- 产品的设计,包括工程图纸的创建。
- 电脑软件开发。
- 原型创建。
- 功能测试。
- 环境测试以确定或验证可靠性。
- 产品质量认证,如符合保险商实验室的要求,美国联邦航空管理局的要求,美国食品和药物管理局的要求(见 3.4.3 节)。

设计和开发成本可能差异很大,这取决于是新产品开发还是已有产品的改进。表 3.2 列举了一系列产品的开发成本和周期。

表 3.2　产品开发成本与开发时间示例

产品	设计和开发成本(美元)	设计和开发时间(年)
福特第一辆汽车[a]	4×10^3	—
斯坦利工具 Jobmaster 螺丝刀[b]	1.5×10^5	1
宝丽来彩色照片打印机(CI-700)[b]	5×10^6	1
视频游戏机游戏[c,d]	$(1.5 \sim 2) \times 10^7$	2 ~ 3

续表

产品	设计和开发成本(美元)	设计和开发时间(年)
大型机中央处理器[e]	1×10^8	5
制药[f,g]	8.97×10^8	6 ~ 12
波音787客机[h,i]	$(1 \sim 1.2) \times 10^{10}$	5

a D. Hochfelder and S. Helper, "Suppliers and Product Development in the Early American Automobile Industry," *Business and Economic History*, Vol. 25, No. 3, Winter 1996. http://h-net.org/ ~ business/bhcweb/publications/BEHprint/v025n2/p0039-p0052. pdf。

b K. T. Ulrich and S. D. Eppinger, *Product Design and Development*, 4th ed., McGraw-Hill, Boston, 2007。

c http://en. wikipedia. org/wiki/Video_game_publisher/。

d http://en. wikipedia. org/wiki/Game_development。

e http://en. wikipedia. org/wiki/CPU_design。

f M. Moran, "Cost of Bringing New Drugs to Market Rising Rapidly," *Psychiatric News*, August 1, 2003, Vol. 38, No. 15. http://pn. psychiatryonline. org/cgi/content/full/38/15/25。

g S. A. Bernhardt and G. A. McCulley, "Knowledge Management and Pharmaceutical Development Teams: Using Writing to Guide Science," *IEEE Transactions on Professional Communication*, February/March 2000. http://ieeexplore. ieee. org/iel5/47/17890/00826414. pdf? arnumber=826414。

h D. G. Greising and J. Johnsson, "Behind Boeing's 787 Delays," *Chicago Tribune*, December 8, 2007. http://www. chicagotribune. com/services/newspaper/printedition/saturday/chi-sat_boeing_1208dec08,0,528945. story。

i http://en. wikipedia. org/wiki/Boeing_787。

3.3.2 制造成本

制造成本构成了决定产品制造过程中实际经常性成本的基础。制造成本通常是以下四类成本的总和:经常性劳动力成本、经常性材料成本、非经常性工具的分配和资本成本。为了更全面地了解制造成本,必须要考虑3.3.3节和3.3.4节中分别讨论的质量成本和测试成本。

接下来将详细讲述以上提及的四类成本。

劳动力成本(C_L):劳动力成本指执行特定活动所需的人员成本。与制造期间执行的活动相关的每单位劳动力成本由下式决定

$$C_L = \frac{N_L T L_R}{N_p} \tag{3.5a}$$

或

$$C_L = \frac{N_L T L_{RB}}{N_p} \tag{3.5b}$$

式中,N_L 为与活动相关的人,值可小于 1;T 为执行活动所需的时间长度;N_p 为某活动同时处理的单位数量。

当间接成本与劳动力成本分开计算时,使用式(3.5a);当间接成本包含在劳动力成本中时,使用式(3.5b)。

有时,产品 $N_L T$ 为触摸时间。例如,如果一个步骤需要 5 分钟完成,并且某人在该步骤和另外一个也需要 5 分钟执行的步骤间平均分享他/她的时间,那么 $N_L = 0.5$,$T = 5$ 分钟,触摸时间 $N_L T = 2.5$ 分钟。

材料成本(C_M):与活动相关的材料成本。计算如下

$$C_M = U_M C_m \tag{3.6}$$

式中,U_M 为由数量、体积、面积或长度所度量的被消耗材料的数量;C_m 为每数量、体积、面积或长度消耗掉的材料成本。

材料成本可能包括制造过程产生的浪费所造成的比最终产品消耗掉的更多的材料的购置,且也可包括制造过程中使用的、被完全浪费掉的材料的购置,如水[①]。

工具成本(C_T):与仅发生一次或几次活动相关的非经常性成本,如制造设备的编程和校准成本,人员培训以及特定产品的用具、夹具、模具、卡具、遮罩等。

资本成本(C_C):制造设备和设施的购买与维护成本。一般某活动的资本成本由下式确定

$$C_C = \frac{T C_e}{N_p T_{op} T_d} \tag{3.7}$$

式中,T 和 N_p 同式(3.5)的定义;C_e 为资本设备或设施的购买价格;T_{op} 为设备或设施的运行时间,以每年的小时数计;T_d 为折旧年限[②]。

在某些情况下,与标准制造过程相关的资本成本被纳入间接费用率中。即使间接成本包括资本成本,式(3.7)仍可被用于计算为某特定产品创建或购买的专有设备或设施的成本。

制造成本可由以下几种不同的建模方法来计算。这些方法适用于任何一种产品。但具体选择哪种方法则往往由劳动力、材料、工具或资本成本这四种主要的成

---

① P. A. Sandborn and C. F. Murphy, "Material-Centric Modeling of PWB Fabrication: An Economic and Environmental Comparison of Conventional and Photovia Board Fabrication Processes," *IEEE Transactions on Components, Packaging, and Manufacturing Technology*—Part C, Vol. 21, April 1998, pp. 97-110。

② 折旧指随着时间的推移物质资产价值的减少。在公式(3.7)中,T_d 是折旧年限,即资产的购买价格随时间的变化。公式(3.7)假定使用"直线"方法来模拟折旧;也就是说,折旧与服务时间的长短线性相关。

本来决定。

工艺流程模型(process flow model)：制造过程可以模型化为按照特定顺序发生的一系列过程步骤,这些步骤及其顺序被称为流程。在工艺流程模型中,一个产品单元在流程序列中移动时会产生成本。每个步骤始于前一个步骤处理之后的状态,然后通过修改输出一个新的状态,成为下一个步骤的输入。每个步骤的输入和输出是劳动力、材料、工具与资本(设备和设施)成本所描述的单位成本,质量成本由每单位缺陷的数量来描述①。通常,工艺流程模型的构建要求步骤的输入形式匹配其输出。与其他制造过程建模方法相比,该模型的优势在于能反映出制造活动的发生顺序。无论何时,在某个流程中去掉某些产品单元时,流程顺序非常重要。当其被清除时,清除所花费的金额必须分配给剩余流程中的单位,3.3.4 节将讨论上述操作步骤。

拥有成本(cost of ownership,COO)模型：在拥有成本建模方法中,制造活动发生的过程步骤是次要的,其主要关心的是在一个产品的制造过程中,某设备或设施的生命周期成本所占的比例。将所有设备或设施的部分生命周期成本累积即可估算一个产品的成本。从根本上来看,拥有成本建模与流程成本建模方法是不同的。在工艺流程模型中,产品的实际制造过程可以用其经过一系列过程步骤时所产生的累积成本来模拟。COO 计算生产过程中每件设备的有效总体拥有成本,然后根据某产品单元所消耗的该设备生命周期成本所占的比例,为该产品单元估算出其部分成本。

拥有成本最初是为了模拟集成电路(IC)制造成本而开发的。与构建和维护集成电路制造设备所需的成本相比,劳动力、工具和材料成本所占的比例非常小,因此集成电路成本主要由设备和设施成本来决定。由于此特征,COO 模型最适合于那些设备和设施成本占主导地位的产品成本的估算。

活动成本(activity based cost,ABC)模型：活动成本分析法是一种通过作业将组织资源成本分配给提供给用户的产品和服务的方法。在传统的成本核算中,间接成本通常是按劳动时间的比例分配给产品。在 ABC 模型中,能确定与产品制造相关的不同活动,发现每个活动主要成本驱动因素。活动是组织为设计、制造和支持产品而采取的行动的集合,其驱动因素往往是执行性的,如需要钻孔的数量、层叠的层数、要包装的盒子数量、设备数量等。一旦确定了活动及其相关的成本驱动

① 该单元的许多其他特性也可以通过工艺步骤进行累计,包括制造时间、用于生命周期评估的各种材料和能源清单、环境影响分析、质量和废料(有时称为沉降物)。关于包括各种材料和废物清单的详细工艺步骤的定义,请参见 P. A. Sandborn 和 C. F. Murphy 的文献,同前。

因素,作业率 A_R(每个活动的成本)由下式决定

$$A_R = \frac{活动成本集合}{作业基} \tag{3.8}$$

式中,活动成本集合是一段时间内某活动所要求的间接成本的总和;作业基是在该时间段内对所有产品执行活动的次数。某单个产品的第 i 个活动的总成本由下式计算:

$$C_{A_i} = A_{R_i} N_{A_i} + C_{L_i} + C_{M_i} \tag{3.9}$$

式中,N_{A_i} 是制造一产品单位所必须执行的活动次数;$A_{R_i} N_{A_i}$ 是在制造一产品单位时,活动的间接费用;与该产品制造过程相关的所有活动的 C_{A_i} 总和即为一产品单位的制造成本。

相比于其他方法,ABC 模型的优势在于可以更准确地将间接费用分配给产品;缺点在于需要记录随着时间的推移与各种活动相关的总成本的历史数据来计算作业率。

参数成本(parametric cost)模型:参数成本模型构成许多自上而下成本模型的基础,这些模型试图根据定义产品性能、功能和物理属性的高级设计参数来确定产品成本的估算值。设计参数和成本之间的关系称为成本估算关系(cost estimating relationship,CER)。重量、公差、速度和力等是通常使用的设计参数。通过拟合特定设计参数曲线获得产品成本函数是最简单的 CER。作为参数成本建模的一个例子,考虑为军用飞行器①的平均年度运营成本 Cost 制定以下 CER:

$$\text{Cost} = T_f^{\beta_2} P_p^{\beta_3} e^{(\alpha + \beta_1 A_g)} \tag{3.10}$$

式中,T_f 为年平均飞行时间;P_p 为平均采购成本;A_g 为平均飞行器年龄除以 100;α、β_1、β_2、β_3 分别为由曲线拟合程序确定的参数。

参数化模型对于众所周知和定义明确的产品可能非常准确。例如,用于制造印刷电路板的最准确的成本模型是参数模型。然而,参数模型仅在用于确定落入用于创建模型的原始数据范围内的产品成本时才有效。针对公式(3.10),只有美国空军运输机和战斗机 1981~1986 年的飞行时间被用于生成该模型。因此,试图使用式(3.10)来确定商务班机、直升机或在 2005 年 12 月开始服役的 F-22 战斗机的年运营成本可能是不合适的。

用于确定机械和固体物体成本的一类参数成本模型称为基于特征的成本建模(feature-based cost modeling)。基于特征的成本建模涉及诸如孔的数量、边缘、折

---

① G. G. Hildebrandt and M. - B. Sze, "An Estimation of USAF Aircraft Operating and Support Cost Relations," The RAND Corporation, May 1990。

痕、角等产品成本驱动特征的识别,和与这些特征相关的成本的确定①。基于特征的成本建模可被引入计算机辅助设计系统中,从而实现以产品特征为基础的制造成本的自动估算。

基于神经网络的成本估算是参数建模的扩展。与大多数参数化方法中使用的 CER 模型相比,它可以表征过程和产品设计参数之间的更为复杂的关系②。

技术成本建模(technical cost modeling,TCM):技术成本建模③是根据与制造过程和产品特定细节相关的物理参数预测主要成本的过程,其可以与目前所讨论的任何一种建模方法相结合。例如,TCM 可使用与物理参数(如温度、压力和流速)和产品特征相关的一些算法来预测过程循环时间或材料消耗值等,这些与该过程(活动)的劳动力或材料成本直接相关。TCM 将直接从产品细节获得的物理过程要求与成本模型结合起来。

3.3.3　制造质量成本

将产品的制造成本最小化不足以确保该产品可以以具有成本效益的方式生产。必须要考虑到制造过程可能会产生缺陷及与最小化和改正这些缺陷相关的成本。例如,假设过程 A 以每单位 20 美元制造出无缺陷的产品,而过程 B 以每单位 11 美元制造相同的产品但所制造出的产品中一半是有缺陷的且无法使用或挽救。就过程 A 而言,每单位的有效成本是 20 美元,而过程 B 的每单位有效成本为 22 美元(11 美元/0.5)。

质量成本④被定义为已发生成本,因为所生产的产品中,不到 100% 可以售出。一般来说,质量成本由以下四个要素构成。

1)预防成本,即预防缺陷的成本,包括诸如教育、培训、过程调整、材料和部件的筛选等。

2)评估成本,测试和检查成本,用来评估制造或部分制造的产品是否存在

---

① Cost Analysis Improvement Group (CAIG), "Operating and Support Cost- Estimating Guide", http://www. dtic. mil/pae/, May 1992。适用于注塑、机加工和铸造操作的特定制造工艺步骤,基于特征的成本估算的示例可参见 http://www. custompartnet. com/。

② A. S. Ayed, "Parametric Cost Estimating of Highway Projects Using Neural Networks," Memorial University of Newfoundland, Engineering and Applied Science, M. S. degree engineering thesis,1997。

③ J. Busch, "Cost Modeling as a Technical Management Tool," *Research Technology Management*, Vol. 37, No. 6, November/December 1994, pp. 50-56。

④ M. Sakurai, *Integrated Cost Management*, Productivity Press, Portland, OR,1996。

缺陷。

3)内部故障成本,是在产品交付给用户之前检测到缺陷的成本。

4)外部故障成本,是向用户交付有缺陷产品的成本。

在本节中,我们将通过介绍产率和成本的概念来讨论内部故障成本。3.3.4 节将通过讨论测试、诊断和返工来解释评估成本。3.4.2 节将讨论外部故障成本中的一部分——质保成本。

产率是衡量质量的指标,它表示操作或过程产生的良好单位的分数。制造步骤产率 Y_{step} 由下式给出

$$Y_{step} = \frac{N_u}{N_I} \tag{3.11}$$

式中,N_u 为某个制造过程步骤结束后产生的可用或无缺陷单位的数量;N_I 为开始或完成制造过程步骤的单位数量。

如果 N_I 是开始制造过程步骤的单位数量,那么 Y_{step} 是过程步骤产率。如果 N_I 是完成制造过程步骤的单位数量,那么 Y_{step} 是过程步骤之后的产品产率。Y_{step} 是从制造工艺步骤中获得零缺陷产品的概率。如果各个步骤的产率彼此独立,那么整个过程的产率 $Y_{Process}$ 由下式给出

$$Y_{Process} = \prod_{i=1}^{m} Y_{step_i} \tag{3.12}$$

式中,Y_{step_i} 是过程中第 i 个步骤的产率;m 是过程中步骤的总数。当每个步骤的产率都相等时,不管 i 取何值,$Y_{step_i} = Y_a$,等式(3.12)可简化为 $Y_{Process} = Y_a^m$。因此,如果 $Y_a = 0.9$(每个步骤中产量的 90%),$m = 20$,那么该产品不返工的产率为 0.12(0.9^{20});也就是说,100 个制造的产品中只有 12 个没有缺陷。

3.3.4 测试、诊断和返工

对于其组成部分、材料或加工过程中缺陷发生率高的产品,需要重复进行功能测试[①],并且此测试可能会显著影响制造总成本。以半导体晶片集成电路的制造过程中使用的功能测试为例。由于最小特征尺寸和未封装的电路芯片尺寸的不同,生产率可能会低至 10%,并且需要大量的测试来确定哪些制造器件良好,哪些

---

① 经常性的功能测试是制造过程的一部分,发生在每个制造单元中。检测是一种经常性的功能测试。经常性功能测试不同于非经常性的验证测试,验证测试是产品开发的一部分,用于确定产品可靠性或质量认证。

不良。在某些情况下，产品经常性成本的 60% 以上可归因于测试成本[①]；对于集成电路来说，测试成本达到了产品总成本[②]的 50%。当制造过程产生的产品不完善时，可能涉及四项成本。

1）测试成本，决定被测试单元是否良好的成本。

2）诊断成本，决定引起被测试单元不良的缺陷以及缺陷所在位置的成本。

3）返工成本，制造过程中修复缺陷的成本。

4）持续改进成本，消除缺陷原因所产生的成本。

基于产品的成熟度、其在市场上的位置、制造成本以及与销售相关的利润，来决定是否进行四项活动或进行部分。了解测试—诊断—返工成本有助于产品设计人员合理地控制和优化制造成本。

任何功能测试策略的最终目标都是确定如下几个方面。

● 在制造过程中，什么时候可以对产品进行测试？

● 测试应该进行到什么程度？

● 为使产品更易于被测试，应该采取哪些步骤？

如果具有无限的时间、资源和金钱，那么上述三个目标很容易得以实现。然而，真实情况并非如此，因此通常必须决定如何以最少的成本尽可能多地获取最佳测试覆盖率。

测试经济学的具体目标是尽量减少丢弃优质产品和运输不良产品的成本。这一目标可通过模型的开发来实现。这些模型使用进入测试的产品单位属性和测试特征（成本、产率及检测缺陷的能力）的函数来预测通过测试的产品单位的产量与成本。图 3.2（a）所示为在 3.3.2 节讨论过的工艺流程模型中使用的一个简单的功能测试步骤，其中不涉及与其相关的诊断或返工，即那些不能通过测试的产品被报废。测试步骤的特征如下述关系所示[③]。假设所有未通过测试的单位都被报废，则通过测试的每单位总有效成本 C_{out} 由下式（3.13）计算

$$C_{\text{out}} = \frac{C_{\text{in}} + C_{\text{test}}}{Y_{\text{in}}^{f_c}} \tag{3.13}$$

式中，C_{in} 为测试开始前的总成本；Y_{in} 为进入测试时产品的输入收益率，当测试是 $m+1$ 步时，其值可通过式（3.12）获取；C_{test} 为对一个产品单位做测试时的成本；f_c 为

---

① J. Turino, *Design to Test—A Definitive Guide for Electronic Design*, Manufacture, and Service, Van Nostrand Reinhold, New York, 1990。

② W. Rhines, Keynote address at the Semico Summit, Phoenix, AZ, March 2002。

③ P. Sandborn, *Course Notes on Manufacturing and Life Cycle Cost Analysis of Electronic Systems*, CALCE EPSC Press, College Park, MD, 2005。

通过测试成功检测到的故障部分,称为故障覆盖率[①]。

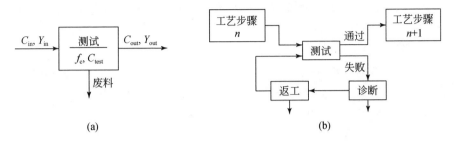

(a)   (b)

图 3.2   一个简单的测试过程步骤(a)及制造过程中
两个工艺步骤之间的测试、诊断和返工(b)

C_{out} 将花费在报废单位上的资金合并到持续进行加工的单位成本中,即那些已通过测试的单位。注意 C_{out} 表示在测试之前累积的成本的混合,如它可能是方程(3.2)的全部或部分。

通过测试的产品输出收益率 Y_{out} 由下式计算

$$Y_{out} = Y_{in}^{1-f_c} \qquad\qquad (3.14)$$

最后,进入测试但未通过测试的单位比例 S_s 计算如下

$$S_s = 1 - Y_{in}^{f_c} \qquad\qquad (3.15)$$

如图 3.2(b)所示,以一个产品在两个制造步骤间的测试为例,说明成本分析中的测试—诊断—返工。来自步骤 n 的所有产品均参加测试。对于那些未能通过测试的产品,则进行诊断以识别缺陷是什么及在什么位置。对那些可修复的产品进行返工再造、再测试。诊断和返工活动本身并非完美无缺,也会引入缺陷、出现误诊及未能纠正缺陷。因此,一个产品需多次经过测试、诊断和返工过程。已有开发出的模型来计算这一复杂过程的成本[②]。

---

① 缺陷是那些导致产品在特定条件下不能正常工作的瑕疵,故障是产品缺陷造成的影响。测试和测试人员测量或检测的是故障,而不是缺陷。例如,电气系统中的缺陷可能是断开的连接。测试的将是电路开路这种故障,而不是预期的短路。诊断活动将故障隔离并将其与实际缺陷联系起来,即诊断将确定开路的具体位置。故障覆盖率 f_c 用来衡量一组待检测产品中可能发生给定类别故障的可能性。有缺陷的产品可能不止有一个缺陷,但测试只需要成功检测到一个故障即可将产品从过程中移除。

② T. Trichy, P. Sandborn, R. Raghavan, and S. Sahasrabudhe, "A New Test/Diagnosis/Rework Model for Use in Technical Cost Modeling of Electronic Systems Assembly," *Proc. International Test Conference*, pp. 1108-117, November 2001。

3.4 维护成本：生命周期，运营和支持

传统的成本分析侧重于制造成本，这对于廉价的大批量产品来说非常重要。对于一些产品来说运营成本可能很高，维护成本[①]可能在小批量复杂系统中占主导地位。对于那些运营和维护成本比较重要的产品来说，消费者在购买时了解这些成本至关重要。图 3.3 中所示为具有代表性的能源指南标签实例，该标签提供了用于运行所附产品的估计年度电力运营成本。图 3.4(a)展示了 F-16 战斗机的成本组成。其中，运营和支持成本占据 78%。然而，无须考虑这样一个复杂的系统就能看到运营和支持成本的主导地位。如一个由全职系统管理员管理的 25 台个人电脑的网络。如图 3.4(b)所示，该网络的运营和支持成本的百分比与 F-16 战斗机所显示的相当。

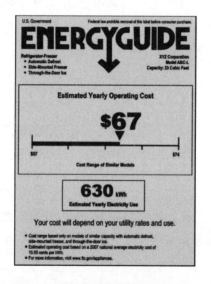

图 3.3　具有代表性的能源指南标签

注：用于估算每年的电力成本。此模型提供了运营成本的估算。此外，它表明了与该产品的
　其他相似模型相比，估算结果如何（来自 http://www. ftc. gov/OPA/2007/08/energy. shtm）。

---

① 维护指的是与以下目的相关的所有活动：维持现有系统的运作，以便它能够成功实现其预期目标；继续制造和安装满足原始要求的系统版本；制造和安装满足不断变化的要求的系统修订版本。具体参见 P. Sandborn and J. Myers, "Designing Engineering Systems for Sustainability," in *Handbook of Performability Engineering*, K. B. Misra, Editor, Springer, London, 2008, pp. 81-103。

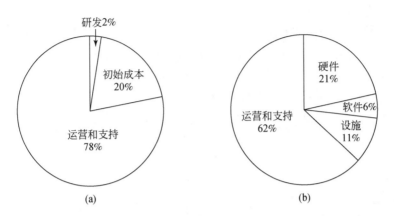

图 3.4　F-16 战机的总成本明细(a)及全职系统管理员的个人计算机网络的总成本明细(b)

(a)数据来自 Cost Analysis Improvement Group(CAIG) ," Operating and Support Cost-Estimating Guide," Office of the Secretary of Defense,http://www. dtic. mil/pae/,May1992。(b)数据来自 Gateway Inc.,www. gateway. com, December 2001 和 Shields,P.," Total Cost of Ownership:Why the price of the computer means so little," http://www. thebusinessmac. com/features/tco_hardware. shtml,December 2001。

接下来,我们将讨论几种重要的维护成本:可靠性、可用性、备件、质保、资质和认证。

3.4.1　备件、可用性、可靠性对成本的影响

可靠性是很多产品的最重要的属性。高可靠性对于达到产品的性能、实现产品的功能性和降低成本来说是必需的。产品生命周期可靠性的影响与备件需求和质保返还率的维持成本相关联。系统失效频率和系统失效时的维修效率共同决定了系统的可用性。

可靠性是产品不会失效的概率。可维修性是一个产品在失效后可以被成功修复进而投入运营的概率。可用性提供了有关如何有效管理设备的信息,是可靠性和可维修性的函数。

当一个产品在使用中遇到故障时,会出现以下情况之一。

• 没有任何事情发生,因为解决方案已经实施,产品已被处理,其功能以另一种方式实现,或者系统在没有任何功能性的情况下运行。

• 该产品被修复。

• 该产品被更换。

更换产品的故障部件需要有备件。有关备件的问题如下。

- 估算所需备件的总量。
- 确定备件使用的时机。
- 决定备件应保存在什么地方。这就引出两个重要问题①:①安装备件的人员及所需的工具。②该产品的哪一部分应该购买备件。

为了确定一个系统在一定时间 t 内能够存活所需的备件数量,我们需要考虑产品的可靠性。许多机械系统的特点是具有恒定的故障率 λ。故障间的平均时间(MTBF)通过公式 MTBF $=1/\lambda$ 与恒定故障率有关。不可修复项目持续到时间 t 所需的备件数量 k 由下式给出:

$$k = n_s \lambda t \qquad\qquad (3.16)$$

式中, n_s 是服务中的产品的数量。

恒定失效率的假定暗示着失效的次数是指数分布的,该产品在 t② 时刻的可靠性 $R(t)$ 计算如下:

$$R(t) = e^{-\lambda t} \qquad\qquad (3.17)$$

可靠性 $R(t)$ 是在 t 时刻发生 0 失效的概率。推广式(3.17)给出在时间 t 内恰好发生 x 次失效的概率 $P(x)$:

$$P(x) = \frac{(\lambda t)^x e^{-\lambda t}}{x!} \qquad\qquad (3.18)$$

从式(3.18),我们可以看出 $P(0) = R(t)$。因此,对于一个无备件的产品来说,存活 t 时间内的概率为 $P(0)$。对于一个具有一个备件的系统而言,存活 t 时间内的概率是 $P(0)+P(1) = e^{-\lambda t}+\lambda t\, e^{-\lambda t}$。那么,具有 k 个备件且存活 t 时间的概率为

$$P(x \leqslant k) = \sum_{x=0}^{k} \frac{(n_s \lambda t)^x e^{-n_s \lambda t}}{x!} \qquad\qquad (3.19)$$

式(3.19)③是具有 k 个备件的系统存活 t 时间的概率 $P(x \leqslant k)$。对于可维修的产品,当执行维修操作时,只需要备件来保持产品的正常运转, t 表示维修所需的时间, $P(x \leqslant k)$ 给出了 k 是足够数量的备件的概率。

与携带备件有关的成本如下。

- 制造或购买备件。
- 资金,这些资金被捆绑在供将来使用的备件中,并被称为"金钱成本"(见

---

① 在汽车的后备厢中装备备用轮胎是有道理的,但在后备厢中携带备用变速器是没有意义的,这是因为变速箱不像轮胎那样频繁发生故障,变速箱体积大且重量大,并且往往使用者没有工具或专业知识在路边安装新的变速器。

② 就指数分布来说,在 $t=1/\lambda$ 时间内,63.2% 的单位出现故障,即平均故障时间间隔。

③ 式(3.19)是泊松累积分布函数。

3.5.2 节）。

- 将备件运输到所需位置或将产品运输到备件所在的位置。
- 存储备件（库存成本）。
- 当备件耗尽时补充备件。
- 当没有在正确的时间将备件放在正确的地点时，系统是不可用的。

可用性是产品可执行其功能的概率，如之前所述，其是产品可靠性和可维修性的函数，即产品需要多久被更换或修复。

对很多种产品来说，可用性是非常重要的需求。如银行 ATM 机、911 系统等通信系统及军事系统，这些产品的可靠性需达到 100%。相应地，不可用成本可能非常高。对于使用规模验证系统的大用户来说，据估计，系统停机和不可用性的费用为每分钟 500 万美元[①]。在这种情况下，规模验证系统的可用性可能比系统的价格更重要。与可用性直接相关的其他系统的例子包括制造业务能力的丧失，用户对航空公司运营信心的丧失，以及军事行动任务的丧失。对于可修复系统，产品的固有可用性 $A_{inherent}$ 由式（3.20）给出：

$$A_{inherent} = \frac{MTBF}{MTBF+MTTR} \tag{3.20}$$

式中，MTBF 指故障间的平均时间；MTTR 是故障修复的平均时间。对于可用性至关重要的产品，采购协议和合同可能包括一些条款，这些条款规定了根据用户实际体验的产品可用性向供应商支付的合同价格比例。

3.4.2 质保和修复

质保是制造商向买方保证其产品或服务。可以将质保看成是买方和制造商之间，在销售产品或服务时订立的合同协议。从广义上讲，质保的目的是在产品或服务失败的情况下在制造商和买方之间建立责任。质保合同规定了产品的预期表现性能和发生故障时买方可以得到的补救[②]。

质保成本分析是用来估算质保服务的成本，以便于将其考虑进产品的销售价格或维修合同中。类似于备件分析，质保分析侧重于分析在质保期内，产品出现的

---

① McDougall，R.，"Availability—What It Means，Why It's Important，and How to Improve It，" Sun BluePrints OnLine，October 1999，http://www.sun.com/blueprints/1099/availability.pdf。

② D. N. P. Murthy and I. Djamaludin，"New Product Warranty：A Literature Review，" *International Journal of Production Economics*，Vol.79，No.3，2002，pp.231-260。

需要进行质保的故障预期次数。

质保分析在下述几个方面与备件分析不同。首先,质保分析决定了保证金成本,也就是为了覆盖产品质保而必须预留的总金额。质保分析不会将其备件需求基于维护特定的系统,而只是为质保索赔提供服务。其次,二者的不同在于质保分析以一种更复杂的方式定义执行时间段,即需要记录预期故障的时间。例如,汽车行业的质保通常规定两个条件,比如"4 年或 48 000 英里"(1 英里 = 1.609 344 千米)。

维修个别质保索赔的费用根据所提供的质保类型而有所不同。最简单的情况是免费更换质保,其中在质保期结束前的每次故障都将免费更换或维修至原始状态。在这种情况下,如果我们忽略金钱成本,那么保证金 C_{WR} 由下式计算

$$C_{WR} = C_{fr} + nM(t_W)C_{rc} \tag{3.21}$$

式中,C_{fr} 为提供质保范围的固定成本,如维持用户拨打免费电话的成本;n 为产品售出的数量;如果所制造的产品全部售出,其值与 N_{pm} 同;C_{rc} 为平均经常性更换和(或)维修成本;t_W 为质保时间;$M(t_W)$ 为 0 到 t_W 时间段内的预期更换数量。

假定故障发生时,通过更换或修理使其"完好如新",对于具有恒定故障率 λ 的产品,数量 $M(t_W)$ 等于 λt_W[①]。

除此之外,也存在许多其他类型的质保,包括普通的免费替换和按比例质保[②]。另一个值得注意的问题是产品召回,它为所有产品所有者提供一定程度的维修或更换。一般来说,产品召回是对产品问题的非常昂贵的反应,通常只在涉及重大安全问题时才使用。

3.4.3　资质和认证

许多类型的产品需要大量的认证才能销售或使用。如图 3.5 所示,一个笔记本电脑的电源也必须通过许多认证。资质认定是确定产品符合特定要求的过程,这些特定要求可能基于性能、质量、安全和/或可靠性标准。认证是第三方提供保证产品或服务符合特定要求的程序。术语"资质认定"和"认证"有时可以互换使用。美国某些产品所需的认证范例包括以下内容。

• 食品和药物管理局(Food and Drug Administration,FDA)要求食品、化妆品、药品、医疗设备与辐射消费品如微波炉和激光器等满足某些标准。不符合这些标

---

① 一般来说,$M(t) \neq 1 - R(t)$,$M(t)$ 指某个单位在某一时间间隔内出现故障次数超过一次的可能性,被称为更新函数。

② E. A. Elsayed,*Reliability Engineering*,Addison Wesley,Reading,MA,1996。

图 3.5 戴尔笔记本电脑交流电源上的认证

准的产品被禁止在美国境内销售及进口到美国。

● 联邦通信委员会(Federal Communications Commission,FCC)要求对所有释放电磁辐射的产品如移动电话、电脑等进行认证。如果没有 FCC 的认证,任何内部释放电磁波的产品都被禁止在美国售卖。

● 环境保护局(Environmental Protection Agency,EPA)要求对于排放到空气或水中的所有产品进行认证,包括所有车辆(汽车、卡车、船、沙滩车),加热、通风和空调系统(空调、热泵、冰箱、制冷剂处理和回收系统),环境美化和家庭维护设备(链锯和吹雪机),炉灶和壁炉,甚至宠物的防跳蚤和蜱项圈。

● 联邦航空管理局(Federal Aviation Administration,FAA)认证所有在美国运营的飞行器的适航性,也会对飞行器上使用的部件和子系统进行认证。

除了执行资质测试的成本之外,在设计产品的过程中,为满足认证要求,还会产生大量的成本,因此很难具体计算认证成本。认证的直接成本包括申请费用、管理适当文档的时间及了解认证要求流程所需的法律和其他专业知识的成本。认证的间接成本(通常占认证成本的较大部分)是在寻求认证之前执行所需认证测试的成本,未被授予认证时进行产品修改和重新设计的成本,以及获得认证所耗费的时间成本,在某些情况下可能会需要几年。如经批准的第三方对新个人电脑进行 FCC 认证的成本可能在 1500 ~ 10 000 美元,并且可以在几天内完成。而从临床试验开始到获得 FDA 批准的新药耗费的时间在 2003 年约为 90 个月,成本可能超过 5 亿美元。

某些其他的认证可能不是法律所必需的,而是产品的用户或零售商所要求的。最常见的认证机构之一是保险商实验室(Underwriter Laboratories,UL),提供有关产品的安全认证。对于一种产品的一种型号,获得 UL 认证的成本可能在 10 000 ～ 100 000 美元。此外,还有维持认证所需的年度费用。另一个可供选择的认证例子是美国环境保护局的能源之星计划,用于符合特定能效指南的产品的认证。

一般认证通常是由制造商承担的非经常性费用。然而,对于特定用途的产品的认证可能由制造商或消费者承担。例如,新电子零件的制造商将运行符合通用标准的一组鉴定测试,然后按照该标准销售该零件。当消费者决定使用某些零部件时,他们可能会做一些附加的质量测试以确保在使用环境下,该零部件能正常运转。就某些简单的部件而言,制造商和消费者的资质认证测试可能花费几千到几十万美元。对于复杂的系统,如飞行器,资质认证则花费数百万至数千万美元。一般来说,这些都是一次性的非经常性开销;然而,如果对部件进行了更改或对使用了这个部件的系统进行了更改,可能需要部分或完全地重复上述成本。

3.5 做一个商业案例

一个商业案例是组织内决策过程中的部分新业务或业务改进的结构化提案。商业案例的目的是为提案中应该被考虑的因素提供综合评估。大多数商业案例的一个非常重要的特征是发展经济合理性。本节介绍经济合理性的两个重要特征,即投资回报率(return on investment,ROI)和金钱成本。

3.5.1 投资回报率

投资回报率(ROI)是一种有效衡量决策经济价值的量化手段。ROI 衡量由于使用金钱而产生的成本节约、利润或成本规避[①]。在企业层面,ROI 可能会反映组织在管理诸如获得市场份额、保留更多用户或提高可用性等特定组织目标方面的表现如何。可以通过实践或策略的变化是如何实现这些目标的来度量投资回报。ROI 允许通过替代方案的比较来加强对投资资金使用和研发工作的决策。但为使结果有意义,计算 ROI 的数量必须要精确。对于一个新产品,投资包括产品开发、制造及支持所必需的成本;回报是通过提供产品所获取的利益。最简单的回报就

---

① G. T. Friedlob and F. J. Plewa Jr., *Understanding Return on Investment*, John Wiley & Sons, New York, 1996。

是产品销售所得到的收益。更复杂一点,回报可以是收益,所增加的市场份额,提供产品过程中获得的经验,以及 3.2.3 节中所讨论的其他隐性成本和回报。

一般来说,ROI 是收益与投资的比例。一种基于产品生命周期的定义 ROI 的方式如下

$$\text{ROI} = \frac{\text{回报} - \text{投资}}{\text{投资}} \qquad (3.22\text{a})$$

或

$$\text{ROI} = \frac{\text{可避免成本} - \text{投资}}{\text{投资}} \qquad (3.22\text{b})$$

式(3.22a)为 ROI 的经典定义,式(3.22b)是用于增强产品可维护性投资的 ROI 形式。若 ROI 大于零,则表示存在成本收益。

为产品构建商业案例并不一定要求 ROI 大于零;在某些情况下,产品的价值不能以货币形式完全量化,或者为满足如 3.4.1 节所讨论的系统可用性要求,某个产品是必需的。

3.5.2　金钱成本

金钱成本是生产产品和购买产品的经济性的一部分。无论制造商是否需要借钱来资助产品的开发和制造,或者不得不使用他们已经拥有的、可以在其他地方投资的资源,都需要花费其他相关的资金。对于用户来说,也有类似的金钱成本。如果买方必须获得融资来购买产品或必须使用手头现金(这些现金可能会在另一项投资中赚钱),这些都是与购买产品相关的成本。

确定货币成本的一种方法是获得其现值,并将其与未来的价值进行比较。计算现值的前提是今天可用的资金可以投资和增长,而今天花费的资金则不能。如果我们忽略通货膨胀或通货紧缩的影响,并且我们将投资的现值表示为 V_n,那么距离当前 n 个时间单位的 V_n 的现值由式(3.23)计算

$$\text{现值} = \frac{V_n}{(1+r)^{n_t}} \qquad (3.23)$$

式中,r 是每时间单位的折扣率[①]。例如,如果 n_t 是几个月,那么 r 是月折扣率。

方程(3.23)应用于方程(3.2)和方程(3.3)中的各个项,以便在预定时间将它们转换为当前值。例如,如果以 2010 年的美元值计算所有成本,那么当年折扣率

---

① 折扣率是指借入资金支付的利率或通过投资所赚取的利率。

为8%时,2012年将产生的100 000美元的资质和认证成本C_Q在2010年的美元价值为100 000/$(1+0.08)^2$=85 734美元。

在各种关于货币随时间增长的假设中,还有其他形式的当前值计算[①]。有效的税后[②]折扣率r取决于商业部门:公共,私人,非营利组织或政府。在2007年,美国政府的利率在3% ~ 4%,对于平稳增长的上市公司而言,利率从10%到12%不等。组织假设的有效折现率不仅仅是将资金存入银行或投资于股票市场可以获得的利率;而是如果这笔钱用于其他目的,可以获得的资金回报。对于一个资源有限且快速增长的公司而言,如果100万美元可投资于机会A,并且投资在一年后返还150万美元,那么当将100万美元的成本用于其他投资机会时,折扣率为50%。

3.6　实　　例

在本节中,我们通过考虑不同类型的产品,给出了本章所讨论的成本建模的例子。

3.6.1　工艺流程模型:自行车的制造[③]

这个例子是两部分示例中的第一个。在这一部分,我们只模拟每辆自行车的制造成本。在3.6.2节中,我们将确定自行车的售价以及购买和维护50辆这类自行车的拥有成本。

为了确定制造自行车的成本,我们使用简单的工艺流程模型对制造工艺进行建模,该工艺流程模型包括了工艺中特定步骤产生缺陷的影响。我们假设自行车的制造流程如图3.6所示。该过程始于铝管的切割、焊接和喷涂,形成最初的框架。然后继续将预制件装配到该框架上,组装成自行车。最后,以自行车运送给经销商结束。

---

① D. G. Newman et al.,2004,同前。

② 扣除所有适用的税款后。

③ 该示例来自 G. J. van Ryzin, "XTM Bike Corporation：An Exercise in Process Analysis," Columbia Business School,December 11,2000: http://www. columbia. edu/ ~ gjv1/XTM%20Bike. pdf。

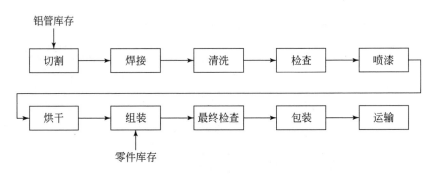

图 3.6 自行车制造的工艺流程

表 3.3 中列举了图 3.6 所示工艺步骤的所需数据。为了确定表格中出现的数量并能够解释它们,将详细检查切割过程。首先,第 1 ~ 4 列和第 6 列中的数值的确定是基于该公司在建造自行车方面的经验以及建立当前自行车原型的经验。假定资本设备将在五年内折旧;因此,公式(3.7)中的 $T_d = 5$ 年。另外,假设设备已经被占满了;也就是说,如果这个产品不是在这台设备上制造的,那么这台设备就被用来制造另一种产品。我们还假定在自行车制造过程中,年操作时间按照 $T_{op} = $(40 小时/周)×(50 周/年) = 2000 小时/年来计算。

表 3.3 自行车制造的工艺流程成本分析

工序	1 N_L(人数)	2 N_p(容量;对象数量)	3 T(时间,h)	4 C_M(材料成本,美元/个)	5 C_L(劳动力成本,美元/个)	6 C_e(设备成本,美元)	7 C_C(资金成本,美元/个)	8 C_{step}(总成本[a],美元/个)
切割	3	6	1	200. 00	9. 10	2 000	0. 03	209. 13
焊接	6	4	1	5. 00	44. 85	5 000	0. 13	49. 98
清洗	0. 33	6	1	0. 50	1. 00			1. 50
检查	0. 67	6	1	0. 00	2. 03			2. 03
喷漆	3	6	1	20. 00	9. 10	7 500	0. 13	29. 23
烘干	0	30	8	0. 00	0. 00	6 000	0. 16	0. 16
组装	7	4. 67	1	300. 00	27. 28			327. 28
最终检查	1	6	1	0. 00	3. 03			3. 03
包装	1	6	1	6. 00	3. 03			9. 03

续表

工序	1 N_L（人数）	2 N_p（容量；对象数量）	3 T（时间，h）	4 C_M（材料成本，美元/个）	5 C_L（劳动力成本，美元/个）	6 C_e（设备成本，美元）	7 C_C（资金成本，美元/个）	8 C_{step}（总成本[a]，美元/个）
运输	0	1		25.00	0.00			25.00
共计				556.50	99.43	20 500	0.45	656.37

a $C_{step} = C_M + C_L + C_C$。

关于劳动率 L_R，假定焊工每小时的收入是 23 美元，而所有其他任务由收入为每小时 14 美元的人员执行。假定劳动力小时的负担率 $b=0.3$（30%）用于计算除与表 3.3 第 6 列所示的特定工艺步骤相关的资本成本以外的所有间接费用。另假定工具成本的贡献可以忽略不计。

工艺流程模型模拟了制造自行车的实际过程。在对流程建模时，我们必须区分完成流程步骤所需的实际时间和人们在同一流程步骤上花费的时间。例如，如果我们检查表 3.3 中第 3 行所示的清洗工艺，我们会看到该步骤需要 1 小时才能完成；1/3 的劳动力时间（或每小时 1/3 的人）；并且在这 1 小时内清理了 6 件物品。在 3.6.2 节介绍的这个例子的第二部分中，我们需要确定制造过程的吞吐量。为了做到这一点，我们需要确定限制单位时间内可以生产的自行车数量的工艺流程。而确定这一点的唯一方法是知道流程步骤需要多长时间才能完成，这可能不等于该步骤所需的劳动时间量。

我们现在继续检查表 3.3 的切割过程。该步骤的劳动成本可通过式（3.4a）和式（3.5b）计算得出。

$$C_L = \frac{N_L T L_R (1+b)}{N_p} = \frac{3 \times (1h) \times (14\ \text{美元/h})(1+0.3)}{6\ \text{辆}} = 9.10\ \text{美元/辆} \quad (3.24)$$

切割过程的资本成本通过使用公式（3.7）来计算

$$C_C = \frac{T C_e}{N_p T_{op} T_d} = \frac{(1h) \times (2000\ \text{美元})}{(6\ \text{辆}) \times (2000h/a) \times (5a)} = 0.03\ \text{美元/辆} \quad (3.25)$$

物料、人工和资本成本的总和为每个工艺步骤的总成本。如表 3.3 中第 8 列最后一行所示，将所有工艺步骤的总成本相加即可得到总成本为 656.37 美元/辆。

关于表 3.3 中的两个检查步骤，到目前为止所描述的模型并没有解决这些检查过程中实际发生的情况。如果这两个步骤检测并纠正（重新加工）过程中出现的所有缺陷，那么 656.37 美元/辆是正确的。表 3.3 的模型也假设所有缺陷都是可纠正的;也就是说,没有产品因为其不能被返工而废弃。

接下来,介绍一个更详细的模型,其中包括每个工艺步骤的产量和不完美的检测带来的影响。

从成本分析的角度来看,表3.3中计算的总成本与工艺步骤的顺序无关,因为没有任何步骤会将工艺单元从工艺中移除。为了考虑工艺步骤的产量,我们考虑表3.4中的数据。在该表中,每个步骤都定义了两个额外的输入:故障覆盖率(第9列)和步骤产率(第10列)。步骤产率代表了通过该工艺步骤且未增加缺陷的产品单元。例如,对于焊接步骤,其产率为0.95;也就是说,95%的产品单元在这一步中不会产生额外的缺陷。由于两个检查步骤是测试步骤,因此为其分配了故障覆盖率[①]。小于1.0的故障覆盖率意味着检测是不完美的;也就是说,一些缺陷未被检测出来。在这种情况下,随着单元在工艺流程中移动,除了成本,也在累积一些缺陷。进入工序的输入收益率 Y_{in} 是前一步的输出 Y_{out}。对于非检验/非检测步骤,输出收益率(Y_{out})由公式(3.12)计算

$$Y_{out} = Y_{in} Y_{step} \tag{3.26}$$

表3.4　自行车制造的工艺流程成本分析(续)

工序	9	10	11	12	13	14
	f_c (故障覆盖率)	Y_{step} (产率)	Y_{in} (输入收益率)	Y_{out} (输出收益率)	C_{in} (输入成本,美元)	C_{out} (输出成本,美元)
切割		1.0000	1.0000	1.0000	0.00	209.13
焊接		0.9500	1.0000	0.9500	209.13	259.11
清洗		1.0000	0.9500	0.9500	259.11	260.61
检查	0.98	1.0000	0.9500	0.9990	260.61	276.18
喷漆		0.9900	0.9990	0.9890	276.18	305.41
烘干		1.0000	0.9890	0.9890	305.41	305.57
组装		0.9800	0.9890	0.9692	305.57	632.85
最终检查	0.985	1.0000	0.9692	0.9995	632.85	655.78
包装		1.0000	0.9995	0.9995	655.78	664.81
运输		0.9900	0.9995	0.9895	664.81	689.81

---

① P. Sandborn,2005,同前。

例如,装配步骤的输出收益率 $Y_{out}=0.989\times0.98=0.9692$。对于检测步骤,其输出由式(3.14)计算。因此,第二个(最终)检验步骤 $Y_{out}=0.969^{(1-0.985)}=0.9995$。在工艺流程模型中,检验步骤的产率假定为100%;而在现实中,测试步骤是会引入缺陷的。

某步骤的输入成本 C_{in} 是前一步骤的输出成本 C_{out},对于非测试/非检测步骤,输出成本为

$$C_{out}=C_{in}+C_{step} \tag{3.27}$$

C_{step} 由表3.3的第8列给出。对于检测步骤,输出成本由公式(3.13)给出。例如,第二个检验步骤的输出量是

$$C_{out}=\frac{C_{in}+C_{step}}{Y_{in}^{f_c}}=\frac{632.85\ 美元+3.03\ 美元}{0.9692^{0.985}}=655.78\ 美元 \tag{3.28}$$

这是在第14列中出现的数值。表3.4第14列和第12列的最后一行分别给出了所有工艺步骤完成后的成本和最终产品产率,分别是 $C_{out}=689.81$ 美元和 $Y_{out}=0.9895$。应用表3.4的模型,完成该工艺流程的每辆无缺陷自行车的有效成本(Yielded Cost,称为"产率成本"[1])由下式计算[2]

$$\begin{aligned}\text{Yielded Cost} &=\frac{C_{out}}{Y_{out}}=\frac{689.81\ 美元}{0.9895}\\&=697.13\ 美元/辆\end{aligned} \tag{3.29}$$

由表3.4所示模型和表3.3所示模型确定的成本差异为689.81美元−656.37美元=33.44美元;也就是说,包含产率的模型给出了较高的单位成本。这种差异是由于表3.3中的模型不包括缺陷[3]的影响,而表3.4中使用的模型假定检验步骤会剔除发现缺陷的单元,并且某些缺陷不会被检测到;即运送给经销商的仅仅超过1%的自行车在某种程度上有缺陷$(1-0.9895=0.0105)$。去除有缺陷的自行车非常昂贵。在遇到第一个检查步骤时,我们从表3.4的第13列的第4行可以看到,每辆自行车已花费了260美元左右,而如第11列所示,这些钱损失在了5%的自行车上。

---

① D. Becker and P. Sandborn, " On the Use of Yielded Cost in Modeling Electronic Assembly Processes, " *IEEE Trans. on Electronics Packaging Manufacturing* , Vol. 24, No. 3, pp. 195-202, July 2001。

② 值得注意的是,C_{out} 包含了在废旧自行车上花费的钱,但并不反映剩余自行车的产量不是100%的事实;因此,C_{out} 不包含产量。

③ 或者,表3.3中的检查步骤检测并纠正了所有缺陷,无须额外费用。

3.6.2　自行车的总成本、售价和拥有成本

在 3.6.1 节的例子中,我们只计算了自行车制造商总成本的一部分 C_{pm}。在这个例子中,我们将计算其总成本、销售价格以及自行车购买者的拥有成本。表 3.5 列出了这个例子的假设。

表 3.5　自行车制造和拥有成本相关数据

符号	参数	数值
C_T	加工	0
C_D	设计与开发	50 000 美元
C_W	废物处理:管理自行车制造过程中产生的废物的费用	200 美元/月
C_Q	资质/认证	0
	自行车的制造时间	3 年
t_W	无限制免费更换的质保时间	1 年
MTBF	平均故障间隔时间($=1/\lambda$)	500 月
	确保顺利沟通质保问题的费用	35 美元/月
	自行车从用户到制造商的往返运输费用	50 美元
	制造商利润	20%
C_{ship}	保修期内每辆自行车的平均修理费用	30 美元
	在保修期内退回的自行车中可以修理的部件比例	0.8
	在保修期内退回的自行车中必须更换的部件比例	0.2
	经销商利润	25%
C_{sa}	销售成本	15 000 美元
	营业税	8%
C_L	度假员工劳动力成本	15 美元/时
	度假员工劳动负担率	0.15
b	自行车许可证	10 美元/(年·辆)
	每辆自行车超出质保期的维修费用[a]	150 美元

a 不包括将自行车运往制造商的费用。

为了使用公式(3.2)来评估制造商的总成本,我们需要表 3.3 中最后一行的 C_M、C_L 和 C_C 的值;其中 $C_M = 556.50$ 美元/辆, $C_L = 99.43$ 美元/辆, $C_C = 0.45$ 美元/

辉。如表 3.5 所示,假设工具成本 C_T 和质量/认证成本 C_Q 为零,设计和开发成本 C_D = 50 000 美元。开销成本 C_{OH} 作为 C_L 的劳动力负担[参见式(3.24)];因此, C_{OH} = 0。根据这些假设,方程(3.2)为

$$C_{pm} = N_{pm}(556.50 \text{ 美元} + 99.43 \text{ 美元} + 0.45 \text{ 美元} + C_W) + 0 + 0 + 50\ 000 \text{ 美元} + C_{WR} + 0$$
$$= N_{pm}(656.38 \text{ 美元} + C_W) + 50\ 000 \text{ 美元} + C_{WR} \tag{3.30}$$

从方程(3.30)可以看到,我们还需要确定 N_{pm}、C_W 和 C_{WR}。我们首先获得可在三年内制造的自行车总数 N_{pm}。根据表 3.3 第 2 列和第 3 列的数据,可以制造的每小时单位数由工艺过程确定,其中第 2 列的值的最小比率除以第 3 列的相应值为 3.75 辆/小时(30/8);它对应于干燥步骤并且为该工艺过程的一个"瓶颈"。每周 40 个小时、每年 50 周且为期 3 年的可用于制造的小时数为 6000 小时。那么这一时期可制造的自行车数量为

$$N_{pm} = (6\ 000 \text{ 小时}) \times (3.75 \text{ 辆/小时}) = 225\ 000 \text{ 辆} \tag{3.31}$$

质保储备金成本 C_{WR} 由公式(3.21)给出。如表 3.5 所示,返修保养的自行车中,80% 可以以每辆 30 美元修理,剩余的 20% 必须更换。一辆自行车的更换成本是 C_{pm}/N_{pm}。因此,每辆自行车质保索赔的平均成本 C_{rc} 为

$$C_{rc} = C_{ship} + C_{repair} + C_{replace}$$
$$= 50 \text{ 美元} + 0.8 \times 30 \text{ 美元} + 0.2 \times \frac{C_{pm}}{N_{pm}} = 74 \text{ 美元} + 0.2 \times \frac{C_{pm}}{22\ 500} \tag{3.32}$$

产品的故障率为 $\lambda = 1/500 = 0.002$ 次/月。因此,从公式(3.21)中,质保储备金是

$$C_{WR} = C_{fr} + N_{pm}M(t)C_{rc} \tag{3.33}$$

从表 3.5 可以看出, C_{fr} = (35 美元/月) × (12 月/年) × (4 年) = 1680 美元, $M(t) = \lambda t = 0.002 \times 12$ 月 = 0.024 更换品(失效)。因此,等式(3.33)变为

$$C_{WR} = 1\ 680 \text{ 美元} + 22\ 500 \times 0.024 \times \left(74 \text{ 美元} + 0.2 \times \frac{C_{pm}}{22\ 500}\right)$$
$$= 41\ 640 \text{ 美元} + 0.004\ 8C_{pm} \tag{3.34}$$

从表 3.5 可以看出,以每个月 200 美元、3 年为期,每辆自行车的废物处理成本 C_W 为

$$C_W = \frac{200 \text{ 美元} \times 12 \text{ 月/年} \times 3 \text{ 年}}{22\ 500 \text{ 辆}} = 0.32 \text{ 美元/辆} \tag{3.35}$$

C_W 不是自行车的处理成本;它是管理自行车制造过程中产生的废物的成本,包括运输、处理、记录和标签。将式(3.31)、式(3.32)、式(3.34)和式(3.35)代入式(3.30),解出 C_{pm}

$C_{pm} = N_{pm}(656.38\ \text{美元} + C_W) + 50\ 000\ \text{美元} + C_{WR}$

$C_{pm} = 22\ 500(656.38\ \text{美元} + 0.32\ \text{美元}) + 50\ 000\ \text{美元} + 41\ 640\ \text{美元} + 0.004\ 8C_{pm}$ (3.36)

$C_{pm} = \dfrac{14\ 867\ 390\ \text{美元}}{0.995\ 2} = 14\ 939\ 098\ \text{美元}$

因此,每辆自行车的成本为 663.96 美元(14 939 098 美元/22 500)。因此,每辆自行车总成本的非制造部分为 663.96 美元–656.37 美元 = 7.59 美元。

对用户来说,自行车的成本计算如下。从表 3.5 中,假设制造商的利润为 20%,经销商的利润为 25%。然后,对经销商而言,每辆自行车的成本是 $C_d = 1.2(C_{pm} + C_{sa})/N_{pm}$;对用户而言,自行车的成本是 $P = 1.25C_d$[①]。从表 3.5 可以看出,$C_{sa} = 15\ 000$ 美元。因此,

$P = 1.25 \times 1.2 \times (14\ 939\ 098\ \text{美元} + 15\ 000\ \text{美元})/22\ 500 = 996.94\ \text{美元}$ (3.37)

此分析假定用户提出的所有质保索赔都是合法的,这可能并非总是如此。用户可能会尝试提出自行车索赔,但有些自行车的损坏不是制造商的错误(即不包括在 λ 中),也不属于质保条款的范围。自行车制造商很可能不得不承保这些欺诈性索赔中的一部分,即使在索赔被拒绝的情况下,制造商仍然承担了拒绝索赔所需的费用。

假设一个度假村想为用户提供自行车,希望购买 50 辆自行车并维持 5 年。假定度假村计划将一名员工的 10% 时间用于管理和维护自行车,由于员工每周工作 40 小时,在接下来的 5 年每年工作 52 周,因此用于维护自行车的总劳动力时间为 $0.1 \times (40\ \text{小时/周}) \times (52\ \text{周/年}) \times (5\ \text{年}) = 1040\ \text{小时}$。从表 3.5 中可以看出,负荷劳动率为 $1.15 \times 15\ \text{美元} = 17.25\ \text{美元/时}$。假设这种劳动力负担包括所有适用的度假村间接成本,那么每辆自行车 5 年内的运营成本 C_O 为

$C_O = \dfrac{17.25\ \text{美元/时} \times 1040\ \text{小时}}{50\ \text{辆}} = 358.80\ \text{美元/辆}$ (3.38)

每辆自行车的支持成本计算如下。在购买后的第一年内,自行车的质保由制造商承保。之后,则由度假村进行维护。假设自行车的 MTBF 在第 2~5 年保持不变,则 $M(t) = \lambda t = 0.002 \times 12\ \text{月/年} \times 4\ \text{年} = 0.096\ \text{次故障/辆}$。从表 3.5 可以看出,每次维修的费用为 150 美元,超出质保期,维修费用另加 50 美元的运输费。那么,在质保期外,每次维修的费用 $C_{rc} = 50\ \text{美元} + 150\ \text{美元} = 200\ \text{美元}$。因此,每辆自行车的更换和修理的平均成本 C_S 为

$C_S = M(t)C_{rc} = 0.096 \times 200\ \text{美元} = 19.20\ \text{美元}$ (3.39)

进一步假设度假村每年为自行车购买价值 500 美元的备件,其中包括诸如扁

[①] 等式(3.1)中出现的所有利润的累积 P_r 可以通过将等式(3.37)中的 P 与等式(3.1)中的 P 相等来确定;即 996.94 美元 = (14 939 098 美元 + 15 000 美元 + P_r)/22 500。即得 $P_r = 7\ 477\ 049$ 美元或者是 C_{pm} 的50% + C_{sa}。

平轮胎的内胎等物品。因此,C_{sp} = 500 美元/年×5 年 = 2500 美元。此外,度假村每年需要支付 10 美元为自行车获取许可证。因此,C_Q = 10 美元/(辆·年)×50 辆×5 年 = 2500 美元。从表 3.5 可以看出,每辆自行车购买的销售税为 C_x = 0.08×996.94 美元 = 79.76 美元。然后,根据公式(3.3)计算拥有成本为

$$C_{pc} = N_{pc}(P + C_x + C_O + C_S) + C_{sp} + C_t + C_Q$$
$$= 50×(996.94\ 美元 + 79.76\ 美元 + 358.80\ 美元 + 19.20\ 美元) +$$
$$2500\ 美元 + 0 + 2500\ 美元$$
$$= 77\ 735\ 美元 \tag{3.40}$$

因此,购买和维护每辆自行车的成本为 77 735 美元/50 辆自行车 = 1554.70 美元/辆,比自行车的购买价格高出约 56%。图 3.7 显示了各成本所占的比例,百分比是通过将每种成本除以 1554.70 美元再乘以 100 得到。例如,价格占比 = 100×996.94 美元/1554.70 美元 = 64.1%。

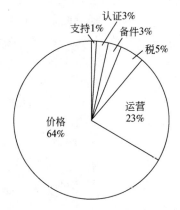

图 3.7　50 辆自行车拥有成本的分布[①]

本节的分析假设自行车经销商没有为购买 50 辆自行车提供任何数量折扣。尽管保险费用是劳动力负担的一部分,计算时也没有将其明确列入。又由于度假村会为因骑自行车而受伤的客人承担责任,保险费可能会增加。

3.6.3　参数成本模型:特定应用场合下的集成电路的制造

在这个例子中,我们根据制造商生产类似产品的经验,使用参数成本模型来估

---

① 编辑注:原图加和不为 100%。

算成本。以一种专用集成电路(ASIC)为例,它是一种为特定应用定制设计的电子芯片。出于性能改进、成本降低或其他的原因,ASIC 通常由公司设计。假定影响ASIC 成本的主要因素是它们包含的逻辑门的数量。该公司此前设计了表 3.6 中所示的已应用于多种产品中的八种 ASIC。与该公司分包的 ASIC 制造商使用直径203 毫米,每件价格为 900 美元的晶片来处理。

表 3.6 一家公司在过去两年中开发的专用集成电路

逻辑门数(N_{gate})	模具面积(A_{die})(mm^2)
200 000	48.4
250 000	59.4
100 000	27.7
147 000	38.7
500 000	129
457 000	129
321 000	83.9
256 000	58.1

为了获得参数成本模型,首先需要建立逻辑门的数量和晶粒成本之间的关系,以此分析晶片上晶粒的布局。晶粒是在硅圆片上制造的无封装集成电路,其中硅圆片是一种圆形薄片。如图 3.8 所示,将矩形晶粒以最小间距 S 排列在晶片上制造。晶片边缘宽度为 E 的边界用于处理和放置测试结构。直径 203mm 的晶片的可用面积 A_{usable} 是

$$A_{usable} = \pi (101.5 - E)^2 \qquad (mm^2) \qquad (3.41)$$

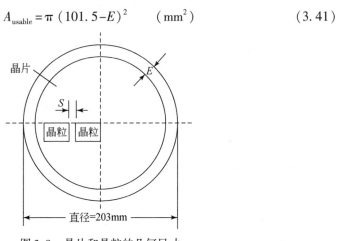

图 3.8 晶片和晶粒的几何尺寸

为了简化问题，假设晶粒是正方形的，面积用 A_{die} 表示。那么每个晶粒所需的有效晶片面积 A_{eff} 必须包括最小间距 S。因此，

$$A_{eff} = \left(\sqrt{A_{die}} + S \right)^2 \qquad (3.42)$$

可以在晶片上制造的晶粒数量，即所谓的每晶片上总晶粒数（GDW），大约是

$$N_{GDW} = \frac{A_{usable}}{A_{eff}} \qquad (3.43)$$

公式（3.43）高估了可以制造的晶粒数量，因为晶片是圆形的而晶粒是方形的[①]。在晶片上制造的每个晶粒的成本 C_{die} 由下式给出

$$C_{die} = \frac{900 \ 美元}{N_{GDW}} \qquad (3.44)$$

该模型所需的最后一个元素是芯片面积 A_{die} 和逻辑门数 N_{gate} 之间的关系，这可以通过曲线拟合表 3.6 中给出的数据来确定，如图 3.9 所示。通过最小二乘法的数据拟合，逻辑门的数量和晶粒面积之间的关系如下：

$$A_{die} = 2.74 \times 10^{-4} N_{gate} - 4.5 \qquad (mm^2) \qquad (3.45)$$

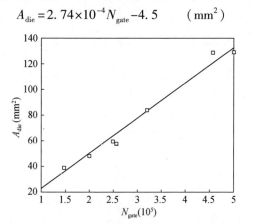

图 3.9　逻辑门数量和晶粒面积的数据拟合

值得注意的是，N_{gate} 和 A_{die} 之间的关系不是来源于任何物理原理或几何论证，它是曲线拟合的结果。结合式（3.41）～式（3.45），可获得以下成本估计关系（CER），其将逻辑门计数 N_{gate} 与晶粒成本 C_{die} 相关联，作为晶片边缘宽度 E 和晶粒之间最小距离 S 的函数

---

① 当 $A_{eff} \ll A_{usable}$ 时，式（3.43）是最准确的。更精确的计算圆晶片上制造的矩形晶粒数量的方法参见 D. K., DeVries, "Investigation of Gross Die Per Wafer Formulas," *IEEE Trans. on Semiconductor Manufacturing*, Vol. 18, No. 1, February 2005, pp. 136-139。

$$C_{\mathrm{die}} = \frac{900\left(\sqrt{2.74\times10^{-4}N_{\mathrm{gate}}-4.5}+S\right)^2}{\pi\left(101.5-E\right)^2} \qquad （美元/个） \qquad (3.46)$$

因为高估了每个晶片中晶粒的数量,式(3.46)提供了每个晶粒成本的下限。对于表3.6所对应的公司而言,式(3.46)可能是一个准确而有用的模型,但它也突出了成本估算关系中的潜在问题。该公式仅适用于以下条件。

- ASIC 在直径为 203mm 的晶片上制造。
- 使用任何技术制造的 ASIC 和最小特征尺寸与表 3.6 中的数据相对应(本例中未指定)。
- 具有逻辑门的 ASIC 数量在 100 000 ~ 500 000。
- 与表 3.6 中的数据(未指定)相关的时间表;也就是说,它没有考虑 ASIC 制造成本随时间的增加或减少。在该例子中,900 美元/晶片为式(3.46)中的固定因子,并且可以向上或向下调整。但是,一般而言,方程(3.46)中出现的数量不需要与 CER 开发中的假设直接相关。

只要这些假设得到满足,式(3.46)就是一个合适的模型;然而,当考虑方程(3.46)时,这些假设都不明显,只有在记录并伴随式(3.46)时才能知道。

3.6.4　与网络横幅广告相关的投资回报

在这个例子中,我们计算与商业决策相关的投资回报。它展示了需要准确评估 ROI 生命周期的各种细节,包括对金钱成本的评估。这个例子中的商业决策是决定是将资金花费在制造流程改进上以增加每次销售的利润,还是花费在增加销售额的 Web 横幅广告上。

网站上的横幅广告已经司空见惯。但是,在进入这样一个广告企业之前,必须首先估计潜在的投资回报率,然后决定投资回报是否合理。要评估投资回报率,必须将购买横幅的成本与期望从横幅中获得的总价值进行比较。如果用户点击被购买的横幅,他们会被带到相应的网站,如果用户满意的话,他们在那里将有机会购买相应的产品[①]。假设那些通过横幅购买产品的人没有看到横幅,他们将不会找到并购买该产品。表 3.7 收集了与横幅广告有关的数据。为了确定投资回报率,首先需要确定每次销售的成本。参考表 3.7,每位访客对网站的成本是

---

① 将引用横幅的 Web 页面加载到 Web 浏览器时,将显示 Web 横幅。将此称为"显示"。当网页查看器单击横幅时,查看器将被引导到横幅广告中的网站,即称为"点击"。

$$成本/位 = (成本/播放量)/(访问/播放量)$$
$$= \frac{1500\ 美元}{50\ 400\ 次播放量} \frac{100\ 次播放量}{/位访问}$$
$$= 2.976\ 美元/位 \tag{3.47}$$

表 3.7　网页横幅广告数据

项目	数值
50 400 次播放量广告费(美元)	1 500
点击率[a](被点击的次数与被播放次数之比)(%)	1
销售率(销售量与被点击次数之比)	1/15
每销售一个单位的利润(美元)	30
平均每位用户的累计订单金额(美元)	2
每个月的播放量(次)	4 200
年度金钱成本(r)(%)	7

a 1%表示每100次播放量就有1次(一位访客)点击观看横幅广告。

　　根据表 3.7 中的数据，销售率是每 15 次点击就有 1 个销售量。但是，每个新用户往往会从网站平均购买两次。因此，有效销售率是每 7.5 次点击有 1 个销售量。因此，每次销售的有效成本是

$$横幅广告每次销售的成本 = (成本/访问) \times (访问/销售)$$
$$= \frac{2.976\ 美元}{访问} \times \frac{7.5\ 访问}{销售} \tag{3.48}$$
$$= 22.32\ 美元/销售$$

可由公式(3.22a)得到横幅广告的投资回报率

$$ROI = \frac{利润/销售 - 横幅广告成本/销售}{横幅广告成本/销售}$$
$$= \frac{30\ 美元/销售 - 22.32\ 美元/销售}{22.32\ 美元/销售} \tag{3.49}$$
$$= 0.344$$

　　因此，投资回报率为34.4%。然而，支付横幅广告的1500美元很可能不得不从银行或投资者那里借款，他们都期望他们的资金回报率。假设银行收取贷款的年利率为7%。如果假设每月有4200次展示，则1500美元的横幅将持续12个月（12×4200=50 400）。根据式(3.23)，为期12个月的1500美元的广告成本是

$$V_1 = (1+r)^1(现值) = (1+0.07)^1(1500\ 美元) = 1605\ 美元 \tag{3.50}$$

　　换句话说，V_1是一年内偿还贷款所需的总金额（$n_t = 1$），利率为7%（$r = 0.07$）。

当横幅成本为 1605 美元,根据式(3.47),每位访问者的成本为

$$成本/位 = \frac{1605\ 美元}{50\ 400\ 次播放量} \cdot \frac{100\ 次播放量}{1\ 位访问} \tag{3.51}$$
$$= 3.19\ 美元/位$$

将方程(3.51)中的值代入方程(3.48)后,我们发现每个销售量的成本增加到 23.89 美元。因此,公式(3.49)计算出的投资回报率降至 0.256,即 25.6%。

在计算了这种情况下的投资回报后,该公司现在可以确定 1500 美元是否可以以另一种提供更高投资回报率的方式使用。假设该公司有 1500 美元可用(不必外借),并且可以花费在改进产品的制造过程上,从而使每个销售量的利润从 30 美元增加到 34 美元。为了确定公司应该采取哪种投资方式,需要计算这个案例的投资回报率。如果在没有横幅广告的情况下销售了 N 件产品,则 ROI 由以下关系计算:

$$ROI = \frac{额外总利润 - 横幅广告成本}{横幅广告成本}$$
$$= \frac{(34\ 美元/销售 - 30\ 美元/销售)N - 1\ 500\ 美元}{1\ 500\ 美元} = 0.002\ 667N - 1 \tag{3.52}$$

根据公式(3.52),当 $N > 503$[①] 时,我们发现 ROI 大于 0.344。因此,如果预计未使用横幅广告就可销售超过 503 个单位,那么 1500 美元最好花在改进制造过程上。如果预计未使用横幅广告时的销售数量会少于 503 个单位,那么这笔钱最好花在横幅广告上。

3.6.5 比较彩色打印机的总体拥有成本

在这个例子中,我们将比较用于打印黑白和彩色页面的三台打印机的总拥有成本,并证明打印机的购买价格不是评估其实际成本的最佳方式。

在表 3.8 中,我们列出了与廉价的彩色喷墨打印机,家用彩色激光打印机和商业彩色激光打印机相关的假设。所有的打印机都是由同一家公司制造和销售的。我们将确定哪个打印机具有较低的拥有成本。

为了确定拥有成本,我们将使用公式(3.3)的简化版本,只考虑其中价格 $P_{printer}$ 和运营成本。从而,

---

① 横幅广告将带来(50 400 次播放)/ [(100 次展示/访问)×(7.5 次访问/销售)] ≈ 67 次额外销售。

$$C_{pc} = C_{printer} + C_{paper} + C_{ink/toner} \tag{3.53}$$

打印机的成本为

$$C_{printer} = N_{printer} P_{printer} \tag{3.54}$$

式中,$N_{printer}$ 为所需的打印机数量,等于 $[N_{pages}/L_{printer}]$;N_{pages} 为打印页码的总数量;$L_{printer}$ 为根据打印页数确定的打印机的使用寿命;$P_{printer}$ 为打印机的购买价格;[ ]为上限函数,舍入到最接近的整数;C_{paper} 为纸成本;$C_{ink/toner}$ 为墨水/墨粉成本。

就本示例而言,我们假设每个打印机在打印完 $L_{printer}$ 张页面后都会报废,并且每个打印机在打印这些页面的过程中都不会发生故障。

每张打印纸成本为 3 美元/500 页 = 0.006 美元/页,因此,C_{paper} = 0.006N_{pages} 美元。

墨水/墨粉的成本由下式计算

$$C_{ink/toner} = N_{refill} I_{ink/toner} \tag{3.55}$$

式中,N_{refill} 是所需的墨水填充量;$I_{ink/toner}$ 为喷墨墨盒或墨粉盒的成本。

$$N_{refill} = [(N_{pages} N_{printer} N_{withprinter})/Z]$$

式中,$N_{refill} \geqslant 0$;Z 为使用一个墨盒可以打印的页数;$N_{withprinter}$ 为使用打印机随附的墨盒/墨粉盒可以打印的页数。

N_{refill} 给出了需要购买的墨盒或墨粉盒的数量,并且它表示购买时每台打印机随附的墨水或墨粉量。

使用表 3.8 中的数据,我们在表 3.9 中总结了在每台打印机上打印 15 000 页相对应的成本计算。从表 3.9 可以看出,虽然商用激光彩色打印机是购买价格最高的打印机,但如果要打印 15 000 页,它却是最便宜的打印机。式(3.53)~式(3.55)可用于比较这三台打印机的总成本。对提供印刷服务的组织来说,每页的平均成本可能是另一种有用的拥有成本衡量方法,该值可从 C_{pc}/N_{pages} 中获得。

表 3.8 三种彩色打印机的比较数据

符号	描述	喷墨打印机	家用激光彩色打印机	商业激光彩色打印机
$P_{printer}$	打印机购买价格[a]	67.18 美元	210.94 美元	952.94 美元
$L_{printer}$	打印机寿命(质保期内的打印页数)[b]	12 000	12 000	90 000
$I_{ink/toner}$	每套墨粉/盒的成本[c]	76.32 美元	297.82 美元	934.88 美元
Z	墨盒寿命(打印页数)[d]	500	2 200	7 500

续表

符号	描述	喷墨打印机	家用激光 彩色打印机	商业激光 彩色打印机
$N_{\text{withprinter}}$	墨盒打印的页数,包括购买打印机时附赠的墨盒	125	550	7 500
	纸张费用	3 美元/500 张	3 美元/500 张	3 美元/500 张

a 包含 6% 的销售税额。

b 打印机寿命是制造商建议的最多打印页。

c 套装包括黑色、青色、黄色和洋红色;价格包含 6% 的销售税。

d 墨盒寿命基于 ISO/ IEC 19798 中定义的标准页面。

表 3.9　N_{pages} = 15 000 时三种彩色打印机的成本计算

符号	彩色喷墨打印机	家用激光彩色打印机	商业激光彩色打印机
N_{printer}	$\lceil 15\,000/12\,000 \rceil = 2$	$\lceil 15\,000/12\,000 \rceil = 2$	$\lceil 15\,000/90\,000 \rceil = 1$
P_{printer} (表 3.8)	67.18 美元	210.94 美元	952.94 美元
C_{printer} [式(3.54)]	2×67.18 美元 =134.36 美元	2×210.94 美元 =421.88 美元	1×952.94 美元 =952.94 美元
N_{refill}	$\left\lceil \dfrac{15\,000-2\times125}{500} \right\rceil = 30$	$\left\lceil \dfrac{15\,000-2\times550}{2\,200} \right\rceil = 7$	$\left\lceil \dfrac{15\,000-1\times7\,500}{7\,500} \right\rceil = 1$
$C_{\text{ink/toner}}$ [式(3.55)]	30×76.32 美元 =2 289.60 美元	7×297.82 美元 =2 084.74 美元	1×934.88 美元 =934.88 美元
C_{paper}	0.006 美元×15 000 =90 美元	0.006 美元×15 000 =90 美元	0.006 美元×15 000 =90 美元
C_{pc} [式(3.53)]	134.36 美元+90 美元+ 2 289.90 美元=2 514.26 美元	421.88 美元+90 美元+ 2 084.74 美元=2 596.62 美元	952.94 美元+90 美元+ 934.88 美元=1 977.82 美元

　　上述分析中没有考虑几个重要的影响。分析中,假设打印页面的质量和打印速度都没有问题,但未考虑到正在印刷什么。例如,打印照片所需的墨水/碳粉比文本多。在这个例子中,我们通过打印机制造商在其墨水/碳粉盒上标记的页数来计算可打印的数量,未考虑仅仅填充墨盒而不是购买新墨盒的情况。填充墨盒可以降低墨水的成本,但也增加了打印机寿命降低的风险。最后,式(3.54)和式

(3.55)也没有假定在打印指定的页数之后,未使用的打印机寿命或未使用的墨水/碳粉可提供的任何信用。

3.6.6 纽约市投票机的可靠性,可用性和备件

这个例子评估了一个可靠性和可用性对其成功至关重要的产品。该示例确定了为满足用户需求,需如何考虑和维护产品的备件。表3.10列出了这个例子中使用的参数。

表3.10 影响投票机质保成本的因素

符号	因素	值
n_s	每台投票机的购买价格	3 500 美元
	投票机同时工作的数量	7 300
	每个选举日投票机的工作时间	15 小时
	每年选举的天数	4
	质保时间	10 年
$\text{MTTR}_{\text{actual}}$	修复故障机器的实际时间	2 小时
L	人工费率	50 美元/时
	劳动负担率	15%
MTBF	平均故障时间间隔	163 小时

EAC VVSG[①]规定投票系统设备的平均故障间隔时间(MTBF)必须至少163个小时[②]。假设故障是指数分布的,该MTBF对应于恒定故障率 $\lambda = 1/163 = 0.006$ 14 次/时。如果选举日的时间长达15小时,那么在此期间投票机不出现故障的概率由公式(3.17)计算,$t = 15$ 小时。那么,

$$R(15) = e^{-15/163} = 0.912 \tag{3.56}$$

换句话说,8.8%的投票机会在15小时内出现故障。

如果投票机用户需要投票机在选举日的可用性为99.8%,那么必须确定发生故障的机器在发生故障时会失效多久。为此,首先使用公式(3.20)来确定修复所

---

① EAC代表选举援助委员会,VVSG代表自愿投票制度指南。见"Voluntary Voting System Guidelines Recommendations to the Election Assistance Commission," August 31,2007,http://www.eac.gov/files/vvsg/Final-TGDC-VVSG-08312007.pdf。

② 2008年,机械的和直接记录电子(DRE)投票机的可靠性规范相同。

需的平均时间 $MTTR_{required}$。

$$MTTR_{required} = \frac{MTBF}{A_{inherent}} - MTBF = \frac{163}{0.998} - 163 = 0.3267 \quad (h) \quad (3.57)$$

将这些结果应用于一个具体示例。在 2004 年的大选中,纽约市有 7300 台投票机[①]。假设纽约市要求投票机在 10 年质保期内的可用性至少达到 99.8%。制造商知道平均需要 2 小时才能修复出现故障的投票机。但是,根据公式(3.57),99.8% 的可用性要求意味着失效的机器最多只能停运 0.3267 小时。因此,为了满足可用性需求,投票机制造商必须提供备用投票机,在维修失效的机器时使用。假设每次机器出现故障时,需要提供 2−0.3267=1.673 小时的备用机器。又假设投票机供应商希望在选举日有 90% 的概率为用户提供足够的备用机器。为了确定需要多少备用机器,使用公式(3.19)来确定 k 的值,即必要的备用机器数量。其中,$n_s = 7300$,$\lambda = 1/163$ 每小时,$t = 1.673$ 小时,我们有

$$0.9 \leq \sum_{x=0}^{k} \frac{1}{x!} \left(\frac{7300 \times 1.673}{163} \right)^x e^{-(7300 \times 1.673/163)} = e^{-74.93} \sum_{x=0}^{1} \frac{1}{x!} (74.93)^x \quad (3.58)$$

等式(3.58)的解[②]为 $k \geq 86$。也就是说,至少需要 86 台备用机器。请注意,此分析假定每台备用机器的使用时间为 1.673 小时。

为了确定提供这种支持需要多少费用,我们必须考虑维修投票机所需的人力和物资以及提供 86 台备用机器的成本。投票机的购买价格是 3500 美元。使用公式(3.21),确定提供质保范围的 86 台备用投票机的固定成本为

$$C_{fr} = (86 \text{ 台备用机}) \times \left(\frac{3500 \text{ 美元}}{\text{备用机}} \right) = 301\,000 \text{ 美元}$$

另外,假定每台机器每年使用四次,并且在这些日子的每一天中使用 15 小时。那么每台机器每年使用的总小时数为 60 小时。因此,在 10 年的质保期内,每台备用机器可以使用的总小时数为 600 小时。因此,10 年期间的预期替代数量(每台机器每 10 年修复次数)为

$$M(t) = \lambda t = \frac{600}{163} = 3.68$$

假设修理机器的劳动力成本为 50 美元/小时,而劳动力的利润为 15%。根据

---

① H. Stanislevic, "DRE Reliability: Failure by Design?" http://www.votetrustusa.org/pdfs/DRE_Reliability.pdf。

② k 的值可以使用 Matlab 统计工具箱中的泊松分布获得。

公式(3.4b)，包括利润在内的劳动力成本为 $50 \times (1 + 0.15) = 57.50$ 美元/小时。由于维修一台机器需要 2 个小时，所以劳务维修费用为 $C_{rc} = (57.50$ 美元/小时$) \times (2$ 小时/台$) = 115.00$ 美元/台。根据公式(3.21)，支持所有产品的成本为

$$C_{WR} = C_{fr} + nM(t)C_{rc}$$
$$= 301\ 000\ 美元 + 7300 \times 3.68 \times 115.00\ 美元 \qquad (3.59)$$
$$= 3\ 390\ 360\ 美元$$

从式(3.59)可以看出，制造商每单位售出的额外成本为 $C_{WR}/7300 = 464.43$ 美元。这个成本必须加到每台机器的售价上以支付纽约市的支持成本。

本例假设没有一台备用机器发生故障，并且维修后的故障机器与新机器一样好。除了劳动力成本，也没有考虑任何维修成本。此外，还假定备用投票机已经被置于需要的位置。作为一个典型的例子，投票机产品具有较高的拥有成本，并且也包括每次选举对机器进行编程的成本；在选举之间存储机器的成本；运输和安装选举机器的成本；培训调查员和员工的成本，测试和维护投票机的成本；教育公众如何使用机器的成本；以及修改投票地点以放置机器的成本。

参 考 文 献

W. R. Blischke and D. N. P. Murthy, *Warranty Cost Analysis*, Marcel Dekker, New York, 1994.

B. Boehm, *Software Engineering Economics*, Prentice Hall PTR, Upper Saddle River, NJ, 1981.

G. Boothroyd, W. Knight, and P. Dewhurst, *Product Design for Manufacture and Assembly*, 2nd ed., Marcel Dekker, New York, 2002.

W. J. Fabrycky and B. S. Blanchard, *Life-Cycle Cost and Economic Analysis*, Prentice Hall, Upper Saddle River, NJ, 1991.

P. F. Ostwald and T. S. McLaren, *Cost Analysis and Estimating for Engineering and Management*, Person Prentice Hall, Upper Saddle River, NJ, 2004.

P. Sandborn, *Course Notes on Manufacturing and Life Cycle Cost Analysis of Electronic Systems*, CALCE EPSC Press, College Park, MD, 2005.

M. U. Thomas, *Reliability and Warranties: Methods for Product Development and Quality Improvement*, CRC Press, Boca Raton, FL, 2006.

第4章 | 将用户需求转化为产品设计规范

本章列举了获取用户需求的几种方法;介绍了质量功能展开法,并阐述了产品设计规范的组成要素。

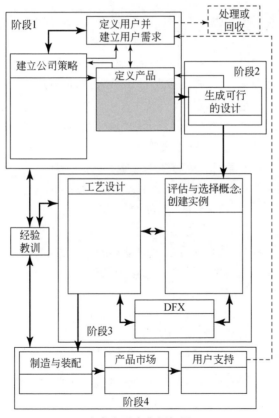

本章主要内容框架图

4.1 用户需求

产品开发的核心理念是产品应该反映用户的需求和喜好。产品开发周期中最重要的一个方面就是了解用户需求，并向用户学习。人们愿意购买某种产品的原因之一是该产品性能很好，能够满足用户的需求。而且该产品可靠耐用、安全性能高、舒适便利、外形美观并且为用户所熟知。上述列举的原因并非全都适用于某一种产品，并且也并非详尽无遗。然而，这些原因确实反映了用户在购买产品时可能会考虑的一些问题。

研究用户的购买行为，可以发现其在决定是否购买某一产品时主要考虑以下八个因素[①]。

1）费用——我买得起吗？

可以利用降低产品成本以获取竞争优势。

2）可用性——我可以找到它吗？

无论何时何地，当潜在用户需要某种产品时，它是可用的。

3）包装——产品包装美观吗？

产品包装可以留给用户一个很直观的印象，是影响用户选择的重要因素。

4）性能——产品能达到我的预期要求吗？

产品需能直接满足消费者最重要的需求。

5）使用便利——操作复杂吗？我会使用该产品吗？

该产品应该容易使用和操作。产品便于使用往往比其功能齐全更重要。

6）耐用性——产品的寿命是多久？

产品是否可靠耐用，是影响许多用户选择的重要因素。

7）生命周期成本——维修该产品的花费是多少？

若该产品的维护修理，能源消耗以及停机时间的总成本远低于同类产品，则更具有竞争优势。

8）社会标准——其他人对该产品的评价如何？

社会公认的产品显然是最好的。

产品必须满足用户以下四种级别的需求：①期望需求。②用户明确提出的需

---

① P. Marks, "Defining Great Products," 5th International Conference on Design for Manufacturability and Concurrent Engineering: Building in Quality and Customer Satisfaction, Management Roundtable, Orlando, Florida, *Design Insights*, Los Gatos, CA, November 1991.

求。③用户未言明的需求。④兴奋需求。

1）期望需求是产品在商业贸易中保持竞争力的基本。这反映出某种产品或服务是否达到用户需求。期望需求易于度量，因此也被用于技术竞争力评估。

2）用户明确提出的产品需求。此类用户明确提出自己想要的产品具有哪些特征。这些特征是用户需求的真实反映。因此，公司必须竭力提供具备这些特征的产品。

3）用户未言明的需求。虽然用户未明确说明希望产品具有某些特征，并不代表这些要素可以不被重视。IP^{2}D^{2}团队的工作就是发现用户未言明的需求是什么。IP^{2}D^{2}团队通过市场调查，用户访谈和头脑风暴等方式去发现这些需求。通常情况下，未言明的产品需求可以归入以下三类：①忘记告诉你他的需求。用户忘记言明他的具体要求。②不愿意告诉你。用户只是不想提供他们需求的具体细节。③用户不知道自己所需。只有看到某个产品时，才意识到这正是他们所需要的产品。

4）兴奋需求。这种产品与众不同，能够超出用户需求并使其与竞争对手的产品区分开来。当用户第一次见到这种产品的性能时会感到惊讶不已，从而激发用户的购买欲望。但是就算没有这种性能，用户也不会感到不满。这种性能有则更好，没有也无可厚非，因为用户本身也意想不到这些超出他们期望的产品性能。

如果产品能不断满足用户需求，用户满意度便会增加。首先，产品必须满足用户的基本期望，因为这些基本的需求是产品必须具备的特征。如果某种产品在满足用户最基本的需求之外，还能满足用户的某些特定要求，用户的满意度便会增加。对于用户未言明的需求，用户并未意识到，有待商家继续挖掘。而兴奋需求是其他供应商的产品不具备的功能，这使得产品更具有独特性。

用户满意度属性各不相同。有些属性和其他属性相比，对用户更为重要；而相同的属性对于不同的用户来说，其重要性也不同。另外，用户抱怨主要与基本期望属性有关，因此，仅仅解决用户抱怨的问题可能不会令用户满意。这是因为解决用户投诉作的问题是被动的策略。为了获得用户满意度，必须主动确定用户需要什么。

4.1.1　记录用户意见

有几种方法可以用来获知用户对产品的评价及偏好。在这种情况下，用户是最终用户。采取哪种方法取决于所需信息的数量和类型、可用性以及收集数据所需的时间和成本。然而,不论使用哪种方法,使数据能正确反映用户的需求是非常重要的。进行用户调查的目的之一是消除对用户期望的误解。信息来源分为两大类:既有信息和新信息。通常情况下对于重新设计的产品而言,既有信息极具参考价值。既有信息可以从以下方面获取:①公司销售记录,包括修理和更换部件;②书面和口头的投诉;③质保数据;④政府出版物、行业期刊和消费者;⑤公司的设计师,工程师和管理人员;⑥基准产品。

新的信息可以从以下几方面获取:①调查,包括邮件、电话、评论卡片以及采购处;②面谈或电话沟通;③中心小组;④观察;⑤销售会议,服务电话和贸易展览等方式;⑥直接访问用户。

每种方法都有其优势和缺陷。例如,观察消费者投诉信息,可以确定某产品存在的具体问题。然而,许多用户并没有向公司提出任何意见,或者许多以前的用户对某种产品也并没有任何不满,只是简单地喜欢其他公司的产品。另外,观察产品的使用情况一方面可以了解产品在使用过程中的具体问题,同时也可以直接询问用户对某种产品的评价与偏好。然而,这种方法的成本可能会很高,而且可能会带有调查人员的个人偏见。

向消费者提问时,需要遵循以下几条原则(详见表4.1):第一,不管通过哪种渠道获取信息,IP^2D^2团队都应该确定并优先考虑想要提出的问题。第二,确定目标用户。例如,就某个工具而言,它是供业余爱好者还是专业人士使用;比如烤面包机,是家用还是投放在餐厅使用。第三,选择参与人员。仅限于那些在产品的选择、安装、使用和维修方面发挥重要作用的工作人员;也就是说,他们可以代表目标市场。第四,建立适合的访问环境。第五,要明白所提的问题可能会揭示或掩盖被访者对产品的看法,这一点至关重要。因此,在一对一和以小组为单位的访谈过程中,应该适时调整提问的方向。

表 4.1 关于如何获取用户偏好的指导方针

不要问的问题	可以问的问题
这是带有个人偏见的问题 　你最喜欢我们产品的什么特点? 　您最不喜欢我们竞争产品的什么特点?	这种说法会助你达成目标 　你喜欢我公司产品的什么特点? 　对该产品有什么不满意的地方?
只有一个明确的答复 　成本低是吸引用户的特征吗?	允许用户表达自己的想法 　当您购买本产品时,会考虑哪些因素? 　您希望该产品做出什么改进?

续表

不要问的问题	可以问的问题
涉及多个问题 　你更喜欢蓝色跑车还是红色敞篷车?	这类问题将区分用户偏好 　您更喜欢红色还是蓝色轿车? 　你更喜欢跑车还是轿车?
对这类问题用户可能没有合理的回应 　如果你有自己的火箭,您将多长时间去太空旅行 一次?	这类问题有助于您了解用户需求 　你想升车在太空旅行吗?
封闭式问题 　对该产品您还满意吗? 　您开车时会系安全带吗?	开放式问题 　使用该产品您有什么体验? 　您开车的具体步骤是什么?

　　为了说明应该问的问题类型,请考虑下面列出的问题,这是 IP^2D^2 团队在研发一种手掌状大小的轨道式打磨机的初始阶段提出的一些问题(该团队成员在美国和德国参观了 500 多家细木工车间,为期两个月)。

- 产品的适用范围是什么?
- 这款产品有哪些吸引您的地方吗?
- 您对这款产品有什么不满意的地方吗?
- 您希望这款产品做出哪些改进?

根据被访者对这些问题的回答得出了用户需求,以及相应的重要性顺序。

一般而言,在做调查前,IP^2D^2 团队首先会问自己以下三个问题。

1)我们想了解什么?

2)我们想向谁了解这些问题?

3)一旦我们了解了所需信息,又该采取什么行动?

围绕这些问题展开调查才不至于跑题。

　　一项调查通常会询问一些涉及不同领域的问题,这取决于产品是新研发产品还是正在改进的产品,或是已经投放到市场的产品。这些问题涉及多个领域诸如产品研发背景、产品特征、产品控制、产品展示、产品可用性、产品的成本和对现有产品的满意度等。下面列出了每个领域的一些示例问题。很多时候调查时会提供备选答案或答案的选择范围。这些用符号"↔"表示。

背景

　　年龄,性别,收入

　　　您是否拥有该产品?

您在哪里购买的该产品?

您对该产品的使用频率是多少?

您对该产品的满意度如何?

您花了多少钱购买该产品?

谁购买的该产品?

您使用该产品多久了?

该产品附赠使用说明书了吗? 您是否读过产品使用说明书?

产品特征

产品的以下特征,您认为哪三项是最重要的? (已提供产品特征列表)

您最喜欢该产品的哪个特征?

我们列举了产品的一些典型特征,其相关性很大程度上取决于产品的类型。

外观/外形/风格:有趣/漂亮/优雅↔无趣/丑陋/单调

形状:轻巧 ↔ 笨重

重量:轻 ↔ 重

质地:平滑 ↔ 粗糙

尺寸:小 ↔ 大

质量:差 ↔ 好

触感:舒适 ↔ 不舒适

操作性:简单 ↔ 困难

布局:不合理 ↔ 合理

功能:明显 ↔ 模糊

颜色:和谐美观 ↔ 不协调

包装:吸引人的 ↔ 不吸引人的

标签:模糊 ↔ 清晰

产品性能和用途

主要性能特征:差 ↔ 好

人体工程学属性:差 ↔ 强

安全性能:差 ↔ 好

可操作性:易 ↔ 难

可靠性:差 ↔ 好

4.1.2 分析用户需求

在听取用户的意见后,IP^{2}D^{2}团队会采取相应的措施。有时他们会把用户的意见逐字记录下来,写在个人卡片上。然后,对意见加以"删减",这是一种逐字逐句的编辑过程。从其他被采访者那里如果听到了相同的意见,则不必增加新内容。若是听到了不同的意见,则再次用卡片记录下来。然后把这些卡片分成若干组,分组的依据是尽管这些描述表面上不同,但实际反映的是同一类更高层次的需求。

用户的意见必须按重要性排序。可以采用以下几种方法。一种比较被动的方法是计算受访者提及的等效属性的次数。那些被提及最多的问题经常被认为是最重要的。另一种方法是按照上述排序方法选择一些比较重要的产品特征,再让用户对这些特征按重要程度进行排名。每个排名都分配一个 1~10 或 1~5 的数字,数值越大重要性越强。

考虑一下干式贴墙系统(5.2.5 节中会讨论)。根据对干式贴墙专家的调查,总结了如表 4.2 所示的一系列要求。

表 4.2 干式贴墙用户的调查

要求	要求
价格低廉	易于清洗
维修成本低	不易断裂
容易连接接头	不易泄露
容易上扬	使用便利 可在恶劣环境下工作
快速连接	接头运行良好
不腐蚀	寿命长
容易装运	占地面积小
远距离	可以使用玻璃纤维胶带
尺寸小	在复合材料中嵌入胶带
易于安装	操作员培训
易于维修	维修成本低

4.2　质量功能展开(QFD)^{①~⑥}

4.2.1　引言

质量功能展开(QFD)是一种将用户表达的需求与产品的特征和功能相匹配的方法。这种方法既有效又实用,利用该方法有助于根据用户的需求定义产品。如图2.2所示,这是产品实现过程中最重要的一步。此外,质量功能展开法会按照用户的要求提供一种将其转换为产品参数的方法,如4.3节所述。最后,质量功能展开法是IP²D²团队在决策过程中,用于实现对产品的理解,并达到必要的共识,最终将初步想法转化到操作层面的一种策略。

正如2.2节讨论的一样,IP²D²团队需要有一个统一的词汇表,就共同的目标和优先事项达成一致意见,并能够就所有问题达成共识。质量功能展开法极大地满足了这些要求。为了便于在随后的章节中讨论QFD表和相关材料,我们引入了以下术语:用户需求(CRs),功能要求^⑦(FRs)和工程特征(ECs)。用户需求是用户用来描述产品及其特征的短语。功能要求是指产品或系统必须具备的某些功能特征。工程特征是描述每个产品功能要求的可测量特征。

质量功能展开法,总体来说可以解决以下问题。

1)用户需要什么:质量功能展开法从了解用户的需求开始。并非所有用户都是最终用户,其需求可以涉及来自监管机构的要求(在侧面碰撞中安全)、零售商的需求(易于展示)、供应商的要求(满足组装和服务组织的需求)等。

---

① J. R. Hauser and D. Clausing, "The House of Quality," *Harvard Business Review*, Vol. 66, No. 3, pp. 63-77, May-June 1988。

② R. Ramaswamy and K. Ulrich, "Augmenting the House of Quality with Engineering Models," in *Design Theory and Methodology*, DTM-92, DE-VOL. 42, D. L. Taylor and L. A. Stauffer, Eds., ASME, New York, pp. 309-316,1992。

③ Y. Akao, Ed., *Quality Function Deployment: Integrating Customer Requirements into Product Design*, Productivity Press, Portland, OR,1990。

④ L. R. Guinta and N. C. Praizler, *The QFD Book*, AMACOM Books, New York,1993。

⑤ D. Clausing, *Total Quality Deployment*, ASME Press, New York,1994。

⑥ B. A. Bicknell and K. D. Bicknell, *The Road Map to Repeatable Success*, *Using QFD to Implement Change*, CRC Press, Boca Raton, FL,1995。

⑦ 见5.1节中对功能要求的详细讨论。

2）了解用户偏好：质量功能展开法根据 IP^2D^2 团队成员与用户的直接接触经验或调查，记录了用户需求的相对重要性。

3）如何转换用户的感知需求以形成竞争优势：质量功能展开法采用工程特征来描述产品的每项功能要求。IP^2D^2 团队将工程特征与 4.2.2 节中讨论的用户需求相结合进行分析。对该产品的工程特征也进行了基准测试，以确定必须匹配或超过某个基准线才能具有竞争力的特征。需要强调的是，工程特征是功能要求而不属于需求。

4.2.2　质量功能展开和质量屋①

质量屋是一个多维图表，显示用户需求与产品工程特征之间的关系。它囊括了用户对产品要求的各个方面以及他们对竞争对手产品的看法，并展示了 IP^2D^2 团队对每个工程特征与用户需求之间关系的解释和判断。质量屋的 12 个区域如图 4.1 所示。随后，在图 4.2 和图 4.3 以及表 4.3 和表 4.4 中给出了几个例子。

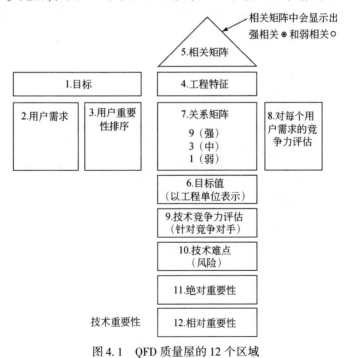

图 4.1　QFD 质量屋的 12 个区域

---

① QFD 的应用实例参见网址 http://www.qfdi.org/。

图4.2 随机轨道式砂光机的部分QFD表（目标值已被省略）

分类	用户需求	用户重要性	去除材料																	集尘			连接电源		
			砂光机产生运动							生成旋转运动				为用户提供手柄						集尘			连接电源		
			材料去除率	刹车寿命	到最大速度所需时间	随机轨道偏移	非工作时圆盘速度	圆盘寿命	圆盘尺寸	电机速度	电机功率	电机刷寿命	没有热量过载	单个重量	手柄直径	重心	手柄加速度	手柄重量	耐冲击性	真空流速	集尘袋尺寸	集尘效率	线长	线的寿命	开关的寿命
性能	快速去除材料	5	9		9	9				3	3														
性能	强劲的	5	9			1			9	9	9														
性能	无最初沟槽	7		9			9			1															
性能	光洁度	9				3			9																
特征	低震动	9				3	9			9							9								
特征	刹车片	9		9			9																		
特征	长线	2																					9		
特征	集尘	7																		9	1	9			
人机工程学	手靠近工作位点	5														9									
人机工程学	可控性	9		9		9	9		9	9					9		9	9							
人机工程学	舒适的	7													9			9							
人机工程学	低疲劳	8												3	9		9								
耐久性	耐用的	9		3				9				9	1						9					9	9
	目标值单位		cc/s	h	s	mm	rpm	rpm	area	cc	W	h		kg	cm	cm	g	cm	kg	cc/min	cc	%	m	h	
	绝对重要性		90	259	45	185	306	81	207	229	60	81	9	24	216	51	221	144	81	73	7	72	18	81	81
	相对重要性(%)		3.4	9.9	1.7	7.1	11.7	3.1	7.9	8.7	2.3	3.1	0.3	0.9	8.2	1.9	8.4	5.5	3.1	2.8	0.3	2.8	0.7	3.1	3.1

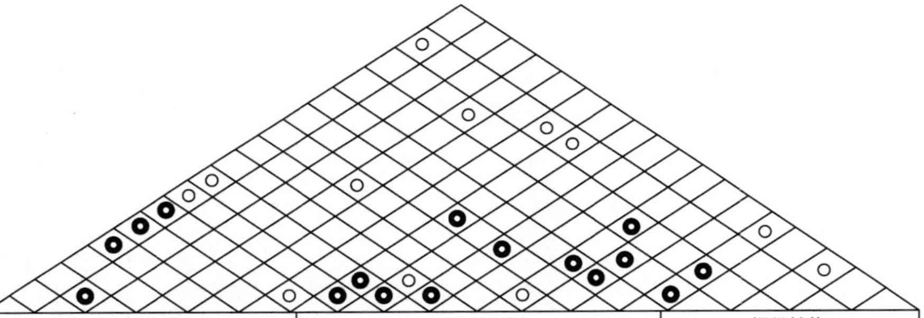

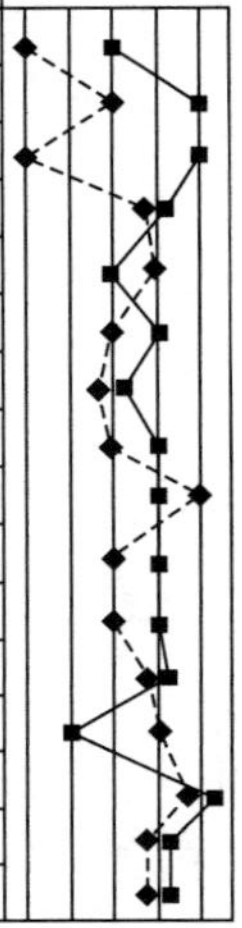

图 4.3 干式贴墙系统的部分 QFD 表

用户需求		用户重要性	进给率	均匀切割胶带	切割胶带的力	胶带容量	每卷胶带堵塞	每卷胶带撕裂	流速	孔口尺寸	流动压力	复合物关闭	复合物容器容量	复合物容器形状	温度范围	重心	长度	重量	应用形状	部件数量
性能	一次成功	5	9						9	9	9				1	1				
	统一复合物应用	5								9	9								9	
	墙壁、天花板、角落	5																	9	
	带有复合物的涂层	5	9						9	9	3					3			9	1
	操作简单	4									3									
	再填充无频率低	3				9				3	3		9							
	光洁度	4	3						3	3	3								9	
特征	易于分离胶带	4		3	9															
	易于装载胶带	4																		
	易于清理	5																	3	9
	易于装载复合物	4										3	3	9						
	重量轻且平稳	3														9	9	9		3
	紧凑的	2											3				9	9		3
可靠性	无卡带操作	4			3		9		3		1									
	复合物不会堵塞	4						3	3		9	3	3	1	9					
	复合物不会泄露	3									3	9		1	3				3	

（分配胶带：均匀切割胶带、切割胶带的力、胶带容量、每卷胶带堵塞、每卷胶带撕裂；分配复合物：流速、孔口尺寸、流动压力、复合物关闭、复合物容器容量、复合物容器形状、温度范围；提供结构：重心、长度、重量、应用形状、部件数量）

表 4.3　关于钢架连接工具的质量特征的用户需求

质量特征	用户需求
性能	连接时间短 连接性强 每次都能连接(可重复)
特点	轻量级 可以进入难操作的区域 过载保护 易于撤销连接
一致	安全 噪声小 使用方便 耐冲击 振动幅度小(如果适用)
人体工程学	不易使人产生疲劳 可控/机动 使用时舒适 紧凑/平衡
操作性能	维修次数少 组件易于更换 有可更换组件
美学特征	外形新颖

表 4.4　5.2.6 节中钢架连接工具功能要求的工程特征

功能要求	工程特征
固定螺栓和法兰盘的位置	操作次数 运行时间(s) 力(N) 设备重量(kg)
为工具及其组件提供结构	重量(kg) 相对于手的重心(cm) 抗冲击性——下降高度(m) 长度(cm)

续表

功能要求	工程特征
产生能量	功率(W) 达到峰值的时间(s) 预期寿命(a)
将能量转换为工作效率	效率(%) 寿命(操作次数) 可靠性(%) 力(N)
建立连接	建立连接所需时间(s) 合力(N) 建立连接的操作次数 噪声(dBA)
移除/分离工具	连接的可靠性(%) 正常情况下紧固件数量 移除工具的操作次数 力(N) 停机时间(s)

1)目标:说明产品的目的,即 IP^2D^2 团队努力的目标。

2)特征列表:获得由用户定义的产品特征列表(CRs)。若有可能,用户需求应按照1.4.2节中加尔文提出的八个质量维度进行抽象组合和分组归类。这有助于清楚地描述用户对产品性能属性的偏好和产品特征之间的差异。这些用户需求也用于评估为满足每个产品的功能要求而形成的衍生概念,如6.4节所示。

3)重要性评价:重要性评价是以4.1节末尾讨论的方式获得加权值,将它们分配给产品的特征,表明从用户角度来说,它们的相对重要性。

4)达到产品特征要求所需的数值:这些是以可测量数值表示的工程特征(参见下面讨论的目标值)。虽然这样做并不是惯例,但我们建议按照5.1节讨论的方式据其功能要求对工程特征进行分组。也就是说,产品功能分解的组成部分应该用于组织质量屋内的工程特征。此外,工程特征应该对功能分组中的每个元素进行约束或限定,如防水到 x 米,抗冲击能力下降到 y 米,体积小于 z 立方厘米,功耗低于 w 瓦特,等等。有时候最好在每个工程特征前面放一个箭头("↑"或"↓")或一个"+"或"-"符号来表示每个特征的数值方向。例如,"↓"或"-"表示值越低越好;相反,"↑"或"+"表示值越高越好。

5)相关矩阵:相关矩阵表示产品工程特征之间的相互作用程度。它提供了一些关于试图满足工程特征时会存在的耦合度的概念,并指出了与产品工程特征有关的物理规律经常产生的耦合度。然后,这个矩阵表明设计折中可能发生的地方。建议在质量屋使用两个符号,一个表示强关联,另一个表示相关性。这种详细程度通常足以识别相互作用发生的位置。

6)目标值:产品工程特征的每个目标值通常由技术竞争力评估数据(请参阅下面第9条的讨论)以及这些数据对产品性能属性和特征的独立影响程度来决定。有时,营销策略可能要求产品工程特征满足某些值,仅仅是因为竞争对手的产品满足了。

7)关系矩阵:关系矩阵是一种系统的方法,用来识别每个工程特征与用户需求之间的影响和影响程度。使用9-3-1的等级体系来衡量那些强烈影响用户需求的工程特征。这种非线性尺度有助于识别具有最高绝对重要性的那些量。数值的分配取决于 IP^2D^2 团队成员的解释和判断。

8)用户竞争力评估:用户竞争力评估是通过比较现有正在开发的产品与两种或三种较好的竞争产品的特征而得到的。如果公司没有现有的产品,那么这个总结就说明了买家对当前产品的看法。图表中的值越高,相应的需求被满足的程度越高。此评估与用户重要性评级,分配给关系矩阵的值以及目标值无关。

9)技术竞争力评估:技术竞争力评估(基准)将每一个产品的工程特征对应的竞争者的设计规范与所提出的设计规范进行比较①。这些规范中的每一项都应符合或超过竞争对手。

10)技术难点:技术难点用一个数值表示,它表明每一种产品的特征是否可以很容易地实现。数值越低,实现起来越容易;也就是说,不能达到该特征要求的风险较低。这种判断通常基于 IP^2D^2 团队的经验以及公司在该产品或类似产品方面的经验以及预期的任何技术和科技。

11)绝对重要性:绝对重要性是关系矩阵中每个元素的数值与其相应的用户重要性评级的乘积之和。这是获取"区域11"中显示的最终结果的初步步骤。

12)相对重要性:相对重要性是确定每个 EC 所具有的总数值的百分比。总数值是出现在包含"区域12"的行中的所有值的总和。分配给每个 EC 的百分比是 EC 的值乘以100并除以总分数。具有最高排名的那些 ECs 是 IP^2D^2 团队应该关注的特征,因为它们明显与总体上对用户最重要的那些 CRs 相关。这些满意度排名最高的 ECs 对团队分配资源具有指导作用:时间和金钱。此外,相对重要性和"区

① 技术竞争力评估与用户反馈多年以来发布的内容没有什么不同,即对消费品竞争品牌的评估和比较。

域 9"确定的相应技术难点之间的关系为产品开发过程中的资源规划提供了额外的指导。而且,排名最高的 ECs 表示最需要满足的功能要求,这反过来又表明了其相应的物理实体的属性必须得到最多关注。

关于 QFD 方法有几点意见,因为它在单个图表中展示了大量信息。首先,用户的竞争力评估与用户重要性评级无关。其次,首先 ECs 的确定(选择)独立于CRs,然后通过关系矩阵与 CRs 相关联。此外,如果将 FRs 包括在 QFD 表中,通常只有少数 CRs 和属于同一个 FR 的一组 ECs 相关,和属于其他 FR 的 ECs 不相关。在选择候选概念的评价标准时,这方面有重要的含义。例如,请参见图 4.3 中的CRs 是如何在表 6.15 中使用的。ECs 也有助于决定设计统计实验时应选择的因素,这将在 11.2 节中讨论。

质量屋中的目标值不仅表明了相应工程特征的数值目标,而且还暗示了它们的可测性。这是 QFD 过程中非常重要的一部分,因为如果无法测量,人们就不能确定工程特征是否已经得到改善,也就无法确定用户需求是否得到满足。因此,完成质量屋暗含着能对某些部分进行适当测量的知识和设施的要求。此外,还有许多标准明确规定了应以何种方式进行某些测试。请参阅 1.4.2 节中相关内容。

在最重要的工程特征已经在质量屋的第 12 区确定之后,可以使用第 6 章中讨论的方法来获得其解决方案。应该将那些相对重要性高的工程特征作为概念评估标准。有关这方面的说明,请参见表 6.15。我们应该认识到,不必等待质量屋的完成,就可以进行概念的产生和选择。但是,对概念的评估应该等到第一次 QFD迭代完成。如图 2.2 所示,将概念选择过程反馈到产品开发周期的产品定义阶段,是团队理解产品定义的一个重要部分。此外,必须不断重新审视 QFD 表,从而充分理解产品及其与用户要求之间的关系。如果新增的认识需要修改原始功能要求集(见第 5 章),那么这一点便显得尤其重要。

使用 QFD 方法时需要谨慎。在记录用户需求时,必须认识到,超越某个特定点,收集更多信息只会具有增量价值。此外,QFD 实施没有规定,每个产品的开发应根据实际情况尽可能多地或尽可能少地构建。质量屋的建成本身并不是目的。而且,只要能够满足用户的要求构建质量屋的任何合理理由都是可以接受的。

图 4.2 给出了 4.1 节中提到的随机轨道式砂光机的部分完成的质量屋①。这是一个重新设计产品的例子,其概念已经确定。5.2.5 节中讨论的干式贴墙系统可以作为 QFD 表的另一个例子。在开发这一产品之前,研究人员进行了一次调

---

① 更多实例见 http://www.npd-solutions.com/。

查,调查结果见表4.2。该系统的 QFD 表如图4.3所示,是概念有待确定的一个 QFD 表。该设备的功能要求在5.2.5节中给出。

值得注意的是,在这两个例子中,关系矩阵都是稀疏的,这是很常见的。用户竞争性评估以图形形式显示在图4.3中;然而,表格数值也可以用来表示每个用户需求的相对排名。对于那些正在重新设计的产品,质量屋的这一部分还应包括用户对公司目前产品的意见。

最后一个例子是5.2.6节中讨论的钢架连接工具。这里我们只讨论用户需求和工程特征,分别在表4.3和表4.4中给出。表4.4是在形成和选择满足相应 FRs 的概念之前,确定 ECs 的例子。它也说明了根据 FRs 来组织 ECs 的优势。除非首次建立 FRs,否则很难指定所有相关的 ECs。还要注意,在此阶段,ECs 的确定与表6.16中的概念无关。

在概念和实施方案已经确定之后,QFD 方法也被用于产品开发周期的指导。有四个阶段:设计、细节、过程和生产。这些阶段有助于将产品需求从用户传递到设计团队再到生产操作人员。每个阶段都有一个矩阵,包括一行用户需求和实现这些需求所需的列,即 ECs。在每一阶段,最重要的、需要新技术或具有高风险的 ECs 被带到下一阶段。以上四个阶段应用于复印机的进纸结构的详细示例见 Clausing[1]。

4.3　产品设计规范

在完成质量屋的过程中,IP^2D^2 团队还应该开发形成产品设计规范(PDS)的信息。PDS 包含与产品使用有关的所有事实。它说明了产品必须做什么,是整个产品开发活动的基本控制机制和基本参考资源。

PDS 是发展变化的,它可能随着设计和开发过程的进行而改变。但是,在完成该过程后,PDS 是一个与产品本身相匹配的书面文件,它构成了产品设计和制造参数的基础。此外,PDS 必须是全面的,并以制造企业的所有实体可以理解的术语编写。关于 PDS 最重要的事情之一是 IP^2D^2 团队成员必须认可其内容,并具有该 PDS 的所有权[2]。

产品定义应涉及表4.5中列出的项目,并应注明以下内容。

---

① D. Clausing,同前。

② S. Pugh, *Total Design: Integrated Methods for Successful Product Engineering*, Addison-Wesley, Reading, MA,1991。

表 4.5　产品设计规范的组成[a]

常规条件	约束条件
产品用途	政治,社会和法律要求
目标成本	维修和服务要求
产品需求	包装(包括重复使用和回收的能力)
用户获益	可靠性
首次令用户进行产品体验的时间	保质期
用户	专利(搜索、申请、获得许可证)
尺寸	环境:工厂车间、包装、储存、运输和使用时间
重量	(见表4.6)
数量	检测
竞争力(基准)	安全:合规
使用寿命(预计报废时间)	材料和部件:可回收、一次性、可用性、供应商
市场评估:趋势、发展、市场份额、品牌名称、商标	人体工程学
性能	标准:美国和国际标准
功能	接口:电气和机械连接
特征	美学(外观)
约束条件	最终用户需求:专业安装、预装配、用户组装
运输方式和成本	供应商
处理和回收	能量消耗
生产设备,流程和能力:企业内部、国内、国外	产品运营成本
	用户培训和学习要求:文档

　　a 部分来自 S. Pugh,同前;B. Hollins 和 S. Pugh, *Successful Product Design:What To Do and When*, Butterworths,London,1990;P. G. Smith 和 D. G. Reinertsen, *Developing Products in Half the Time*, Van Nostrand Reinhold,New York,1991。

- 产品标题。
- 产品的用途或功能。
- 竞争产品的类型及生产商。
- 它将服务于什么样的市场。
- 为什么有此产品需求。
- 预期需求和目标价格。
- 产品标识。
- 与公司现有产品线的关系。

　　以 5.2.5 节中讨论的"干式贴墙系统"为例,对产品设计规范加以说明。此设备的初步 PDS 如下所示。

条件

产品标题

干式贴墙系统

目的

同时分配接缝混合物和胶带以填充相邻干式贴墙之间的间隙

需求

品牌 A 是一种相对便宜的工具(150 美元),但达不到用户所要求的性能水平

品牌 B 是一个更完整的工具,但它的成本很高(加配件 1650 美元)。因此,有必要用一个合理的价格工具来满足用户的需求

优点

减少施加于胶带涂层的单独操作的次数

减少完成胶带涂层所需的时间

简化胶带涂层的应用

竞争对手

A 公司,X 型

B 公司,Y 型

用户/市场

主要用户:专业干式贴墙公司

次要用户:房主和工具租赁中心

数量

第一年产量将达到 12 000 台,随后两年每年产量将达到 20 000 台

产品成本

零售:低于 500 美元

公司售价:低于 200 美元

时间尺度

在市场上:(月/年)

性能

功能

胶带里的各个角落

任意方向的胶带接头

胶带接头不会泄漏接缝混合物

胶带接头不需要额外的平滑处理

胶带不会过早断裂

混合物可均匀地流过胶带/墙壁

可以使用纸张和玻璃纤维胶带,宽度从 44.5mm 至 57mm 不等,厚度从 0.13mm 至 0.18mm 不等

可使用黏稠或稀薄的接缝混合物

以 150mm/s 的速率分配胶带(请参见 6.1 节末尾)

以 32cm^3/s 的速率分配接缝混合物(请参见 6.1 节末尾)

约束条件

大小

小到便于单人搬运

连接到手柄末端的装置将小于 74cm×30cm×41cm

重量

手持部分的重量不足 2.3kg

满载接缝混合材料和胶带时重量不足 9kg

生产设施和流程

不需要新的制造设施

每个组件的制造操作将被最小化

没有组件需要昂贵或耗时的操作

运输

通过任何方式运输时都将具有防震、抗震和耐候性:

　　震动环境为 4~33Hz,幅度为 1.5mm

　　用 2.4~跌落试验模拟冲击环境

温度在 0~60℃ 范围内不敏感,湿度可耐受至 100%

可包装在一个矩形纸箱中,堆放高度可至 2.5m

处理和回收

产品既不包含也不使用任何有害环境的材料

轻松拆卸组件以方便回收,再利用和处理

政治,社会和法律

将符合所有适用的标准以及地方和国家的条例(列表)

产品环境(表 4.6)

产品必须可在以下环境中正常运行:

　　温度 15~50℃

　　从海平面到海拔 2km 的气压条件

　　相对湿度到 100%

表4.6　环境因素

自然因素	人为因素
天气	机械力
温度	加速/减速
湿度	声音
雨	碰撞/电击
雪、雨夹雪、冰雹	震动
风	压力
露水	加热
闪电	冷却
打雷	辐射：电磁辐射、核辐射
紫外线	收音机/电视/手机电波
气压	化学品/农药
空气	
沙尘	
尘土	
盐水喷雾	
害虫、真菌、花粉	
宇宙辐射	
空气质量(污染)	

测试

所有购买的组件都将从供应商处获得，并通过 ISO 9000 认证

震动和冲击试验如"运输"中所示，热测试如"产品环境"中所示

安全

除平滑装置外，所有锋利的边缘以及任何电器、热的和移动的部件都将被屏蔽，以防止与操作员接触

保持产品平衡，以提供安全舒适的操作

文档

产品随附用户手册、维护手册和保证书

所有测试将由公司或执行测试的外部公司记录

请用户填写调查问卷以确定产品是否符合他/她的期望

寿命

产品将采用模块化设计以便于组件升级

最低使用寿命为 5 年

物料

所有材料都可抗腐蚀

材料必须非常适用于公司的制造方法

人体工程学

单人操作

双手使用

产品长时间使用必须舒适,不引起过度疲劳

安装

除手柄外,产品将被装运

美学

产品具有持久的光洁度

颜色有绿色和黑色

产品应看起来结实耐用

保养

所有的紧固件都是标准的

所有易磨损的部件都可以用相对便宜的部件和标准工具轻松替换,而且不需要特殊技能

设计模块化,便于维修和清洁

每天工作后必须将接缝混合物清除,设备中没有任何的残留物

无润滑点或极少数润滑点

包装

装运期间不需要特殊处理

容器外部具有产品的名称、功能、关键性能参数和图片

可安全堆放至 2.4m

可靠性

可在不影响性能的情况下经受多次装运和测试

组件的使用寿命超过 5 年

磁带切断装置至少能维持 10 000 次磁带分离

保质期

保质期大于 5 年

专利

产品不得侵犯下列专利(列出适用专利)

第5章 产品的功能要求和功能分解

本章讨论产品功能要求和功能分解的概念及内容,并且以产品设计目标为焦点来阐述和介绍公理设计方法。

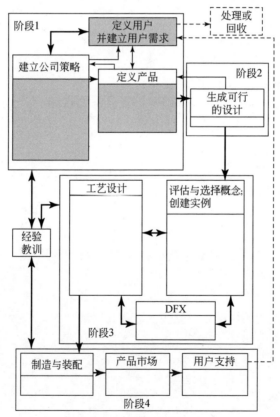

本章主要内容框架图

5.1　功 能 建 模

5.1.1　引言

　　产品或系统的功能要求依据产品的总体设计目标而形成,且与用户需求是直接相关的。伴随产品目标的是产品功能必须满足的约束。这些约束是所有解决方案满足已确定功能要求的额外基础。正如4.2.1节所述,功能要求明确制定了产品或系统应具备的必要特征。约束是功能要求必须满足的外部因素或限制。例如,约束可以是对尺寸、重量、材料、效率、强度、成本、几何形状、自然规律方面的限定,或是对表2.1中所列出的与产品生命周期和社会设计有关的方面的限定。同一约束可能适用于多个功能要求,而且一个或多个约束会对其他的设计因素产生影响。

　　产品的整体功能可以分解为由子功能集构成的层次结构,这个过程可以将系统的功能分解为更小、相互协调又自我独立的功能要素。厘清功能要素之间的相互关系是获得解决方案的基础。功能分解具有一些优点,它能够将产品转化成为复杂程度更低的功能单元。这就要求设计团队在一开始就已经明确产品的用途,甚至是在弄清它的工作原理之前①。它可以为设计团队提供组织的基础和需要完成的设计任务。最后,如果一个或多个功能单元与其他的功能单元相互独立,那么这些功能单元有关的设计任务可同其他的功能单元的设计任务相互并行。

5.1.2　功能分解与公理设计：简介

　　公理设计②是一种适用于功能分解的方法。公理设计并没有提供指导形成产

---

　　①　爱因斯坦曾经说过,如果他有20天时间来解决一个问题,那么他将会用19天的时间来定义这个问题。

　　②　公理设计相关的详细内容可参阅下列参考文献。

　　N. P. Suh, *Principles of Design*, Oxford University Press, New York, 1990。

　　D. Dimarogonas, "On the Axiomatic Foundation of Design," in *ASME Design Theory and Methodology*, DE-Vol. 53, pp. 253-258, 1993。

　　N. P. Suh, *Axiomatic Design: Advances and Applications*, Oxford University Press, New York. 2001. Extensions of the axiomatic method to complex systems can be found in N. P. Suh, *Complexity*, Oxford University Press, New York. 2005。

品设计的具体步骤,但是它提出并明确了产品功能和产品设计需要满足的要求。公理设计也是一种明确定义产品的方法①。从随后的论述中可以看出,公理设计提供了一种表达设计意图和总体设计目标的有效的表征方法。

下面将论述与公理设计背景相关的概念和定义。功能要求是对完全满足特定设计目标要求且相互独立必须满足的功能要求的最小集合。如果可能,它们彼此之间在功能层次结构上应相互独立。5.2.1节中给出了功能独立性的一些案例。设计参数是指由满足功能要求的设计过程而创建的物理实体。换言之,功能要求描述满足用户需求的动作或动作序列,而设计参数是满足功能要求而必须创建的物理实体(组件/模块/单元)。设计参数的确定需要选择相应的概念(具体的原理,方法或手段)。设计概念的产生、评价和选择将在第6章中论述。

功能要求(FR)存在于功能域,并以中立于产品解决方案的形式呈现。中立于解决方案是指避免对最佳方案的事先臆断而产生先入为主的想法。因而功能要求适合用简单明确的术语陈述,既不涉及也不暗示具体的操作或过程。功能要求应该有一个名词和一个动词,避免使用行业术语,使用肯定而不是否定句式,并可以被量化。正如4.2.1节所述,功能要求中的每一个可测量属性或特征被称为工程特征(EC)。

本书将以常见的双调节阀的水龙头为例,说明功能要求中立于解决方案的特征。水龙头的设计目的是能够提供一种满足预期温度的持续流量的水,但要独立地控制热水和冷水的流速。可以看出产品最少需要具备两个功能要求:获得需要的水流量和获得需要的水温。利用公理设计的方法,这一系统可以被表示如下。

$(FR)_1$=获得水流

$(FR)_2$=获得水温

设计参数取决于独立控制冷水流量和热水流量的事实,如下所述。

$(DP)_1$=调节冷水流量的方法

$(DP)_2$=调节热水流量的方法

然而,可以看出以上例子并非中立于解决方案的描述形式,因为设计参数都包含了两个独立的控制要求,一个是调节热水流量另一个是调节冷水流量。因此,在系统功能目标的陈述中,要如何做的方法是强制性的。这两个设计参数都不是直接与温度调节相关的。5.2.1节给出了一种更好地陈述这一问题的方法。

如前所述,功能要求都对应相应的设计约束。在公理设计中,设计约束同功能

---

① G. Pahl. W. Beitz, J. Feldhusen, and K. -H. Grote,同前。

要求不同,它们不需保持与功能要求或其他设计约束之间的独立。双调节阀的水龙头设计约束是热水和冷水的最大流量及各自的温度范围。

以一些生产厂商所规定的全轮驱动系统[①]应该满足的设计要求为例来说明系统设计的约束。

- 扭矩传递要达到 2400 牛·米。
- 内置扭矩传输限制。
- 全功能反向。
- 差速的即时激活。
- 制动系统与稳定系统完全集成。
- 可以在不到 60 毫秒的时间内关闭。
- 轮胎爆胎提供有限/全轮驱动功能。
- 不需要额外的传感器。
- 在紧急转弯和停车期间不得缠绕。
- 加速时的最佳牵引力。
- 轮胎磨损压力或尺寸不均匀时,不会产生功能问题。
- 单轴驱动时不会产生功能问题。
- 驱动透明。

另一个用来说明设计约束的案例是在 1994 年提出的个人数字助理产品。它只有四个约束:①可以放在衣服口袋中携带。②能够与 PC 无缝同步。③使用快捷方便。④售价不要超过 299 美元。当这些约束刚被列出时,还不清楚如何满足这些条件,但这四点要求被证实是十分合理的。

约束对设计结果的影响也不应被忽视。本书将用三个常用产品为例来说明这点。首先考虑两辆自行车,其中一辆被要求设计成为适用于观光/竞速的自行车,另一辆被要求设计成为山地自行车。这两辆自行车的功能要求是一样的:支撑骑手,可以人力驱动自行车,转向和停车。对于观光自行车,设计约束的方向是在光滑路面上达到高速行驶。对于山地自行车,设计约束应该朝着更高的可操作性和爬坡能力及对未铺设路面的适用性方面发展。图 5.1 是上述两辆自行车的最终产品图,可以看出两者的差别无处不在:车轮,车胎,车架,车轮毂,座椅,把手和脚蹬。这些差别是由于设计约束的不同而造成的,尽管两者的功能要求是相同的。

---

① 瀚德公司提出的系统,详见网址:http://www.haldex-traction.com。

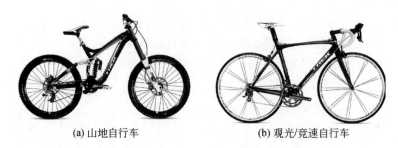

(a) 山地自行车　　　　　　　　　(b) 观光/竞速自行车

图 5.1　由于约束不同而产生的不同产品

© 2008 Trek Bicycle Corporation, Waterloo, Wisconsin。授权使用。

　　门合页是用来说明设计约束对产品结果产生影响的第二个实例。门合页的功能是连接两个固体物体,使一个物体可以围绕一个固定的轴相对于另一个物体进行旋转。如图 5.2 中所示,枚举了不同设计约束下的产品,如其小标题所示。图 5.3 中的纸夹是最后一个实例。右侧的纸夹满足了纸夹没有超出纸张的边界的设计要求,尽管该纸夹同左侧纸夹的(供参考)工作原理相同。

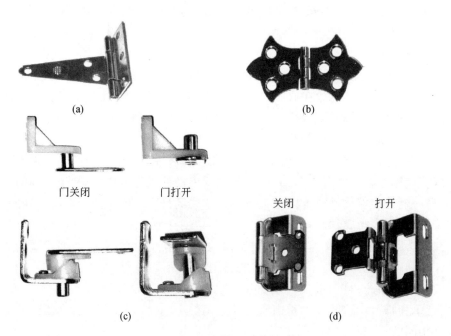

(a)　　　　　　　　　　　　　　　　(b)

门关闭　　　　门打开　　　　　　　关闭　　　　打开

(c)　　　　　　　　　　　　　　　　(d)

图 5.2　满足不同设计约束的门合页

(a)门三通合页;(b)装饰家具的门合页;(c)带重力返回的咖啡馆门合页;
(d)自闭式盖板合页。

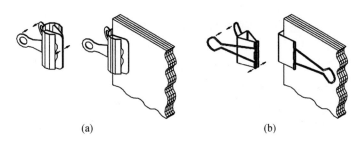

(a)   (b)

图 5.3   两种具有相同原理但满足不同设计约束的纸夹

下面的案例(表 5.1)将说明产品总的设计目标将如何对最终产品的设计结果产生影响,以汽车为典型案例来说明设计目标将如何影响设计结果。从中可以看出,每个设计目标的实现都是在尺寸、重量、燃油经济性、安全性、便利性、乘坐舒适性和成本等方面上做出的折中和权衡的结果。

表 5.1   案例

目标	代表性产品
高加速度	雪佛兰科尔维特跑车
燃油经济性高	丰田普锐斯汽车
无排放	特斯拉 Roadster
奢侈性	迈巴赫汽车
运动性	宝马 Z4 汽车
家庭友好性	本田奥德赛
价格最低	雪佛兰爱唯欧
更小的尺寸	Smart 和 Polo 汽车

根据上述的背景介绍可知,设计是提出一种综合的解决方案(产品、过程、系统)来满足设定的所有要求,通过功能域的功能要求和物理域的设计参数之间的映射来选择合适的设计参数和功能要求,当功能要求发生变化时,解决方案也会随着改变,就需要确定新的解决方案。但仅仅对原有产品加以修改并不可取。因此,设计就是不断地进行功能要求和设计参数之间的映射,最后的设计成果不会比为了满足约束条件而创造的功能要求更好。

5.1.3　功能分解与公理设计：两条公理

在实际生产中，功能要求（FRs）的提出是为了满足一系列的用户需求（CRs）。随后确定同 CRs 相关的 FRs，其中 4.2 节中所述的 QFD 就是一个有效的方法（在 QFD 方法中，定量的工程特征就是用来量化表示每个 FR 的属性）。另外，在确定设计参数（DPs）之后，它们便成为过程域内的输入量，而过程域决定 DPs 如何形成。用户域、功能域、物理域和过程域构成了产品实现过程中有显著差异的四个域。当用户需求被标准化并且满足用户需求的功能集也被确定之后，才产生产品的设计想法。随后，将利用第 6 章的方法分析产品并与原有功能要求集进行对比。当产品不能完全满足确定的功能要求时，就需要提出一个新的想法或改变功能要求使解决方案更加适合原始需求。这个过程可不断迭代，直到产生一个可接受的设计结果。

两条设计公理可用于评估优秀设计方案[1][2]。

公理1：独立公理

保证各个功能要求（FRs）之间的相互独立。

公理2：信息公理

保证设计中信息量的最小化。

公理1处理功能和物理变量之间的关系。它表示在设计过程中，DPs 与 FRs 之间的映射应该满足以下特征：某一特定 DP 发生变化时只会影响其对应的特定 FR。在这里，当说明 DP 满足某一特定 FR 时，可以理解为该 FR 满足所有的设计约束。这是一种更正式的方法，Pahl 和 Beitz 指出在输入和输出（原因和结果）间必然存在一个清楚明确的关系，这种方法与他们所用的方法[3]类似，但更正式。

公理2用于评估设计的复杂性。它规定在所有满足公理1的方案中，最好的方案应包含最小的信息量。因此，将部件进行集成但同时保证其功能独立性的设计，使用标准件和可互换元件的设计，尽可能使用对称性结构的设计，都可以减少设计中包含的信息量。信息内容的最简形式是产生设计必须给出的指示。例如，

---

① N. P. Suh，1990，同前。

② 一般而言，大多数商业组织感兴趣的是优化他们产品未来利润的预期净现值。在设计阶段正式提出这个问题涉及大多数现实生活中的产品，因为它包括客户偏好、竞争对手反应以及所有可能影响产品性能和成本的设计参数。解决这个优化问题更具挑战性。因此，为使设计任务易于处理，大多数产品开发团队在日常任务中更喜欢使用简单的规则，比如公理2或启发法，它们更易于比较设计选项。这些规则和启发法应该间接地帮助实现利润最大化，但不能保证它们一定会这样做。

③ G. Pahl，W. Beitz，J. Feldhusen，and K. -H. Grote，同前。

在确定一个标准圆柱体工件时需要给出其长度(L)和底圆面的直径(d)。如果可以接受 d 的容差,则只需给出长度应该是多少即可。另外,如果指定的直径尺寸应略小于 d,则需要给出更多具体的说明,同时会对夹具、工装和加工机械方面有更为具体的要求。

信息量的概念看似与信息的复杂性是相同的,它可以用复杂度参数 C_f 来进行表示[1]:

$$C_f = \left[\frac{K}{f}\right](N_p N_t N_i)^{1/3}$$

式中,K 是一个常数;N_p 是零件的数量;N_i 是互联的数量和接口;N_t 是零件的种类;f 是产品应该具备的功能数量。因此,对于一确定功能数量 f 的产品,产品的复杂性随着零件类型和数量的减少及接口数量的减少而降低。

由于可能会有大量的设计可以满足给定的一组 FR,公理 1 和公理 2 可以被重新定义如下[2]。

公理 1:独立公理

备选的描述 1

优化设计始终保持 FR 间的独立性。

备选的描述 2

在一个可接受的设计中,DP 和 FR 是相关联的,可以调整 DP 以满足其相应的 FR 而不影响其他的功能要求。

公理 2:信息公理

备选的描述

最好的设计是含有最少信息的非功能耦合设计。

功能耦合的含义不同于物理耦合,常常被认为是应用公理 2 的必然结果。在同一个零件中集成多个功能,只要保证功能间的相互独立,则往往会降低复杂性。如以压蒜器为例,该产品有两个功能要求。

$(FR)_1 = $ 压榨大蒜

$(FR)_2 = $ 挤压清理

其中一种满足上述功能要求的产品如图 5.4 所示,它利用手柄上的某一组成部分来清理蒜蓉。需要注意的是,功能之间是相互独立的,因此用户可以按任意次序来使用这些功能,尽管这些情况在实际中不会发生。

---

[1] S. Pugh,同前。

[2] N. P. Suh,1990,同前。

图5.4　功能集成的案例:压蒜器的手柄的一部分用于清理蒜蓉

5.1.4　功能分解与公理设计:数学表达式

公理1的简单数学表达式如下所示,功能要求用向量{FR}表示,而设计参数向量用{DP}来表示①。

$$\{FR\} = \begin{Bmatrix} (FR)_1 \\ (FR)_2 \\ (FR)_3 \end{Bmatrix} \text{ 和 } \{DP\} = \begin{Bmatrix} (DP)_1 \\ (DP)_2 \\ (DP)_3 \end{Bmatrix}$$

接下来需要选择正确的设计参数集合DPs,设计公式满足如下等式关系,且其中[A]是一个设计矩阵,如下所示。

$$\{FR\} = \lfloor A \rfloor \{DP\}$$

$$[A] = \begin{bmatrix} A_{11} & A_{12} & \cdots & A_{1n} \\ A_{21} & A_{22} & \cdots & A_{2n} \\ \vdots & \vdots & & \vdots \\ A_{n1} & A_{n2} & \cdots & A_{nn} \end{bmatrix}$$

向量{FR}是设计目标的具体内容,[A]{DP}是如何实现功能要求的具体方式。如上式所述②,FRs的数目和DPs的数目是一致的。而A_{ij}有两种形式:①它们用0或x来表示是否在FRs和DPs之间存在依赖关系,如果存在关系则表示为x,如果没有关系则用0来表示,但并不表示具体的依存关系。②它们呈现具体的关系因为{FR}与{DP}之间的等式关系是确定的。第一种类型的具体案例将在

---

① N. P. Suh,1990,同前。

② N. P. Suh,1990,同前。

5.2.2 节、5.2.4 节和 5.2.6 节中详述。第二种类型的具体案例将在 5.2.3 节论述。

总共有三种设计结果。第一类设计结果满足公理 1 而且它的 $[A]$ 是一个对角矩阵。这类结果被称为非耦合设计。以具有三个功能要求的设计为例,$n=3$ 则其矩阵可表示如下:

$$\begin{Bmatrix} (\text{FR})_1 \\ (\text{FR})_2 \\ (\text{FR})_3 \end{Bmatrix} = \begin{bmatrix} A_{11} & 0 & 0 \\ 0 & A_{22} & 0 \\ 0 & 0 & A_{33} \end{bmatrix} \begin{Bmatrix} (\text{DP})_1 \\ (\text{DP})_2 \\ (\text{DP})_3 \end{Bmatrix}$$

第二类设计结果违背了公理 1,这类设计结果被称为是耦合的,则其设计矩阵如下所示:

$$\begin{Bmatrix} (\text{FR})_1 \\ (\text{FR})_2 \\ (\text{FR})_3 \end{Bmatrix} = \begin{bmatrix} A_{11} & A_{12} & A_{13} \\ A_{21} & A_{22} & A_{23} \\ A_{31} & A_{32} & A_{33} \end{bmatrix} \begin{Bmatrix} (\text{DP})_1 \\ (\text{DP})_2 \\ (\text{DP})_3 \end{Bmatrix}$$

第三类设计结果满足下述矩阵:

$$\begin{Bmatrix} (\text{FR})_1 \\ (\text{FR})_2 \\ (\text{FR})_3 \end{Bmatrix} = \begin{bmatrix} A_{11} & 0 & 0 \\ A_{21} & A_{22} & 0 \\ A_{31} & A_{32} & A_{33} \end{bmatrix} \begin{Bmatrix} (\text{DP})_1 \\ (\text{DP})_2 \\ (\text{DP})_3 \end{Bmatrix}$$

这类的设计结果被称为可解耦的,如果通过合理的安排 DPs 的次序,如上面矩阵所示的那样,则也可以保证功能要求 FRs 之间的独立性。在这种情况下,设计结果是满足公理 1 的,图 5.5 中列出了上述三种类型的设计结果,有关这三种设计结果的案例将在 5.2 节中给出。

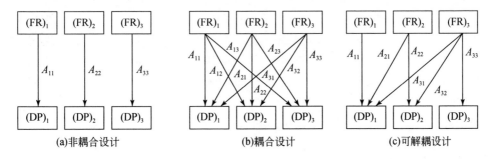

(a)非耦合设计　　　　　(b)耦合设计　　　　　(c)可解耦设计

图 5.5　三类设计结果的图形描述

设计等式必须满足每个层次上的要求。然而,随着层次的不断深入,发现并不是所有的功能要求都有更低的层次。这部分将在 5.2.5 节中论述。虽然在非耦合设计中其功能要求的满足次序在原则上是任意的,但在多数情况下,其较高层次的功能要求可能需要某一特定的次序,相关的案例将在 5.2.4 节中论述。

5.2　功能分解的案例分析

5.2.1　引言

在利用公理设计进行功能分解时要注意以下两点。第一点是要注意公理设计的作用主要体现在产品设计的总体结构和目标,从而判断设计是非耦合设计还是耦合设计。具有清晰层次结果的设计矩阵有助于 IP^2D^2 团队理解、关注并正确提出产品的设计目标(FRs),满足功能要求,进而满足用户需求。第二点是设计参数应该明确具体的物理实施模型,并且清楚最终如何实现。建议尽可能地将 FRs 和 DPs 进行多层次上的分解,并不拘泥于 FR 如何得到满足。这就保证了 FRs 是被真正地以与解决方案中立的形式来进行表述的。最终也会解决 DPs 如何被满足的问题。从这一点上说,在提出相应 DP 的满足方法之前,在更低层次上的 FRs 也会以一种与解决方案中立的形式得到描述。

在具体论述所提出的案例之前,先用一些简单的例子来简要说明耦合设计、可解耦设计及非耦合设计。首先讨论大城市中为居民社区和个人住户提供服务的公用事业:供电、天然气、供水和通信电话线路,它们之间的关系是非耦合的。例如,停电的时候,天然气、供水和通信线路仍会正常供应,如果停水了,则依然可以有天然气、通信线路和电供应。但是对于单个住户,这些公用事业通常是相互耦合的。如果停电了,由于加热水的装置是用电的,也就意味着不能够产生热水了,虽然冷水依旧是有的。如果是在冬天里停电了,则即使天然气供应正常也不能为房子供暖,因为无论是热泵系统还是天然气/燃油驱动的空调系统中的送风机都无法工作。

再回到常见的双调节阀水龙头的案例中。设计该水龙头的目标是通过分别控制冷水和热水来提供具有持续流量及期望温度的水流。根据公理设计的方法,双调节阀水龙头系统的功能要求已在前文中论述。

$(FR)_1$ = 获得水的流速

$(FR)_2$ = 获得水的温度

相应的 DPs 如下所示。

(DP)$_1$=控制冷水的流量

(DP)$_2$=控制热水的流量

该产品的设计等式如下所示。

$$\left\{ \begin{array}{c} (FR)_1 \\ (FR)_2 \end{array} \right\} = \begin{bmatrix} x & x \\ x & x \end{bmatrix} \left\{ \begin{array}{c} (DP)_1 \\ (DP)_2 \end{array} \right\}$$

上述等式描述了人们熟知的事实,那就是为了获得想要的水流和温度,人们必须同时调节热水阀和冷水阀。也就是说,双调节阀水龙头是一个耦合系统。根据公理设计方法,更好的设计方案可以通过对问题情况的重复考虑而不急于确定其如何实现来得到。产品的功能要求不会变化。然后,在不确定具体实现方法的基础上重新定义了产品的 DPs,如下所示。

(DP)$_1$=水流控制装置

(DP)$_2$=水温调节控制装置

物理领域内的解决方案必须满足的是水流应该是持续的,而且,冷水与热水是分开供应的。则设计等式将会变成

$$\left\{ \begin{array}{c} (FR)_1 \\ (FR)_2 \end{array} \right\} = \begin{bmatrix} x & 0 \\ 0 & x \end{bmatrix} \left\{ \begin{array}{c} (DP)_1 \\ (DP)_2 \end{array} \right\}$$

也就是设计的目标是对水温的控制要独立于对水的流量的控制。这也是所有单调节阀水龙头的设计等式。

以惠普的第一种廉价绘图仪为例来说明如何进行功能的分离(解耦)。当时大多数的绘图仪是利用一个绘图笔可在 x 轴和 y 轴方向上移动的结构,也就是将可以在 x 轴和 y 轴上移动的电机与绘图笔装配在一起。由于这一结构很重,它要求更大的电机在纸面上快速移动。惠普认识到了这点,不应该将运动组件组装在笔的组件中。于是,他们决定把纸放在一个轴上,把笔放在另一个轴上。现在,绘图笔只需在纸面上进行左右方向的移动,而纸张需要上下移动。因为纸的质量比较轻只需一个小电机便可以快速地移动它。最终的设计结果是具有更快的绘图功能且价格更低廉的绘图仪。

另一个解耦的案例是文字处理程序中的字符处理能力。在字符的基础上,人们可以单独地改变字体(Arial、Times Roman 等),字符的大小(4 ~ 48 号),以及字符的其他式样如加粗、倾斜或下划线等。

最后一个例子是可以让机组人员从飞行的战斗机中安全地离开的系统。功能要求和事件次序的要求如下。

（FR）= 让一名机组人员安全地离开正在飞行中的飞机

$(FR)_1$ = 启动逃离程序

$(FR)_{11}$ = 启动弹射

$(FR)_{12}$ = 断开机组人员保障系统$(< t_0)$

$(FR)_{13}$ = 获得正确的身体姿势$(< t_y)$

$(FR)_2$ = 机组人员的弹出$(< t_{esc})$

$(FR)_{21}$ = 创造逃生通道

$(FR)_{22}$ = 将机组人员与飞行器分离

$(FR)_{23}$ = 驱动机组人员通过逃生通道

$(FR)_3$ = 在下落过程中保障机组人员

$(FR)_{31}$ = 定向/稳定机组人员

$(FR)_{32}$ = 降低水平速度

$(FR)_{33}$ = 降低垂直速度

相对应的设计参数如下所述。

（DP）= 让一名机组人员安全地离开正在飞行的飞机系统

$(DP)_1$ = 启动出口的方法

$(DP)_{11}$ = 启动弹射的方法

$(DP)_{12}$ = 断开保障系统服务的方法

$(DP)_{13}$ = 机组人员的身体定位

$(DP)_2$ = 弹出机组人员的方法$(< t_{esc})$

$(DP)_{21}$ = 创造逃生通道的方法

$(DP)_{22}$ = 将机组人员与飞行器分离的方法

$(DP)_{23}$ = 驱动机组人员通过逃生通道的方法

$(DP)_3$ = 在下落过程中保障机组人员的方法

$(DP)_{31}$ = 定向/稳定机组人员的方法

$(DP)_{32}$ = 降低水平速度的方法

$(DP)_{33}$ = 降低垂直速度的方法

下文将阐述使用这种方法的几个方面。

5.2.1.1 功能独立性与集成化和模块化

以汽车门为例来说明功能独立性(分割性)与集成化和模块化之间的区别。一个典型的车门包含了车门及开、关和锁定装置,玻璃及其升降系统,以及扬声器和扶手。这些系统本质上都是一个可被独立使用的模块,而与车门的开关状态无关。此外,车门本身提供了结构支撑和对噪声与不良天气的隔离,而且它的外观也会给人带来审美的愉悦。

5.2.1.2 功能要求的表达

应该注意对功能要求的表达方式,避免在对功能要求的描述中无意中隐含了某种解决方法。下文以对同一功能要求的三个版本的描述为例来说明:①"将抛锚的汽车从一个地方拖到另一个地方"。②"将抛锚的汽车从一个地方运送到另一个地方"。③"将抛锚的汽车从一个地方移动到另一个地方"。在第一个版本中的"拖"暗含了拉或是拖的动作。第二个版本暗示了利用装载的方式来运输抛锚的汽车。第三个版本是最中性的,它并没有意味着如何去做。对功能中立于解决方案的描述方法能够对满足功能要求的方案一视同仁,这也是它另外的一个优点。例如下述对设计任务的描述:如何将桥提升进而可以让各种高度的船通过。它更好的一种表述方法是:如何创造一种结构可以让所有高度的船通过。或许更好的解决方法是将桥身旋转,或者是建造一个隧道,或者甚至是将桥身下潜到船身之下。

5.2.1.3 物理耦合

在某些情况下,由于同物理规律产生冲突使得一些功能要求不能被满足,也就是功能要求由于物理的原因而产生功能耦合。例如,对一个传感器提出既要有很宽的频率范围又要具有良好的灵敏度的功能要求是很难实现的。高灵敏度往往要求能够对刺激有高度的反应。假设有一个应变计添加到悬臂梁状结构上来测量其动态力。在这种情况下,该梁的刚度 k 和它的第一固有频率 f_n 有如下关系

$$k \propto \left(\frac{h}{L}\right)^2 \text{和} f_n \propto \frac{h}{L^2}$$

式中,h 表示悬梁结构的高度;L 表示悬梁的长度。如果我们通过选择合适的 h 和 L 来获得一个低的刚度(高灵敏度)同时也会产生较低的 f_n,这就很难同时获得一个更广的频率范围。

5.2.2 案例 1——纸箱胶带打包系统

对于一些中等大小的纸箱如图 5.6 所示。在纸箱到达胶带打包系统之前,它们可能未在水平面上对齐。然而,可以确定的是被密封的边往往是顶部,其方位常

如图5.6中所示。两个侧边(1或3)中的一个最先进入打包系统,这两个侧边(1,3)会被另外两个垂直于它们的侧边(2或4)所覆盖。纸箱通过水平输送装置进入胶带打包系统。纸箱的底部在进入之前就已经被密封。纸箱进入胶带打包系统的间隔并不一致。

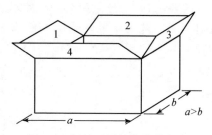

图5.6 纸箱不同部位及其名称

下面要确定出一个设计方程并基于此开发一系列纸箱胶带打包系统。最高的功能层次就是开发出一种纸箱胶带打包系统来满足上一段落中所要求的设计约束。相应的设计参数就是确定一种用胶带粘贴纸箱的方法。下一层次的功能要求也给出了。而功能要求$(FR)_{12}$、$(FR)_{15}$和$(FR)_{16}$则不必再进行下一层次的分解。

$(FR)_{11}$=把纸箱放入系统

$(FR)_{12}$=保证纸箱的方位

$(FR)_{13}$=翻折关闭纸箱的侧边

$(FR)_{14}$=用胶带粘贴纸箱

$(FR)_{15}$=释放纸箱

$(FR)_{16}$=将密封的纸箱从系统中移除

相对应的设计参数如下。

$(DP)_{11}$=把纸箱放入系统的方法或工具

$(DP)_{12}$=保证纸箱方位的方法

$(DP)_{13}$=翻折关闭纸箱侧边的工具

$(DP)_{14}$=胶带粘贴纸箱装置

$(DP)_{15}$=释放纸箱的结构

$(DP)_{16}$=纸箱的移动装置

设计等式如下。

$$\begin{Bmatrix} (\mathrm{FR})_{11} \\ (\mathrm{FR})_{12} \\ (\mathrm{FR})_{13} \\ (\mathrm{FR})_{14} \\ (\mathrm{FR})_{15} \\ (\mathrm{FR})_{16} \end{Bmatrix} = \begin{bmatrix} x & 0 & 0 & 0 & 0 & 0 \\ x & x & 0 & 0 & 0 & 0 \\ x & x & x & 0 & 0 & 0 \\ x & x & x & x & 0 & 0 \\ x & x & x & x & x & 0 \\ x & x & x & x & x & x \end{bmatrix} \begin{Bmatrix} (\mathrm{DP})_{11} \\ (\mathrm{DP})_{12} \\ (\mathrm{DP})_{13} \\ (\mathrm{DP})_{14} \\ (\mathrm{DP})_{15} \\ (\mathrm{DP})_{16} \end{Bmatrix}$$

对于 $(\mathrm{FR})_{11}$ 的更低分解层次的要求如下。

$(\mathrm{FR})_{111}$ = 纸箱的定位

$(\mathrm{FR})_{112}$ = 将一个纸箱拉进系统

相对应的设计参数如下。

$(\mathrm{DP})_{111}$ = 用于完成纸箱定位的装置

$(\mathrm{DP})_{112}$ = 纸箱拉进(向前输送)设备

其设计等式如下。

$$\begin{Bmatrix} (\mathrm{FR})_{111} \\ (\mathrm{FR})_{112} \end{Bmatrix} = \begin{bmatrix} x & 0 \\ x & x \end{bmatrix} \begin{Bmatrix} (\mathrm{DP})_{111} \\ (\mathrm{DP})_{112} \end{Bmatrix}$$

对于 $(\mathrm{FR})_{13}$ 的更低分解层次的要求如下。

$(\mathrm{FR})_{131}$ = 关上侧边 1 并保持

$(\mathrm{FR})_{132}$ = 关上侧边 3 并保持直到侧边 2 或 4 开始关闭

$(\mathrm{FR})_{133}$ = 关上侧边 4 并保持直到胶带打包过程完成

$(\mathrm{FR})_{134}$ = 关上侧边 2 并保持直到胶带打包过程完成

功能分解的目标之一就是要尽可能地减少功能要求的数目。因此,在这种情况下,可以同时完成关闭侧边 1,3 并且也能同时完成关闭侧边 2,4。而且,根据公理 2 完成 $(\mathrm{FR})_{132}$ 和 $(\mathrm{FR})_{133}$ 应该是相同的。因此,上述的功能要求可以调整如下。

$(\mathrm{FR})_{131}$ = 同时关闭侧边 1,3 并且保持,直到侧边 2 和 4 开始关闭。

$(\mathrm{FR})_{132}$ = 同时关闭侧边 2,4 并且保持,直到粘贴密封系统完成。

对应的设计参数如下。

$(\mathrm{DP})_{131}$ = 侧边关闭系统

$(\mathrm{DP})_{132}$ = 侧边关闭系统

设计等式如下。

$$\begin{Bmatrix} (\mathrm{FR})_{131} \\ (\mathrm{FR})_{132} \end{Bmatrix} = \begin{bmatrix} x & 0 \\ x & x \end{bmatrix} \begin{Bmatrix} (\mathrm{DP})_{131} \\ (\mathrm{DP})_{132} \end{Bmatrix}$$

$(\mathrm{FR})_{14}$ 更进一步的分解结果如下。

（FR）$_{141}$ = 用胶带粘贴箱子

（FR）$_{142}$ = 提供胶带

则对应的设计参数如下。

（DP）$_{141}$ = 贴胶带系统装置

（DP）$_{142}$ = 胶带切断装置

设计等式被表示为

$$\begin{Bmatrix} (FR)_{141} \\ (FR)_{142} \end{Bmatrix} = \begin{bmatrix} x & 0 \\ x & x \end{bmatrix} \begin{Bmatrix} (DP)_{141} \\ (DP)_{142} \end{Bmatrix}$$

可以看出上述所有的设计等式都是非耦合的。对功能要求的检查，可以看到一些描述，如"一个纸箱进入……""保证侧边在相应的位置上……""保持侧边直至胶封……"，这些功能要求都包含了相应的约束。可以看出设计参数既没有明确说明也没有暗示功能要求将如何实现；它们仅仅是对所需的设备或系统类型的描述。

根据公理1，整个的胶带封箱系统应该与纸箱移动系统独立。最后，根据胶带贴箱系统是否和箱子有相对位移，或者说胶带贴箱系统是一个静止的系统主要是依靠箱子与它之间的相对运动来完成箱子的胶带粘贴，进而有可能去除（FR）$_{14}$并将其组合到（FR）$_{13}$之中。同时在公理1中也规定了要尽可能地减少独立功能要求的数目，因此后一种方式更可取。

纸箱的胶带封箱系统的分解和映射结果如图5.7所示。

5.2.3 案例2——智能V型弯曲装置[①]

设计目标为利用薄的金属版制造出一种具有固定厚度的弯曲零件。完成这样的设计目标要涉及一些物理规律，这也是该系统被选择为分析案例的原因之一。之前描述的设计目标是该设备最高层次的功能要求。相应的设计参数是能够设计出一个可以产生弯曲零件的装置。选用V型弯曲工艺作为该设备的生产工艺。随后的层次上的功能要求如下。

FR = 不考虑金属原料的材质和其厚度特性的变化，利用金属弯曲工艺产生一个弯曲角，其角度为$\theta_f \pm \Delta\theta_f$。

---

① N. P. Suh, 1990, 同前。

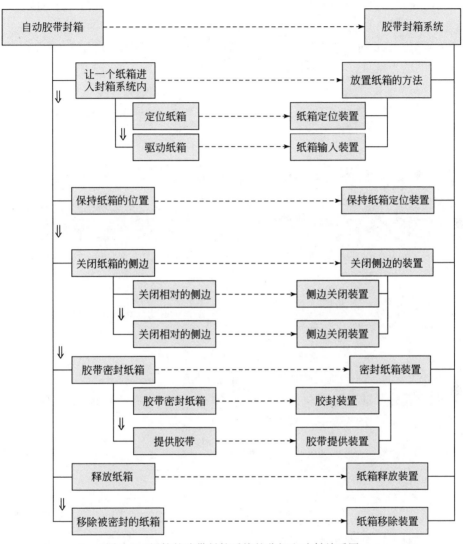

图 5.7　纸箱的胶带封箱系统的分解和映射关系图

相对应的设计参数如下。

DP＝产生和控制弯曲角度的系统

V 型弯曲的过程如图 5.8（a）所示，相应的力矩 M 与弯曲角 θ 之间的关系如图 5.8（b）所示。通过图 5.8（b）可以看出，当力矩 M 足够大时将会令金属板产生永久变形，其相应的弯曲角为 θ_o。对应 θ_o 有与施加力 F_o 相应的位移 X_a。然而，当

力矩 M_o 释放时,存在一定量的回弹量最后得到需要的回弹角度 $\theta_f < \theta_o$。对应 θ_f 的是相应的位移 ΔX_a,这是在作用力下产生的变形量。根据材料力学关系,$X_a \sim \theta \sim F/EI$ 和 $M \sim F$ 之间存在正比例关系,因此有 $M/\theta \sim EI$ 之间的正比例关系,其中 E 是材料的杨氏模量,I 是材料横截面的惯性力矩。

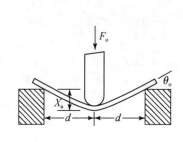 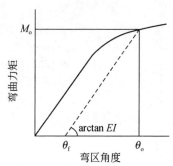

(a) V 型弯曲的几何形状与关系　　　　(b) 弯曲力矩与弯曲角度之间的关系

图 5.8　V 型弯曲

因此,对于一个支撑梁/板间的固定方法,有下列的公式关系:

$$M_o = F_o d/2$$
$$\theta_o = \arctan(X_a/d) \tag{5.1}$$
$$\theta_f = \arctan(\Delta X_a/d)$$

如果我们可以测量 F_o 和 X_a(相应的可知 ΔX_a),则可有控制其变形的方法。根据图 5.8(b)所述的关系有下列关系:

$$\arctan EI = \frac{M_o}{\theta_o - \theta_f} \tag{5.2}$$

根据式(5.1)和式(5.2)可以得到式(5.3)

$$\theta_f = \theta_o - \frac{M_o}{\arctan EI} = \arctan(X_a/d) - \frac{F_o d/2}{\arctan EI} \tag{5.3}$$

通过对上述公式的观察,可以看出存在三个独立的参数:M_o 与施加力 F_o 之间存在一定的比例关系;EI 是材料物理特性和横截面面积之间的一个函数;θ_f 是力矩 M_o 释放之后钢板产生的弯曲角。因此,为获得最终的 θ_f,需要下述三个功能要求:

$$(\text{FR})_1 = M_o \quad (产生力矩)$$

$$(\text{FR})_2 = \theta_o \quad (弯曲并让金属进行变形)$$

$$(\text{FR})_3 = \theta_f \quad (释放并产生最终的弯曲角)$$

在这种情况下,由于公式(5.1)中所述的关系,并不能具体准确地确定设计参数。因此,最后的设计公式变成了:

$$
\begin{Bmatrix} M_o \\ \theta_o \\ \theta_f \end{Bmatrix} = \begin{bmatrix} 1 & 0 & 0 \\ 0 & 1 & 0 \\ 0 & 1 & -1 \end{bmatrix} \begin{Bmatrix} F_o d/2 \\ \arctan(X_a/d) \\ F_o d(2\arctan EI) \end{Bmatrix}
$$

利用下述步骤将实现上述设计公式。在冲压力的作用下,金属板会受到大小为 F'_o 的作用力,并产生位移 X'_a。当冲压力被移除后,测量得到位移 $\Delta X'_a$ 的数值。通过上述测量,利用式(5.1)和式(5.2)可以确定 $\arctan EI$ 的值。可以利用一个缓慢增加的力 F_o 并随时测量 F_o 和 X_a 的值,直到 θ_f 达到设计公式(5.3)中计算所得的值。

5.2.4 案例三——快速冲压换位机构[①]

有些产品是通过冲压床一系列的冲压加工制造而成的。在冲压床上会放置一系列连贯的冲压模具,通过连续的冲压过程,形成零件的最终形状。每个冲压循环中,每个模具中的零件是被同时冲压的。在完成一个冲压循环之后,需要将零件从模具中移动到相邻的下一个工序的模具中。这种在每一个工序之后完成工具移动的装置被称为换位机构。这一机构将每个零件从模具中提升相同的高度并将其移动相同的距离,这一距离被称为腔间距,是指两个相邻模具的中心距。通常,换位机构会跨越模具设置,而且每个模具都有一对相对的抓取装置来实现同步操作。在每个模具上只有抓取装置的形态和其偏移量(从抓取装置到工件的距离)是不同的,这主要取决于每个操作完成后的零件形状。制造原料,通常是一卷金属板,从生产设备的一端输入,成形的(或部分成形的)零件从设备的另一端输出。利用这种加工方法制造的产品主要有汽水易拉罐、门合页和门把手。

一家生产制造换位机构的厂商想通过扩大其装置的腔间距使其能够应用到更大型的零件的生产制造中,如汽车发动机油盘,以此来扩展其业务。该目标产品最高层次的功能要求可以确定为在冲压过程中从一系列的模具中抓取和放置工件。同时需要满足以下设计约束。

要根据冲压动作来规划时间。

① 具体内容请参考文献:L. W. Tsai. E. B. Magrab, and Y. J. Ou, " Just-In-Time Transfer Mechanism," Department of Mechanical Engineering. University of Maryland. Final report to M. S. Willett, Co. , Cockeysville, MD, October 1991。

机构必须由机械装置构成——没有液压、伺服机构或气动装置。

需要能安装在冲床上且长度不超过 4m。

体积要尽可能小,适合安装在冲床的模具旁边。

相应的设计参数是,一种装置可以将工件从每个模具中同时抓取并把它们放置在相邻的模具中。

更低一层次的功能要求可以分解为以下几个。

$(FR)_1 =$ 能紧握工件 10cm、15cm 或 20cm 的部位

$(FR)_2 =$ 能够连续提升工件,且高度在 $6 \sim 10cm$ 的范围内可调

$(FR)_3 =$ 能够将工件向前移动 $(20 \sim 50)cm \pm 0.5mm$ 的距离,且范围可调,并且可以保证每分钟 10 次的速度

$(FR)_4 =$ 在模具内释放工件

$(FR)_5 =$ 将抓取装置复位

相应的设计参数如下。

$(DP)_1 =$ 抓取装置

$(DP)_2 =$ 提升装置

$(DP)_3 =$ 中心距移动装置

$(DP)_4 =$ 释放机构

$(DP)_5 =$ 复位机构

则相应的设计公式如下。

$$
\begin{Bmatrix} (FR)_1 \\ (FR)_2 \\ (FR)_3 \\ (FR)_4 \\ (FR)_5 \end{Bmatrix} = \begin{bmatrix} x & 0 & 0 & 0 & 0 \\ x & x & 0 & 0 & 0 \\ x & x & x & 0 & 0 \\ x & x & x & x & 0 \\ x & x & x & x & x \end{bmatrix} \begin{Bmatrix} (DP)_1 \\ (DP)_2 \\ (DP)_3 \\ (DP)_4 \\ (DP)_5 \end{Bmatrix}
$$

需要注意的是,抓取、提升和中心距移动装置应该是彼此独立的。然而它们又必须以规定的次序来实现动作,因此这是一个可解耦的设计,因为这三个功能要求与另外两个功能要求之间存在着必然的关联。

5.2.5　案例四——石膏板补缝系统

上述三个案例说明了非耦合和可解耦设计。案例四说明耦合设计在有些时候也可以作为设计目标。

在建造住宅内墙时,最常用的一种方法就是用石膏板来铺设,也被称为干砌墙。当石膏板粘贴在墙壁上后,石膏板彼此邻接的地方会有接缝。当石膏板安装到位后,下一阶段的工序就是利用一种复合黏结剂来对石膏板的缝隙进行补位,使墙面看起来像是一个光滑的表面。

干砌墙涂抹工艺可由三个步骤来完成:胶带涂层,块状涂层和脱脂涂层。通常是上一道工序完成后至少要静置 24 小时后再进行下一道工序。传统的安装方法是先将一层复合黏结剂涂抹在干砌墙的连接处,接着利用胶带。胶带能够防止混合物干燥后产生的破裂。当胶带放置于复合黏结剂上时,刮刀将按照接缝的长度来刮磨使胶带嵌入复合黏结剂,并且对其表面进行平整。所用胶带宽度通常为5cm,并以 60m 的长度为一卷。当结合物干燥后,再涂上块状涂层。块状涂层是该工艺的关键填充步骤。在大多数情况下,随着块状涂层的干燥,往往会被打磨出一个半光亮的表面。接下来的脱脂涂层是利用一种稍稀释的化合物溶液来完成涂覆。当这种化合物干燥时会收缩进而可以填充由气泡产生的孔,所以脱脂涂层用于平整墙表面。脱脂涂覆的范围要比直接连接的区域更为广泛,能够使连接处和干砌墙的其他部位平整光滑。

设计目标是开发一种装置,可以在一个动作中完成干砌墙修整工作的第一步。将复合黏结剂与胶带同时涂覆在干砌墙的接缝中并且形成一个光滑的表面。功能要求的关键词是"同时地",它要求当胶带被涂覆的同时,化合物也要适量地进行涂覆。

该设计过程更详细的功能分解如下。

$(FR)_1$=装载并提供复合黏结剂

$(FR)_2$=装载并提供胶带

$(FR)_3$=同时将复合黏结剂和胶带涂覆并且平整墙面

$(FR)_4$=卸载胶带

$(FR)_5$=卸载复合黏结剂

相对应的设计参数如下。

$(DP)_1$=复合黏结剂的装填系统

$(DP)_2$=胶带的支撑装置

$(DP)_3$=胶带和复合黏结剂的涂覆装置

$(DP)_4$=胶带的卸载装置

$(DP)_5$=复合黏结剂的清除装置

其中功能要求$(FR)_3$还可被进一步分解如下。

$(FR)_{31}$=同时涂覆胶带和复合黏结剂

（FR）$_{32}$＝把复合黏结剂提供给涂覆器

（FR）$_{33}$＝将复合黏结剂混合均匀

（FR）$_{34}$＝将复合黏结剂和胶带光滑地涂覆在墙上

（FR）$_{35}$＝将胶带从胶带盘上分离

对应的设计参数如下。

（DP）$_{31}$＝胶带涂覆装置

（DP）$_{32}$＝将复合黏结剂在系统内进行传输

（DP）$_{33}$＝复合黏结剂的涂覆装置

（DP）$_{34}$＝用于抹平胶带和复合黏结剂的应用装置

（DP）$_{35}$＝胶带的切断装置

设计公式如下。

$$\begin{Bmatrix} (FR)_{31} \\ (FR)_{32} \\ (FR)_{33} \\ (FR)_{34} \\ (FR)_{35} \end{Bmatrix} = \begin{Bmatrix} x & x & 0 & 0 & 0 \\ x & x & 0 & 0 & 0 \\ 0 & x & x & 0 & 0 \\ x & 0 & 0 & x & 0 \\ x & 0 & 0 & x & x \end{Bmatrix} \begin{Bmatrix} (DP)_{31} \\ (DP)_{32} \\ (DP)_{33} \\ (DP)_{34} \\ (DP)_{35} \end{Bmatrix}$$

一些满足设计公式中所述设计参数的方案见表6.4。

如果不再强调胶带和复合黏结剂同时涂覆的功能要求,则需要重新构造设计公式。在这种情况下,（FR）$_{31}$将不再同（DP）$_{32}$进行耦合,最后得到的设计公式如下所示。

$$\begin{Bmatrix} (FR)_{32} \\ (FR)_{33} \\ (FR)_{31} \\ (FR)_{34} \\ (FR)_{35} \end{Bmatrix} = \begin{Bmatrix} x & 0 & 0 & 0 & 0 \\ x & x & 0 & 0 & 0 \\ 0 & 0 & x & 0 & 0 \\ 0 & 0 & x & x & 0 \\ 0 & 0 & x & x & x \end{Bmatrix} \begin{Bmatrix} (DP)_{32} \\ (DP)_{33} \\ (DP)_{31} \\ (DP)_{34} \\ (DP)_{35} \end{Bmatrix}$$

可以产生下列的独立设计公式。

$$\begin{Bmatrix} (FR)_{32} \\ (FR)_{33} \end{Bmatrix} = \begin{Bmatrix} x & 0 \\ x & x \end{Bmatrix} \begin{Bmatrix} (DP)_{32} \\ (DP)_{33} \end{Bmatrix}$$

和

$$\begin{Bmatrix} (FR)_{31} \\ (FR)_{34} \\ (FR)_{35} \end{Bmatrix} = \begin{Bmatrix} x & 0 & 0 \\ x & x & 0 \\ x & x & x \end{Bmatrix} \begin{Bmatrix} (DP)_{31} \\ (DP)_{34} \\ (DP)_{35} \end{Bmatrix}$$

从上述内容可以看出,涂覆胶带和涂覆复合黏结剂的两个功能确实是彼此非耦合的。因此,两个分离且非耦合的装置可以满足上述设计公式:其中复合黏结剂用一个,胶带用另一个。

5.2.6 案例五——钢架连接工具

几十年来,木结构建筑一直主导着建筑行业。但是,随着木材成本的增加,使得家居建筑行业试图寻找替代材料和方法来降低成本。自 20 世纪 90 年代初以来,薄壁规格的钢立筋已成为木材的替代品。如图 5.9 所示,钢立筋是一种由冷轧钢构成的 C 型梁。其中非承重部分的材料厚度从 0.45mm 到 0.68mm,结构立筋的厚度从 0.83mm 到 1.09mm,拖梁和横梁的厚度从 1.09mm 到 1.37mm。钢材与木材相比,其优势在于强度稳定、可以抗白蚁并具有耐火性。钢材的一个缺点是高导热性。

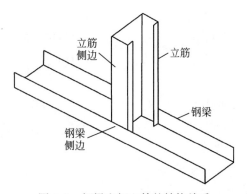

图 5.9 钢梁和钢立筋的结构关系

当前保证钢梁和钢立筋之间的连接是通过自攻螺丝,利用便携式电动螺丝刀来连接。但是当螺丝通过钢梁侧边的时候会有推离钢立筋的趋势,因此工程师会首先将这两个元件夹持在一起。夹具放置,拧紧和夹具移除需要大约 25 秒完成。应该设计出一种类似于电动/气动钉枪的快速便携式工具,不会产生使用疲劳,同时能够保证可以提供一个与当前使用螺丝连接一样牢靠的连接方法。第二点要考虑的是当连接位置错误时,能够进行拆卸。

最主要的功能要求是设计一种可以抵抗 2000N 的分离力的连接钢梁与钢立筋的装置,并且只需 5 秒可以完成连接。相对应的设计参数是一种用于连接钢梁与钢立筋的工具,其分解后的主要功能要求如下。

$(FR)_1 =$ 保持钢梁与钢立筋的侧边位置

$(FR)_2 =$ 手动定位/定位工具

$(FR)_3 =$ 执行一个连接操作

$(FR)_4 =$ 手动移除/拆解工具

相应的设计参数如下。

$(DP)_1 =$ 保持钢梁与钢立筋的侧边位置的方法

$(DP)_2 =$ 提供工具的结构

$(DP)_3 =$ 连接钢梁和钢立筋的方法

$(DP)_4 =$ 分离/拆解钢梁和钢立筋的工具

根据所选择的紧固方法来决定功能要求$(FR)_1$是否存在。在当前的利用螺丝固定的方法中，需要利用钳子。第四个功能要求提醒人们，如果在连接过程中使用了夹紧类型的动作，那么在移除工具之前必须首先分离。

则设计公式如下。

$$\begin{Bmatrix} (FR)_1 \\ (FR)_2 \\ (FR)_3 \\ (FR)_4 \end{Bmatrix} = \begin{Bmatrix} x & 0 & 0 & 0 \\ x & x & 0 & 0 \\ x & x & x & 0 \\ x & x & x & x \end{Bmatrix} \begin{Bmatrix} (DP)_1 \\ (DP)_2 \\ (DP)_3 \\ (DP)_4 \end{Bmatrix}$$

功能要求$(FR)_2$和$(FR)_3$可以进一步分解，对于$(FR)_2$其分解结果如下。

$(FR)_{21} =$ 提供工具元件的支撑结构

$(FR)_{22} =$ 提供使用者的握持部位

$(FR)_{23} =$ 为使用者提供保护

相应的设计参数如下。

$(DP)_{21} =$ 工具结构

$(DP)_{22} =$ 握持工具端

$(DP)_{23} =$ 保护使用者的手段

对于功能要求$(FR)_3$，进一步的分解结果如下。

$(FR)_{31} =$ 产生能量

$(FR)_{32} =$ 将能量传递到工作元件上

$(FR)_{33} =$ 完成连接

$(FR)_{34} =$ 断开连接/释放的能量来源

相应的设计参数如下。

$(DP)_{31} =$ 产生能量的方法

$(DP)_{32}$ = 将能量传递到紧固系统上的方法

$(DP)_{33}$ = 连接钢梁和钢立筋的方法

$(DP)_{34}$ = 产生断开连接/拆卸/移除工件能量的方法

对于 $(FR)_3$,设计等式如下。

$$\begin{Bmatrix} (FR)_{31} \\ (FR)_{32} \\ (FR)_{33} \\ (FR)_{34} \end{Bmatrix} = \begin{Bmatrix} x & 0 & 0 & 0 \\ x & x & 0 & 0 \\ x & x & x & 0 \\ x & x & x & x \end{Bmatrix} \begin{Bmatrix} (DP)_{31} \\ (DP)_{32} \\ (DP)_{33} \\ (DP)_{34} \end{Bmatrix}$$

更多该案例的相关内容将在 6.4 节中介绍。

第6章 | 产品概念和实例

本章介绍了几种技术,可用于获取和评估候选产品概念,并将其转换为满足用户需求的物质产品。

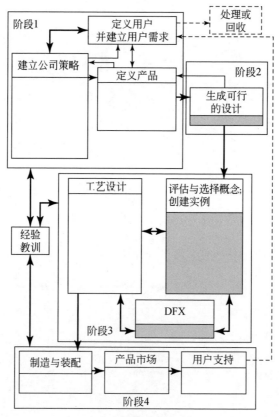

本章主要内容框架图

6.1 引　言

　　本章介绍了可用于形成最广泛的系列潜在解决方案的技术,以满足层次结构中各层次的各种功能需求。然后,根据各种方案如何满足重要条款以及质量屋中记录的最重要的用户要求,介绍一种方法来评估各种解决方案。评估的目的是确保提出的方案既满足功能需求,同时也满足用户的要求和对功能需求的限制。

　　在第 5 章中,公理化方法作为进行功能分解的一种手段被引入。在这种方法中,产品是满足最高等级功能需求的物理实体。在层次结构中较低的层次上,可以将设计参数视为模块,组件或单元,其目的是满足其相应的功能需求。由5.1.2 节可知,与每个物理实体相对应,有一个概念(具体原理、方法或手段)用于满足指定的功能需求。人们通过三个阶段来达到产品的最终形式:①概念生成和评估。②功能单元相对于彼此的配置(空间关系)以及每个单元组件的配置的确定。③确定在其组成单元中使用的概念的物理形式(实例)及其最合适的配置。第二阶段和第三阶段通常以重叠、整合和迭代的方式进行。

　　该过程的最后阶段决定了每个物理实体在每个层次上所采用的物理形式,这一阶段要考虑许多方面,并可能影响之前研究确定的配置。可能影响最终实施的例子如下:保持温度敏感模块不受发热的影响;满足规定的安全要求;满足美学和人体工程学要求,如平衡和表面抓握;满足特定技术的某些固有限制,如尺寸和形状;满足强度要求;为装配、拆卸和服务提供便利;满足可生产性要求以便使用特定的制造工艺;获得运营效益。

　　下面以一般便携式吹风机为例来说明概念、配置和实施方式之间的区别及它们对彼此的影响。功能要求非常简单:吸入空气,加热空气,并以定向流方式排出空气。设计方程如下。

$$\begin{Bmatrix} 吸入空气 \\ 烘干空气 \\ 排出空气 \end{Bmatrix} = \begin{bmatrix} x & 0 & 0 \\ x & x & 0 \\ x & x & x \end{bmatrix} \begin{Bmatrix} 吸入空气的方法 \\ 烘干空气的方法 \\ 排出空气的方法 \end{Bmatrix}$$

　　可以执行这些任务的多种系统为多数人熟悉。在图 6.1 中,来自不同制造商的几种不同的配置和实施方案得以展示。整体形状、风扇类型、进气口的位置和形状、加热元件的形状和尺寸均不同。五个实例都具有相同的功能模块:电操作加热元件、电动机、风扇、容纳和支撑模块的壳体(结构)以及壳体中用于进气和排出(加热的)空气的开口。然而,每个加热元件的实施方案,从电元件本身的形状(弯曲的金属丝或像弹簧一样盘绕),到元件在空间的取向,再到元件在加热模块内被支撑的方式，都有所不同。

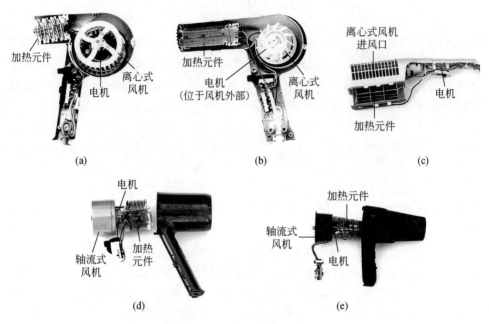

图 6.1　五款便携式吹风机实例
(a)~(c)采用离心式风机，(d)和(e)采用轴流式风机。

这里有三台吹风机配有离心式风机[图 6.1(a)~图 6.1(c)]，另外两台配有轴流式风机[图 6.1(d)，图 6.1(e)]。每个带离心式风机的干燥机都有一个不同形状的风扇。此外，带离心式风机的进气口位于机箱侧面，而带轴流式风机的进气口位于后部。五台吹风机中有三台的电机配置不同。带有轴流式风机的吹风机其电机与空气流向一致，而在带有离心式风机的吹风机中，电机垂直于空气流向。另外，有一款带离心式风机的吹风机[图 6.1(b)]，其电机位于风机叶片的外部。

6.1.1　初始可用性分析

在设计的概念评估过程中，我们必须确定重要的性能属性和对功能需求施加的主要限制是否可以由该概念得到满足，以此来确定所提出的解决方案（概念）是否可行。快速获得所需性能指标数量级的能力是防止 IP²D² 团队追求不可行或不切实际的解决方案所必需的。但是，在评估过程的这个阶段，后包络分析方法就足够了。这里有几种方法可以用来执行这种类型的计算。第一种方法是 IP^2D^2 团队的一个或多个成员有足够的知识来完成这些计算。第二种方法是让团队参考适当的手册找到能够完成快速计算的基本公式(工程的几乎所有方面似乎都有一本手册)。第三种方法要归功于恩里科·费米①。一般来说,费米的问题解决方法需要了解问题陈述中并未提及的事实。但是,如果将问题分解为子问题,每个子问题都可以在没有专家或参考书的帮助下进行答复,那么我们可以获得一个非常接近于准确解决方案的估计方案。例如,假设人们想要在没有查阅地球周长的情况下确定周长的数值。据了解,纽约和洛杉矶之间相距约 5000km,两个海岸之间的时差为 3h。这 3h 相当于一天的 1/8,一天是地球完成一次自转的时间。因此,它的周长为 $8\times5000 = 40\ 000$km,答案与赤道周长的真实值 39 843km 只有不到 0.4% 的差距。

费米的意图是要表明,虽然答案的起始数量级是未知的,但我们可以根据不同的假设进行处理,仍然能够获得接近答案的估计值。原因在于,在任何一串计算中,错误往往会相互抵消,使得最终结果会收敛到正确的数值。

6.1.2　估算实例1

我们现在通过估算几个性能参数来说明我们的意思,即估算在 5.2.5 节中所描述的干式贴墙系统所需要的接缝混合物的量、分配的速率以及分配所需要的力。如果我们假设一个房间的平均尺寸是 3.6m×4.8m ×2.4m,每块干墙是1.2m×2.4m,则需要约 20 张。如果每张纸都需要有接合剂施加到其一个短边和一个长边上,则每张纸需要 3.6m 的胶带和接合剂。因此,整个房间需要 72m 的胶带。如果胶带宽 63mm,接缝复合物将以 3.2mm 厚的一层施加,则完成一个房间需要的总量为 0.015m³,或约 15 L。此外,如果完成一条 2.4m 的缝隙需要 15s,接缝复合物必须能以 32.3cm³/s(240×6.3×0.32/15)的速度流动。接头复合物在通过3.2mm× 63mm 的孔口时维持该流量的受力约为 1.6N/cm。该值是通过确定速度为 16cm/s 并且假定接缝复合物的黏度为 1000N·s/m² 而得到的。

6.1.3　估算实例2

在某些情况下,可以使用现有数据来评估候选概念是否值得深入开发。让我

① H. C. Von Baeyer, *The Fermi Solution*, Random House, Inc., New York, 1993。

们假设我们想制造一辆效率非常高、排放量非常低、加速度非常高的电子运动汽车①。我们需要将这个想法与竞争技术进行比较。我们所使用的度量标准是油井到车轮的能源效率和油井到车轮的CO_2排放量。汽车能源效率被认为是指定汽车的 EPA 里程数与在泵上生产 1L 汽油所需能量的比值。这个能量值必须考虑用于生产燃料和将燃料输送到其分配点(例如,加油站)所消耗的能量。考虑到这一点,这会使可用能量减少 18.3%。对于全电动汽车来说,能量取决于汽车行驶1km,电池充电所需的能量(W·h),由于充放电损耗约为 14%,因此必须降低该值。另外,电源插座的最佳效率约为 52.5%。电动汽车的CO_2排放量是由那些发电厂产生的。我们对柴油发动机、混合动力系统、天然气发动机和氢燃料电池系统也进行了类似估算,结果如表 6.1 所示。从这些指标可以看出,电动汽车似乎很有前景。

表 6.1　不同汽车发动机的效率、二氧化碳排放和加速度对比

发动机类型	二氧化碳排放(g/km)	发动机效率(km/MJ)	加速度(0~96km/h)(s)
电动(特斯拉系列)	46.1	1.14	3.9
天然气(本田 CNG)	166.0	0.32	12.0
柴油(大众捷达)	152.7	0.48	11.0
汽油(本田思域 VX)	141.7	0.51	9.4
混合动力(丰田普锐斯)	130.4	0.56	10.3
氢燃料电池(本田 FCX)	151.7	0.35	15.8

a 数据来自 Eberhard and M. Tarpenning,同前。

6.2　概念生成与方案探索

6.2.1　介绍

这里有几种已被提出来促进创意产生的正式和非正式的方法。我们在 2.4.2

---

① M. Eberhard and M. Tarpenning, *The 21st Century Electric Car*, Tesla Motors Inc. , 2006. http://www. teslamotors. com/。

节中介绍了几种方法:转换、随机输入、为什么和反向规划策略。其他方法是共同研讨法和概念图法①。我们要讨论的主要是在 2.4.2 节中介绍的头脑风暴;在 6.2.2 节中介绍的形态分析;在 6.2.3 节中介绍 的 TRIZ;以及在 6.2.4 节中介绍的生物启发思想。

6.2.1.1　产生想法的一般活动

在信息收集阶段和各种竞争产品已经经过测试、分析与拆除的技术竞争力评估阶段,团队成员可能会有一些想法。有时还可以通过在美国专利局的数据库网站 http://www. uspto. gov 上搜索获得其他想法。他们的数据库可以通过广泛的属性进行搜索,包括专利名称、编号、发明人、受让人、发布日期和关键字。思想的其他来源可以在设计新闻的网站 http://www. designnews. com/和机械设计网站 http://machinedesign. com/中找到。用网络搜索"设计大奖"会出现库珀·休伊特,财富,商业周刊和研发杂志的年度评选结果。这些是来自不同组织的评判们所确定的今年最好的搜索结果。最后,研发杂志每年发布 100 个研究和开发奖项,这些奖项可以在 http:// www. rdmag. com/awards. html 找到。

6.2.1.2　来自于头脑风暴的想法

在头脑风暴中,一些人可能会使用一些能够触发想法的短语。从实际意义出发,我们展示一些由下面词汇所引出的例子,包括放大、适应、组合、修改、开发另一个用途以及其中一些用途的组合。首先,我们介绍放大的第一个例子。自清洁烤箱的工作原理是,将 260℃ 左右的最高烹饪温度提高(放大)到 400℃ 左右,即使食物颗粒和水滴变为灰分的温度。放大的另一个例子是图 6.2 中展示的购物车。这里的车轮是非常大的厚管自行车车轮。车轮的大尺寸(放大)带来两个优点:①车轮的位置使得手推车中的载荷趋向于非常接近车轮的车轴,这使得用户在使用时只需要很小的力即可将支脚抬离地面。②大轮子使得手推车非常稳定,并且易于在不规则和柔软的地形上行驶。

为了说明适应,以住宅家用层压安全性玻璃的使用为例。在分析了佛罗里达州南部飓风安德鲁造成的损害后,调查人员发现大量的损坏是由飞行碎片造成的。南佛罗里达州现在正在考虑修改其建筑法规,要求建造的房屋其窗户必须能够承

---

① 关于这些方法的讨论见 K. Otto and K. Wood, *Product Design: Techniques in Reverse Engineering and New Product Development*, Prentice Hall, Upper Saddle River, NJ, 2001, Chapter 10; G. E. Dieter and L. C. Schmidt, *Engineering Design*, 4th ed. , McGraw Hill, New York, 2009, Chapter 6。

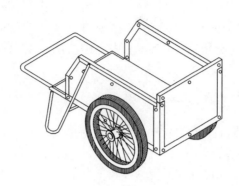

图6.2　放大运用的实例:一辆轮子非常大的手推车

受2英寸×4英寸(约5cm×10cm,1英寸=2.54cm),以160km/h速度运动的木螺栓的冲击。一些类似于汽车挡风玻璃的夹层玻璃已经能够满足这种条件。这种窗户的另外一个好处便是可以提高家庭安全性。

为了说明功能的结合(集成),请考虑图5.4、图6.3和图6.4中展示的产品。在图5.4中,我们展示了一台压蒜器,其中用于清洁(去除)大蒜的模块是一个手柄的组成部分。在图6.3中,我们展示了一个不可拆卸的婴儿游乐围栏,其中婴儿游乐围栏的底板也作为其便携箱。这些功能的组合是可能的,因为其中每项独立功能都不需要同时执行。在图6.4中,我们展示了将声学消声器集成到运用Bernoulli原理产生真空的结构铸件中。当所示的开口端用平板密封时,空腔起到声学过滤器的作用。我们在11.5.2节对本产品进行进一步分析。老年人经常使用的助行架可作为另一个结合的例子。同时,可以为助行架配置一个座位和一个篮子,并且助行架的作用不会发生变化[1]。我们的最后一个例子,考虑一件带轮子的行李箱。人们可以购买一个可折叠婴儿座椅安装在行李箱上[2]。将设备用于他途的一个例子是利用手持式电池供电的激光指示器,讲师经常用它来突出强调光学投影图像上的物体。

在某些情况下,产品是通过利用完全不同的方式思考其应用而创建的。以爬行器为例,它是一个低轮平台,用于人员在车辆下工作时支撑身体。这些装置上最昂贵的部件是轮子,当使用爬行器时,轮子总倾向于落入地板的裂缝中或遇到螺栓或工具时转向。一种新的设计产生了,新设计使用压缩空气代替了车轮,装置可以

---

[1]　例如,参见 http://www.hugoanywhere.com/products.asp。

[2]　http://www.rideoncarryon.com/。

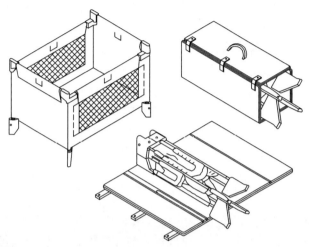

图 6.3   功能结合的实例:一个儿童的便携式游乐围栏,其中的底板也是游乐围栏的手提箱

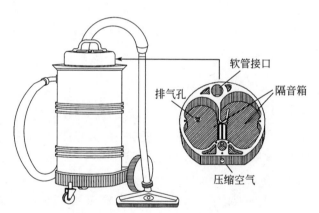

图 6.4   功能结合的实例:声学消声器和气动真空吸尘器结构的结合

注:11.5.2 节中亦有此例。

在汽车维修店里充足气,它可以创造一个类似气垫船的平台①。它具有的附加优点是,当爬行器到达所需的位置时,空气被切断,装置落到地面上,可在理想位置提供一个固定的工作平台。

　　近年来,一些轮胎制造商提供了在速度不超过 1000km/h 情况下可以"平稳运行"的充气轮胎。米其林也生产了类似功能的轮胎;然而他们首先讨论了不需要

---

①   http://www.davisoninternational.com/successes/hover_creeper.php。

空气的解决方案,并使用了不同的方案。其结果是称为 TWEEL 的无空气模制轮胎①。它由四个结合在一起的部件组成:轮毂,聚氨酯轮辐部分,围绕辐条的"剪切带"和胎面带。该轮胎几乎可以免维护、防刺穿,比子午线轮胎具有更长的使用寿命,具有可用于翻新的重复使用的结构,并且具有更高的抗冲击性和抗路面冲击性。目前该种轮胎的缺点是噪声大,滚动摩擦比子午线轮胎高 5% 左右,并且与传统轮胎一样重。最初,轮胎设计销售给军事和工程车辆。其他新颖解决方案的例子包括自立式帐篷②,赛格威个人运输车③,在一个电梯井中使用两个电梯轿厢④及使用可更换燃料和电池盒作为能源的 Paslode 无绳钉钉工具⑤。

6.2.1.3　来自于简化事物的想法

在产品的功能和物理属性的概念生成过程中,将简化作为一个目标,有时会导致对产品有不同的观察角度,并且可能提供额外的想法。从某种意义上讲,简单性就是消除明显性并增加意义⑥。实现简单性的一些方法如下:①在简单性和复杂性之间寻求平衡——越复杂的东西使用起来越需要简单。②组织其内容,使其显得较少。③常识可以使事情比它们看起来更简单。但我们应该认识到,有些事情不能变得更简单。

6.2.1.4　众包:消费者是灵感的来源⑦

在某些情况下,人们已经发现消费者可以成为产品创意的来源。这种类型的用户参与被称为"以用户为中心的创新",其中一部分被称为"众包"。众包是一种互联网支持的业务趋势,企业可以让业余爱好者在业余时间设计产品。另外,以用户为中心的创新通常涉及特定的用户群体,他们开发或改进该群体感兴趣的产品,例如开放式软件和风帆冲浪设备。这些团体向制造商提供他们的需求,他们期望的产品以及对这些产品的改进意见。然后制造商根据这些意见并为他们的市场创造产品。

---

① 例如,参见 http://www.gizmag.com/go/3603/。

② http://seconds.quechua.com/index.php5#home/。

③ www.segway.com。

④ http://www.thyssenkruppelevator.com/。

⑤ http://www.paslode-cordless.com/。

⑥ J. Maeda, *The Laws of Simplicity*: http://lawsofsimplicity.com/category/laws? order=ASC。

⑦ P. Boution, "Crowdsourcing: Consumers and Creators," *Business Week*, July 13, 2008; http://www.businessweek.com/innovate/content/jul2006/id20060713_755844.htm。

以用户为中心的创新和众包是通过互联网,运用大量人员来帮助完成同一任务的趋势的一部分①。Innocentive 网站通过这种方式已经成功解决了 250 个挑战,提供的奖金在 10 000 ~ 25 000 美元。他们取得的一些成就包括用于皮肤美黑的化合物,防止零食挤碎的方法以及用于制砖的小型挤压机。在 2008 年初,价值 10 000 000 美元的被称为"X"的奖项为了一个这样的团队而设立②,该小组可以向市场推出一款汽车,该汽车的发动机具有 100 英里/加仑[约 42.5km/L,1 加仑(美制)= 3.785 43L]的油耗,这是一种人们想购买的汽车,并且具有可以满足市场需求的价格、容量、安全性和其他性能。

6.2.2　形态学方法

相比于随意地产生想法,首先通过组织一般搜索空间来构建概念生成过程有时会更有效,其目的是找到满足每个功能需求的所有可能的解决方案,形态学方法即是如此,其目标是为每个功能需求找到理论上所有可能的解决方案。理论方案用来表达这些方案在没有评估的情况下和与其他方案进行比较的情况下所满足的功能需求。与头脑风暴一样,评估发生在已经确定不能再产生其他解决方案之后;也就是说,在尽可能多的解决方案生成并分类之后。"理论"解决方案集由任何满足每个功能需求的解决方案组合构成。

在从形态学练习生成解决方案时,应该认识到,所选择的组合可以具有许多不同的实施方案。例如,假设设计任务是为一个人创造一种交通方式。一种可能的组合方式是,在系统运动时使人员站立,能源驱动的电动机,以及用于引起系统移动的电缆。这种组合可以描述为旧金山的缆车、滑雪场的拖车或电梯。

形态学方法可以用几种方法实现。一种方法是用物理原理对解决方案进行分类,然后确定可以运用这些原则的实施方案。以储存能量的需求为例,能量可以通过机械、电、热或液压的方式来储存,在每个类别中,能量可以以不同的方式存储。例如,机械能可储存在弹簧中或者围绕固定轴旋转或沿斜面滚动的轮(圆柱体)中;电能可以储存在电池和电容中;热能可以储存在热的固体、液体或气体中;液压能量可以储存在具有一定高度(势能)的液体中。概念探索的另一个例子可以通过金属去除来说明。在表 6.2 中,我们列出了几个概念以及利用

① C. Dean, "If You Have a Problem, Ask Everyone," *New York Times*, July 22, 2008; http://www. nytimes. com/2008/07/22/science/22inno. html? scp = 1&sq = ask% 20everyone&st = cse。

② http://www. progressiveautoxprize. org/。

这些概念的工具的示例。

表 6.2　金属切削概念及其使用刀具

概念	工具
机械	—
刚性	铣床,车床
易弯曲	带锯
可研磨	研磨机
液体	喷水器
气体	乙炔炬,等离子体
化学	蚀刻
光学	激光
电气科学	电火花加工

虽然不同的解决方案原则会产生具有不同功能性的产品来满足功能需求,但它们可能共享了大量类似的组件,并且在外观上看起来相同。例如,汽车发动机。除了燃油类型和火花塞的情况外,汽油发动机和柴油发动机在外观、结构、主要部件、燃油喷射和润滑系统方面都非常相似。但是,就重量、安全性、可靠性和某些性能特征而言,不同发动机之间存在差异。

为了进一步说明可以使用形态学的各种方法,我们以下面的实例来说明。第一个例子,我们考虑了可以将黏合剂应用到地毯背面的所有方式。在这种情况下,令人感兴趣的是在涂胶器分配黏合剂的过程中,黏合剂穿过地毯或地毯穿过涂胶器的方式。涂胶器和地毯的单独运动可能是以下任何一种:静止的(无运动)、平移、旋转、摆动、旋转和平移、旋转和摆动,以及摆动和平移。这里给出了地毯和涂胶器运动方式的49种不同组合。除了这些组合之外,还需要确定涂胶器的数量、位置和形状。

假设人们想使用电机产生具有特定行程、力和/或速度的线性运动。图6.5展示了运用不同原理并可用于满足这些要求的机械设备的代表类型。

再举一个例子,一个乘骑式草坪割草机,该草坪割草机将被改进以防止小孩子的使用,并降低此类事故伤害的严重程度。任何旨在优化或最小化此问题的解决方案都必须符合以下条件:安全特性必须适合产品线的现有平台;不得对割草机的

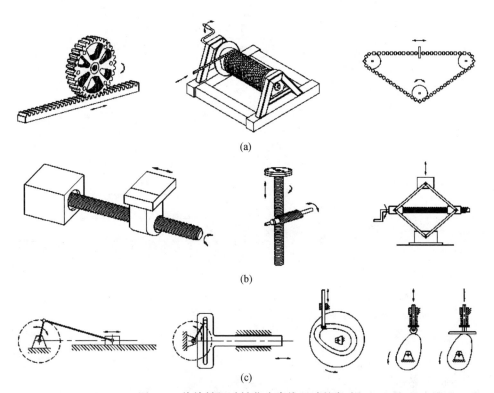

图 6.5　将旋转运动转化为直线运动的方法

割草性能产生不利影响;添加的改进设备不会使割草机的成本显著增加;修改本身不得对割草机的整体安全性产生不利影响;将要采用的手段必须是可靠的,并且不容易失效。表 6.3 对可能的解决方案或解决方案组合的形态进行了总结。在评估这些概念时,所述条件也可以作为评估标准。

表 6.3　防止儿童使用割草机和降低伤害程度而重新设计割草机的概念形态

提高操作员和受害者的意识			
降低噪声和震动	警告受害者	警告操作者	反向联动装置
电动马达	指示灯	错误	枢轴座反向接合
阻尼板的震动	警报声	视频显示	反向速度缓慢
消声器		指示灯	阀座后置杠杆保持刀片反转
进气口		警报声	

续表

防止叶片接触		
限制使用	感应受害者	使用不同的割草方法
格栅/光栅平行于叶片	雷达	类似树篱修剪机
围裙	红外线	类似电动剃须刀
	声呐	激光
	线偏正光束	水射流
	倾斜传感器	旁热式灯丝
	机械跳闸开关	链/绳/带
		类似刨丝器
		橡胶/塑料叶片

受害者保护措施	
物理障碍	制动方式
铰接式保险杠	机械制动
铰接式的"触角"	电磁制动
支撑受害者的"凹斗"	引擎制动
后轮抬离地面	抛锚式制动
夹板独立于叶片高度	阻断叶片制动
电围网	

　　我们的最后一个例子是5.2.5节中描述的干式贴墙系统和5.2.6节描述的钢筋混凝土连接系统。头脑风暴产生了表6.4和表6.5中所示的候选概念，其中还展示了表示信息的两种方式。表6.5中给出的表述用于生成草图既不容易也不切实际的情况。我们应该认识到，虽然各种概念已被列为独立量，但在试图获得候选概念时，可能会将其中的许多概念结合起来。例如，在表6.5中的$(FR)_{32}$中，考虑由凸轮带动启动并由电动机驱动的活塞是合理的。原则上，每种产品的解决方案都可以通过在各自的表格中获取每行的一个概念或概念组合来获得。由于表6.4中大约有2700种组合，表6.5中有400 000种组合，即使只检查一小部分也是不切实际的。我们在6.4节中介绍了一种方法，可以让设计人员有效地进行系统评估。

表6.4　5.2.5节干墙胶带系统中设计参数的几个概念

设计参数	概念					
给带方式	11 胶带	12 胶带	13 胶带	14 胶带		
接合剂 移动方式	21 齿轮	22 螺旋	23 波纹	24 摩擦	25 活塞	26 气压
接合剂 进给方式	31 喷涂	22 滴	33 槽孔	34 黏性切边		
胶带和接合 剂涂墙方式	41 金属片	42 毛刷	43 滚筒	44 刀片		
滚筒断胶 方式	51 旋转轮	52 旋转叶片	53 移动叶片	54 撕扯	55 带电电线	56 化学	57 激光

表 6.5 5.2.6 中满足参考功能要求的钢螺栓和轨道连接系统的几个设计参数概念

功能要求 1 (保持螺栓和 轨道的位置)	功能要求 22 (提供用户控制)	功能要求 31 (发电)	功能要求 32 (将能量转化为 工作元素)	功能要求 33 (连接)
机械夹具	单手式	电	机械	机械变形
C 型夹	活塞	交流电	连杆机构	做出凹痕
大力钳	把手	电池	曲柄滑块	钉
偏心轮(凸轮)	螺丝刀	热	链/皮带传动	点
楔形物	手锯/雪铲	气体膨胀	齿轮和轴	"V"
杠杆	双手式	双金属效应	凸轮	金属缝合(穿孔
弹簧夹	自行车	火力	螺杆驱动	和弯曲)
钳子	柱塞(双手在一	太阳能	杠杆	机械夹紧
虎钳	杆上)	机械	电动机械	夹子
手持	并行	压缩弹簧	磁致伸缩	自冲
磁铁	垂直(如冲击钻)	旋转飞轮	压电	螺钉
黏结剂		磁力	螺线管	钉子
插入楔块,以扩展螺		气动	活塞	自冲后变形
柱法兰		液压	气动	订书钉
轨道法兰之间的压		爆炸	液动	钉子
紧螺栓			机械	空心金属穿孔
			马达	预钻
			交流/直流	螺栓、螺母
			线性	卡夹连接
			电弧	铆钉
			热	黏结剂
			气压	胶水
			液压	胶带
				热
				焊锡
				铜焊
				焊接(弧,阻力,
				气体)

6. 2. 3   TRIZ[①②③]

最近一种称为 TRIZ 的非常有用的方法被开发出来,以帮助人们在概念阶段获得工程设计问题的解决方案。TRIZ 是一个俄语缩写,其翻译为发明问题解决理论。这是根里奇·阿奇舒勒(1926—1998)为解决技术问题而开发的定性手段。阿奇舒勒在 20 世纪 40 年代初开始了这个项目,到 20 世纪 80 年代末,他和一个组建得较为松散的志愿工程师和院士团队分析了超过 100 万项专利。从这些分析中,他确定解决技术问题的关键是消除解决方案竞争方面的矛盾(冲突);也就是说,一个理想的解决方案是可以在不做任何折中的情况下得到的。在研究这些专利时,阿奇舒勒能够推断出以下内容。首先,他确定了 39 个标准技术特征来描述冲突的起因。他把这些标准技术特征称为工程参数。其次,他确定了 40 项原则来解决这些冲突。这些原则被列于表 6.6。

表 6.6   寻求良好的工程解决方案中的一般 TRIZ 冲突解决原则

1. 分割。将零件拆分成多个单独的零件。

例子:笔记本电脑,多级火箭,组合沙发,杯形蛋糕与蛋糕,覆草式草坪割草机与装袋式割草机,模块化家具,云计算,遮光窗帘与百叶窗,卡车与牵引式挂车,链条与电缆。

2. 分离(删除,提取)。分离或删除对象中的必要部分,或从对象中分离或删除不必要的部分。

例子:空气轴承,气垫船,家用中央吸尘器(降噪),潜水钟与潜艇。

3. 局部质量。改变产品的结构或局部环境,以使产品的每个部分在该环境中更好地运行或更好地满足某个功能。

例子:淬火或退火金属,带橡皮的铅笔,套筒扳手,为延长使用寿命并降低噪声而带双层胎面的轮胎。

4. 改变对称性。将对称形状改变为不对称形状或增加现有不对称性。

例子:眼镜不对称以纠正散光,可供战机同时起飞和着陆的航空母舰的主甲板,浮标(加权基础以恢复直立位置),油漆搅拌机(不均衡质量以产生振动幅度),水泥搅拌机,齿轮上的带键轴。

5. 合并(结合,联合,组合,整合)。合并或暂时合并相同或相似的对象以执行并行或连续的任务。

例子:结合电子设备进行集中冷却,集成电路,磁带录音机上的读/写磁头,作为电视机一部分的 DVD 播放器,由多个较小的火箭发动机组成的火箭发动机,带有较小框架玻璃的窗户,互联网,质量光谱仪。

---

① K. Rantanen and E. Domb, *Simplified TRIZ*, 2nd ed. , Auerbach Publications, Boca Raton, FL, 2008, Chapter 10。

② M. A. Orloff, *Inventive Thinking through TRIZ:A Practical Guide*, Springer, Berlin, 2003, Appendix 4。

③ "TRIZ 40 Principles," http://www. triz40. com/aff_Principles. htm。

6. 普遍性(多功能)。执行几个功能并消除冗余对象。

例子:活动扳手,门把手,AM/FM 收音机,含牙线的牙膏帽,带轮子和伸缩手柄的行李箱,带相机和显示屏的手机。

7. 嵌套。将一个或多个物体相互嵌套在彼此之中,或让一个物体穿过另一个物体的空腔。

例子:望远镜,无线电天线,指针,双壳船,量杯,铅笔,钢笔,包装,液压驱动电梯的升降机构,可调自行车座椅,可伸缩座椅安全带,飞机起落架。

8. 重量补偿(配重)。用外部施加的重量或外部施加的力来补偿物体的重量,如气动升力或浮力。

例子:飞艇,救生衣,塔式起重机,油田泵,高"重力加速度"级飞行模拟器离心机,轮胎平衡,内燃机气门弹簧,利用水翼升力将船抬出水面的船只。

9. 预加反作用。估计对象会产生有害作用,提前准备一个初始相反作用。

例子:轮流存下高速公路和铁轨轨迹,在浇筑混凝土之前拉伸钢筋以形成钢筋混凝土梁,厨房排气扇,自清洁烤箱,在拍摄 X 光时使用铅围裙,在绘画前使用遮蔽胶带。

10. 预操作。在需要某操作之前,执行所需的操作或安排对象,以便可以立即执行所需的操作。

例子:预制房屋,网状铸件加工,经过穿孔的一卷邮票,经过加压处理的木材,预先消毒的医疗器械,在即时制造环境中放置的材料。

11. 预补偿(预先保护)。为低可靠性物体预先提供安全防护措施。

例子:安全气囊,电气保险丝和断路器,灭火器,紧急出口,汽车防抱死制动系统,救生衣,救生艇,热水器泄压阀,接地故障检测器插座,降落伞。

12. 等势性。改变条件,使物体不受诸如重力场等潜在势场的影响。

例子:汽车维修坑,装卸码头,机器的电气接地,可在桌面使用的工厂用品,连接建筑物的高架行人通道,运河闸。

13. 反向行动(相反的解决方案,其他方式)。采取与规定操作相反的操作;加热改为冷却,活动改为静止,旋转方向,上下颠倒,扩大而不是收缩,水平改为垂直等。

例子:轨道与跑步机,鼠标与触摸板,铰链门与旋转门,搅拌器(顶部装载)洗衣机与滚筒(前部装载)洗衣机,铣床(工具旋转)与车床(工件旋转),自动人行道与固定人行道。

14. 曲面化(球形,增加曲率)。将直线转换为曲面,将平面转换为球面,将立方体或平行六面体转换为球面,将直线运动转换为曲面或旋转运动。使用滚筒、球、螺旋和圆顶。

例子:滚动脚轮与球形脚轮,平屋顶结构与网格穹顶结构,平坦表面与波纹表面,玻璃板摄影与胶片,圆锯与链锯,液压千斤顶与螺旋千斤顶。

15. 动态化(动态部分)。利用物体的灵活性或相对移动来找到最佳的操作条件。

例子:具有可调角度的飞机机翼,发光信息交通标志,充气轮胎(替代实心轮胎),跳板与固定平台,固定焦距相机镜头与可变焦距镜头,滑雪板,可调节式转向柱,灵活的钻头。

16. 未达到或超过的作用。当100%的目标太难实现时,尝试稍微未达到或稍微超过预期效果的做法。

例子:模板印刷,素描与工程制图,在包装上穿孔,过度填充然后找平。

17. 维数变化(转变到另一维度)。改变物体的维数,重新定位或重新定向物体,使用物体给定表面的背面,对物体进行多层排列或从相对平坦的对象转换为完整的三维对象。

例子:以一定角度固定的绘图台,高层车库,高速公路立交桥和地下通道,自卸卡车,三轴铣床到四轴或五轴一体机,双面电路板。

18. 机械振动(振荡)。通过机械、空气动力学、流体动力学、磁力或压电方式使物体产生振动。

例子:超声波牙科清洁技术,火灾报警器,空气扬声器,油漆搅拌器,振动传送带和零件送料器,主动降噪技术,气锤。

19. 周期性作用。将连续运动改为间歇运动,间歇运动可以是周期性的;如果间歇运动已经是周期性的,改变周期或工作周期。

例子:持续光线与闪烁光线,冲击钻,声音连续的警笛与声音颤动的警笛,打桩机,使用变频电流的点焊机。

20. 有效作用的连续性。各部分在满负荷或最大功率的情况下完成操作而不会中断。在操作过程中避免空转。

例子:发电涡轮机,造纸厂,炼油厂,在回程中打印的喷墨打印机,在即时制造设施中进行的生产活动,不间断的飞行活动。

21. 快速行动(冲过去,跳过,快速跳跃)。尽可能快地完成较为或极度危险,冒险或破坏性的操作。

例子:在热量堆积导致塑料变形前进行快速切割,使用短时间曝光的 X 光胶片,通过系统共振进行加速以达到操作速度。

22. 变有害为有益(将损坏转化为有用;"变相祝福";"将柠檬变成柠檬水")。利用对环境或周围环境的有害影响来达到有用的效果。将有害影响与其他有害影响相结合以抵消影响,或放大影响直至不再有害。

例子:利用余热发电,将报纸变成猫砂,制造回火以控制森林火灾。

23. 引入反馈或改变现有反馈以改进操作。

例子:汽车的稳定性和防抱死制动系统,统计过程控制,恒温加热/冷却系统,降噪耳机。

24. 中介(中介物,媒介物)。利用一个物体将动作传递或传送给另一个物体,或将一个易于分离的物体与另一个物体暂时接合。

例子:汽车上的转向助力装置,印制电路板生产中的掩模,齿轮传动装置,锅垫,模具和夹具,刹车片。

25. 自服务。物体具有辅助和修理功能,并能够重新利用废弃能源和材料。

例子:利用发动机冷却系统的热量加热汽车内饰,自密封充气轮胎,在用户完成后自动冲洗的小便器,由车辆驱动的交通信号灯。

26. 复制。使用价格低廉的复制品、副本或昂贵、复杂、无法获得和易碎对象的简化版本。

例子:模拟碰撞测试的有限元程序,快速原型设计,航拍照片的测量,碰撞测试假人,医学成像设备,演出的 CD 录制,战斗模拟器。

27. 廉价的耗材(用于替代昂贵、耐用物体的廉价短期物体)。用低成本、不耐用的物体代替昂贵、耐用的物体。

例子:医疗用品,手机,保险丝,纸和塑料餐具,尿布,轴衬,纸质咖啡过滤器。

28. 替代手段(机械系统的替代)。用声学、光学和嗅觉替代机械方案;使用电、磁或电磁进行交互;用动态字段替换静态字段。

例子:磁流变流体阻尼器,混合动力汽车发动机,微波炉,激光打印机(静电荷),电子宠物围栏,让天然气具有气味的含硫化合物,磁悬浮列车,CD播放器,激光加工,静电空气过滤器。

29. 气动和水力学。用气体或液体替换固体部件。

例子:液压升降机,空气轴承,充气筏,室内网结构,水床,鞋垫,空气弹簧,水射流切割。

30. 柔性壳体和薄膜(柔性壳/盖和薄膜)。使用柔性膜代替刚性结构,并用薄膜将物体与外部环境隔离。

例子:游泳池上的防水布,地板上的聚氨酯,温室,帐篷,食品保鲜膜,气球,具有安全玻璃的防水层,家用防潮防水保鲜膜,平屋顶橡胶膜,汽车外部的可拆卸面板。

31. 多孔材料。使物体多孔或通过插入增加多孔元素;如果物体已是多孔的,则用有用物质填充这些孔。

例子:充油的粉末冶金零件,海绵,过滤器,使用蜂窝结构来减轻重量。

32. 光学特性变化(颜色变化)。改变物体或其周围环境的颜色、光照或透明度。

例子:石蕊试纸,在风洞试验中引入空气中的"烟雾",照相暗室中的红灯,自动变黑的太阳镜和窗户,食品包装,标志,肉色绷带,迷彩服,情绪照明装置,模拟自然光的灯泡。

33. 同质性。使物体与和给定物体采用相同或者相近材料制造的物体进行交互。

例子:啮合齿轮,电触点,可食用食物容器(如冰淇淋蛋筒、馄饨),液体创可贴,帮助骨头再生的生物活性玻璃。

34. 丢弃和恢复(废弃和部件更新,废弃和部件再生)。零件在完成使用任务后,便不再被需要。零件被丢弃(修改、蒸发、溶解、变形),并在运行过程中被替换。

例子:燃料耗尽后的助推火箭的分离,含药物的胶囊,自清洁电动剃须刀,可生物降解的包装,工业制造过程中所用水的回收和净化。

35. 改变聚合状态(参数变化)。改变物体的物理状态(固体、液体、气体)、稠度(黏度)、浓度、弹性(伪状态)、温度、化学反应。

例子:液态输送气体,烘焙蛋糕,生物材料的低温储存,液体肥皂与皂条,暖手器(放热反应),还未涂巧克力糖皮的冷冻糖果芯。

36. 相变。使用诸如体积和热损失或吸收等与相变相关的属性。

例子:热泵,冷冻水的膨胀,灭火器,炸药,喷雾泡沫绝缘材料,等离子切割机。

37. 热膨胀。利用物体的热膨胀或收缩,或者使用具有不同热膨胀系数的材料。

例子:恒温器中的双金属元件,温度计,同心圆柱体中的压缩配件(冷却的内圆柱体和热的外圆柱体)。

38. 加速强氧化(强氧化剂)。用富氧空气或纯氧替换空气,或者使用电离氧与臭氧。

例子:用于潜水罐的氮-氧混合气体,氧-乙炔焊炬,氧气炼钢。

39. 惰性介质(惰性环境)。用惰性环境替换正常环境,使用真空或使用惰性添加剂。

例子:氮气飞艇,氩弧焊,灯泡,药品(大多数药片/胶囊由惰性成分组成),驱虫剂(大部分溶液由惰性成分组成)。

40. 复合材料。用复合材料替代均质材料。

例子:飞机外表面,游艇,高尔夫球杆和网球拍,钢筋混凝土。

以上介绍了几个运用这些原理的例子①。表6.7列出了39个工程参数,与每个原则和每个参数相对应的数字都是TRIZ方法的组成部分,这在后面会有介绍。

表6.7 用于确定矛盾的工程参数

编号	参数	编号	参数
1	运动物体的重量	21	功率
2	静止物体的重量	22	能量损失
3	运动物体的长度	23	物质损失
4	静止物体的长度	24	信息损失
5	运动物体的面积	25	时间损失
6	静止物体的面积	26	物质或事物的数量
7	运动物体的体积	27	可靠性
8	静止物体的体积	28	测试精度
9	速度	29	制造精度
10	力	30	影响物体的有害因素
11	应力或压力	31	物体产生的有害因素
12	形状	32	可制造性
13	物体的稳定性	33	使用便利性
14	强度	34	可维修性
15	运动物体的作用时间	35	适应性及多样性
16	静止物体的作用时间	36	装置的复杂性
17	温度	37	控制的复杂性
18	光照强度	38	自动化程度
19	运动物体的能量	39	生产率
20	静止物体的能量		

40个发明原理和39个工程参数构成了TRIZ方法的主要部分,该方法将这两个表结合起来构成一个冲突矩阵。(冲突矩阵在这里并没有给出,它可以在前面引用的参考文献中找到)。冲突矩阵是一个具有39行和39列的数组,行和列的编号都是从1到39。每一个行号和列号都对应于表6.7中所示的编号参数。列号指的是冲突的恶化方面,行号是指冲突的改善方面。在每个单元格中,可能会有一个数字、两个数字、三个数字、四个数字或没有数字。这些数字中的每一个都对应于表6.6中列出的发明原理,然后我们可以利用对应的原理寻找解决冲突的方案。这些原理可以用来解决竞争需求之间的冲突。也就是说,这样可以降低必须做出

---

① 更多TRIZ原理的例子见 http://www.mazur.net/triz/。

的折中的影响。但是，这些原理并非都适用。此外，单元格中没有出现的原理可能会更有用。原因在于这些都是过去用来解决冲突最常用的原理。另外，当单元格中没有数字时，我们应该仔细研究所有的 40 个原理。

现在，我们将论述如何使用 TRIZ 解决问题①。首先从表 6.7 中选择一个与待改进属性最接近的工程参数，并记录与之相关的数字，记为 N_1。然后从表 6.7 中选择一个当参数 N_1 得到改善时会恶化的特性最接近的工程参数。我们将这个参数表示为 N_2；N_2 是冲突参数。然后在由定义的矛盾矩阵中进入单元格行 N_1 和列 N_2。例如，如果想要使容器的圆柱形壁更薄，则从表 6.7 中选择参数编号为 4，即 $N_1 = 4$。但是，当壁厚减小时，应力增加。因此，从表中选择参数 11，即 $N_2 = 11$。查阅冲突矩阵，我们会发现 $(4,11)$ 单元格包含数字 1、14 和 35。这些数字指的是在这个特定例子中可以运用的原理，我们可以运用这些原理得出一个解决方案，以同时满足这些冲突参数。由于这些原理的运用，人们可能会将圆柱形壁改为波纹形（由原理 14 启发）或使用强度更高的材料（受原理 35 的启发）。

在许多情况下，可以将这些原理分组来解决四种主要类型的冲突②。为了解决具有空间属性的冲突问题，我们可以借助以下原则。

(2)分离，(4)改变对称性，(6)普遍性，(7)嵌套，(14)曲面化，(17)维数变化，(18)机械振动，(26)复制，(29)气动和水力学，(30)柔性壳体和薄膜。

可以用来解决具有时间属性的冲突的原理如下。

(5)合并，(9)预加反作用，(10)预操作，(11)预补偿，(15)动态化，(19)周期性作用，(20)有效作用的连续性，(21)快速行动，(24)中介。

可以用来解决具有结构性质的冲突的原理如下。

(1)分割，(3)局部质量，(5)合并，(13)反向行动，(24)中介，(34)丢弃和恢复。

可以用来解决具有物质性质的冲突的原理如下。

(25)自服务，(27)廉价的耗材，(28)替代手段，(31)多孔材料，(33)同质性，(35)参数变化，(36)相变，(37)热膨胀，(38)强氧化剂，(39)惰性介质，(40)复合材料。

6.2.4 生物启发设计方案③

在前面的章节中，我们介绍了可以用来获得满足功能要求的解决方案的各种

---

① TRIZ 方法也用于软件工程，描述见 http://www.creaxinnovation suite.com/index.htm 和 http://www.ideationtriz.com/software.asp。

② M. A. Orloff，同前。

③ 见章后参考文献。

方法：技术竞争力评估，专利检索，形态学方法和 TRIZ。不可否认，每种方法都间接地将搜索空间限制在物理世界中。在本小节中，我们将展示可以在自然界找到的另一个大的创意来源。不难看出，大自然的解决方案通常是针对特定环境的最佳解决方案，并且具有高能效，高性能和多功能的特点。我们将举例说明，在研究各种各样的生物实体时，我们会发现来自材料学、几何学、传感器、信号处理、适应性和运动学的想法。

自然界有许多奇特的兽类、昆虫、爬行动物、鸟类和植物，这些生物经过数百万年的进化而生存下来。这些生命系统能够产生能量，感知环境，执行复杂的运动，运输材料，消散热量并进行交流。多年来的研究表明，在某些情况下，自然界生物执行功能的方法与表 6.8 所示的一样完美。因此，工程师们开始从自然界寻找解决方案。事实上，多年来，人们利用来自自然界的灵感，已经开发了几种成功的产品，表 6.9 列出了其中的一些。

表 6.8　自然界独特解决方案的例子

壁虎可以倒立行走。

蜂鸟可以盘旋并可以向上、向下和向后飞行。

迁徙的蝗虫可以连续飞行 9h。

一只 32kg 的章鱼可以穿过一个直径 40mm 的孔。

抹香鲸可以潜到 1.5km 的深度。

距离红木树底部 110m 的树叶可以从其根部获取水分。

白蚁可以建造比它们自身高度高 2 500 倍的柱子。

金鹰可以从 3.2km 外看清楚 18cm 的物体。

狗的鼻子可以检测到超过 10 000 种不同的气味。

硬鳞鱼的形状提供了非常低的阻力系数（<0.06）。

鱿鱼、章鱼和墨鱼可以伪装成几乎看不见的点[a]。

企鹅羽毛互锁以提供优异的绝热性能来防寒和防风。

拉断蜘蛛丝需要的通量是拉断 Kevlar 纤维的 3 倍，比钢铁要多 100 倍。

a　J. C. Anderson, R. J. Baddeley, D. Osorio, N. Shashar, C. W. Tyler, V. S. Ramachandran, A. C. Crook, and R. T. Hanlon, Modular organization of adaptive colouration in flounder and cuttlefish revealed by independent component analysis, *Computation in Neural Systems*, Vol. 14. Issue 2, 2003, pp. 321-333。

表 6.9 受自然启发的商业产品

灵感来源	产品
植物毛刺种子囊	尼龙搭扣
莲叶上的蜡晶[a]	巴斯夫莲藕效应表面防水防污剂
木蠹虫幼虫(针茅)[b]	链锯牙
蚂蚁[c]	双压电晶片马达
自然流动效率转化为流线型几何结构[d]	PAX 的风扇和混合器显著提高了性能与效率

a Lotus:http://nanotechweb. org/cws/article/tech/16392。

b 由 Joe Cox 发现,其于 1947 年建立 Oregon Chain Saw Mfg. Co。

c http://www. piezomotor. se/pages/PLtechnology. html。

d http://www. paxscientific. com/Index. html。

然而,自然界创造的实体与人类制造的产品之间存在重要的差异[①]。当然,自然界并不使用金属,而是使用属性随空间变化的材料。大自然使用曲面,而人类大多数使用与其他平面呈直角的平面。许多自然界的实体在预定的位置弯曲、扭曲和拉伸,而人工产品是僵硬的,并相对于彼此旋转和滑动。在自然界中,拖拽通过灵活的、可重构结构来减少。而人类制造的工件则是流线型的固定形状。在自然界中,动植物利用力学优势,减小力而延长距离,人类则缩短距离而放大力。自然界的生物制造出比它们大的艺术品,而人类的工厂却使这些艺术品相形见绌。

有一系列或简单或复杂的方法可检验从自然界中借鉴的解决方案,方法的选择取决于方案需要满足的功能要求。在表 6.10 中,我们根据几个功能需求列出了自然界的解决方案。以机器人设计的情况为例。机器人通常被设计用于在特定的环境中执行导航、运动和操纵任务。这些任务的典型特征是所需的自由度和预期运动的数量。因此,生物学的灵感来源可以限定在相似环境中执行类似运动的动物身上。表 6.11 给出了各种潜在生物学创意来源的清单。

在更普遍的应用中,确定激发灵感的生物学来源更具挑战性。一种方法是将设计任务分解为以下三个方面[②]:感知、驱动和结构。对于每个区域,都需要对生物启发源进行搜索。表 6.12 给出了这种传感器搜索的代表性结果,表 6.13 给出了结构的搜索结果。

---

① S. Vogel, *Cats' Paws and Catapults*, Norton, New York, 1998, pp. 289-291。

② 这方面的进展见期刊 *Bioinspiration and Biomimetics*。

表6.10　满足不同功能需求的自然界的解决方案

功能需求	大自然的解决方案
移动迅速	在土地上:猎豹(冲刺:115km/h) 在空中:雨燕(飞行速度:170km/h)、蜻蜓(飞行昆虫:58km/h) 在水中:游隼(潜水:160~320km/h)、旗鱼(跃入跃出水面的平均速度:110km/h)
提升物体	大象(1000kg) 犀牛甲虫(自身重量的850倍)
跳远	袋鼠(10m) 跳蚤(自身长度的200倍)
飞跃高度	跳蚤(自身长度的150倍) 美洲狮(5.4m)
滑翔路程	松鼠(195m)
粉碎	蛇 龙虾螯

表6.11　被用于全新机器人开发的多种自然界的运动技术

生物灵感[a]	运动类型或特征
有腿的生物 　四足动物,蜘蛛,蟑螂,螃蟹,龙虾	在不规则的地形上稳定而快速地向前移动
蛇	侧面波动,手风琴似的运动,直线运动,侧面缠绕
尺蠖	从两端伸出并拉动
蚯蚓	拉伸和收缩
墨鱼,喷瓜,贻贝	喷气推进
海豚皮肤(柔顺)和形状,鲨鱼皮(粗糙)和形状	由于形状和较少的阻力在水下高速游动
金枪鱼	较高的水下速度和良好的机动性

a 一些源于生物灵感的原型例子如下。

1)蟑螂—http://biorobots.cwru.edu/projects/onrprojects.htm。

2)六条腿的生物—http://www-robotics.jpl.nasa.gov/tasks/taskImage.cfm? TaskID=30&tdaID=2585&Image = 144。

3)蟑螂—http://www-cdr.stanford.edu/biomimetics/sprawImedia/sprawl-media.html。

4)龙虾—http://www.biology.neu.edu/faculty03/initiatives/neurobiology.html。

5)蛇和蜘蛛–inspired—http://www.isi.edu/robots/conro/。

6)蛇—http://download.srv.cs.cmu.edu/~biorobotics/robots_quad.html。

7)金枪鱼—http://web.mit.edu/towtank/www/Tuna/tuma.html。

8)螃蟹—http://www.bath.ac.uk/news/2008/3/18/crabrobot.html。

表 6.12 自然界生物使用传感器的例子

信鸽在脑和颅骨之间有磁性材料,这种材料可以作为磁场探测器[a]。

一种嵌入蝎子每条腿的最后一个关节中的神经元素,可用来感测沙子表面波引起的振动。蝎子通过在每个关节处感测的来波时间,从而确定波的方向[b]。

蝙蝠和海豚的高空间分辨率声呐回声定位。

谷仓猫头鹰耳朵的形状和具有特殊神经功能的头部,为猫头鹰提供了出色的外部声音定位功能。

某些鱼的侧线上的毛细胞可以检测水流[c]。

蟋蟀的外部毛发可以检测到气流的微小变化,以感知捕食者的接近。

a C. Walcott, J. L. Gould, and J. L. Kirschvink, Pigeons have magnets, *Science*, Vol. 205, September 1979, pp. 1027-1029。

b P. H. Brownell and J. L. van Hemmen, Vibration sensitivity and a computational theory for prey-localizing behavior in sand scorpions, *American Zoologist*, Vol. 41, 2001, pp. 1229-1240。

c Z. Fan, Chen J. Zou, D. Bullen, C. Liu, and F. Delcomyn, Design and fabrication of artificial lateral line flow sensors, *J. Micromechanics and Microengineering*, Vol. 12, No. 5, 2002. pp. 655-661。

表 6.13 自然界中不同的结构

生物启发	重要特性的描述
竹子	环加强管
鸟骨	多孔,且具有高强度与重量比
海草	蜂窝夹层结构
睡莲(王莲)	肋板结构(一般直径为2m)
水仙花	由于阀杆的弯曲和扭转挠性增加了结构的完整性
鲍鱼壳[a]	很难打破
植物叶和花	可展结构
捕蝇草[b]	具有曲率水弹性能够创建双稳态系统
琵琶鱼嘴	类似机械的下颚,允许鱼类吞食两倍于其大小的猎物
飞蛾	吸音的毛发和柔软层阻碍了蝙蝠的回声定位

a Z. Tang, N. A. Kotov, S. Magonov, and B. Ozturk, Nanostructured artificial nacre, *Nature Materials*, Vol. 2, 2003, pp. 413-418。

b A. G. Volkov, T. Adesina, V. S. Markin, and E. Jananov, Kinetics and mechanism of *Dionaea muscipula* trap closing, *Plant Physiology*, February 2008, Vol. 146, pp. 694-702。

6.3　产品模块化和结构

产品模块化已经在不同的领域发展起来。根据每个人不同的观点,对模块化的定义略有差别。为了解决这些意义的细微差别,我们在一个观点的背景下提出了以下五个定义①。

1)组件共性是指将模块作为需要使用组件的标准套件,在一些应用中,每次使用几个组件。

2)组件组合性是指从给定集合中抽取组件,进行混合和匹配。

3)功能组合是指满足各种整体功能的机器,装配件和组件的设计是通过不同构件块或模块的组合来实现的。

4)接口标准化是指一组描述两个对象相互作用的设计参数;然而,对于与接口连接的模块的定义,我们还有很大自由度。

5)松散的耦合是指一种有效地划分系统的方式,这意味着应该在模块中嵌入一定程度的复杂性;也就是说,太多简单的模块可能会形成一个复杂或低效的系统。

由公理化方法确定的模块,往往会缩短开发设计时间,因为即使不是全部的模块,大多数模块可以或多或少进行相互独立的开发,前提条件是 FRs(功能需求)要么非耦合要么耦合。然而,在有些情况下,由于模块必须相互连接,因此成本可能会增加。与缩短上市时间所带来的好处相比,这些成本的影响往往微不足道。另外,模块化可以让我们在不需要重新进行设计的情况下改变、维护和改进整体功能。这些变化可以通过产品升级,产品附件(如计算机大容量存储设备),适应(如汽油发动机转换成丙烷发动机),磨损(如轮胎、刹车片),消耗(如更换电池和复印机碳粉盒)以及产品灵活性(如相机镜头更换)等方面的改进来实现。因此,模块化生产的运用可以简化日程安排并缩短交货日期,更容易装配,在新产品中继续使用某些模块,更容易维修和维护,以及提高备件的可用性。

在分解功能需求的过程中,产品的结构(布局)也是间接创建的,因为满足结构要求的模块/单元也满足功能需求。换句话说,各个模块的空间分布决定了产品的结构。每个模块都有一个相关接口,可能需要利用接口将其与另一个模块连接。另外,每个模块都可能存在与其开发相关的技术风险(回想图4.1中质量屋的区域10)。因此,有几个问题需要解决:模块的集中和位置,接口和技术风险。这些决策都对产

---

① F. Salvador,"Toward a Product System Modularity Construct:Literature Review and Reconceptualization." *IEEE Transactions on Engineering Management*,Vol. 54. No. 2,May 2007,pp. 219-240。

品的开发速度有重要影响,并且会影响 IP^2D^2 团队在产品实现过程中的自主权。

模块化还可以生成各种产品模型,而不会增加产品的复杂性和制造成本;也就是说,它使大规模定制成为可能①。面向产品和服务的大规模定制,共有六种类型的模块化。

(1)组件共享模块化

组件共享模块化。通过在多个产品间使用相同的组件来产生范围经济。这种类型的模块化允许低成本提供各种各样的产品和服务。其净效应是减少不同部件的数量,从而降低产品众多的生产线的成本。在不同的车型中使用相同的汽车发动机就是一个例子。另一个例子是百得公司的充电电池组,该电池组是为了该公司的多种便携式电动工具而设计的。多功能锯、打磨机、手动真空(hand vacuum)、变速钻、手电筒和螺丝刀等产品均可采用该电池组。

(2)组件交换模块化

组件交换模块化。是组件共享模块化的补充。在该方法中,不同的组件与相同的基本产品配对。保龄球要根据购买者的手来钻孔,T恤衫熨上客户单独选择的贴花,眼镜镜片,都是该方法运用的实例。

(3)裁剪模块化

裁剪模块化。是其中一个或多个组件在规定的范围内连续变化。衣服和沙拉自助柜就是例子。

(4)混合模块化

混合模块化。可以使用上述三种模块化方法中的任何一种,这样当模块组合在一起时,它们就形成不同的模块。典型的例子便是那些取决于配方的产品,例如食品、化学品、油漆和肥料。

(5)总线模块化

总线模块化。使用标准结构来连接不同类型的组件(模块)。例如,计算机I/O总线、轨道照明和自行车车架。

只要每个组件通过标准接口与另一个组件连接,可组合模块化便允许任意数量的不同类型的组件以任意方式配置。乐高积木(玩具)和模块化办公分区面板就是该模块化方法运用的实例。

产品结构示例如图6.1所示,图中展示了各种样式的吹风机。通过图片可以看到,各个部件的位置是所选特定型号风扇的函数。可看到进气口和排气口的位置在哪,以及装置是如何引导加热空气的流动方向的。

---

① B. J. Pine Ⅱ, *Mass Customization: The New Frontier in Business Competition*, Harvard Business Press, Boston, MA, 1993。

模块可能需要接口将它们与其他模块连接。例如,带有变速器的发动机的曲轴、计算机终端等。使用正确的接口连接方法可以缩短开发周期。这样做意味着需要设计稳定、可靠、标准和简单的接口。由于各个模块应该同时设计,因此必须在产品实现过程早期便定义接口并防止接口设计的变化。

选择合适接口的另一原则是尽可能使用标准接口。标准接口所具有的优势在于设计者和供应商已经熟悉它们。自行车作为标准化接口的一个例子,座椅、手柄、车轮、轮胎、踏板和踏板曲柄臂均有一个标准的连接方法。这样自行车就可以从许多不同厂家生产的产品中定制。

在系统设计过程中,必须对每个模块的技术风险程度做出决定。将技术风险集中于少数的几个模块是最好的做法。此外,具有风险技术的模块往往是通信密集型的,它们的设计者必须经常与其他模块的设计者进行沟通。将风险限定在一个或两个模块能最大限度地减少外部通信量,及其相关的劣质通信的风险。

6.4 概念评估和选择

在许多不同的概念及其自身引申概念生成后,我们需要对概念进行评估。在图 6.5 所示的直线运动示例中,约束条件和操作环境将被逐项列出,并为每个项目给出评分。例如,该设备可能需要在任何方向上工作,产生任意方向的力(向里/向外),在被污染的环境中工作,并且重量低于某个值。图 6.5 所示的每一个概念都会被评分,以衡量它在每个评估项目中的表现情况。另外,我们还需要分析这些不同的概念来得出它们作为解决方案的可行性。这可能包括电机容量的确定、最大屈服载荷、疲劳寿命的估计值、部件的温升等。在设计过程的这个阶段,这些计算应该近似地、快速地进行。

有几种评估方案可以使用,如效用理论、层次分析法和 Pugh 选择方法。效用理论是一种从选择中推断主观价值或效用的尝试。它可以用于具有风险且概率已经明确给出的情况下的决策,也可以用于具有不确定性且概率未给出的情况下的决策。层次分析法是一种结构化的技术,该方法的第一步便是将决策问题分解为更易理解的具有层次结构的子问题,每一个都可以独立分析。当建立层次结构后,我们便可以系统地评估各要素,并将它们相互成对地进行比较。为了正确地使用这些技术,我们需要进行一些相关的培训。第三种技术,即 Pugh 方法,使用相对简单,我们将在这里介绍和使用。

Pugh 法评估评级方案可以使用表 6.14 中给出的几种评级量表中的任何一种。对于概念评估阶段,通常使用三点量表就足够了。评估各种概念的方法通常是使用矩阵,其中矩阵的列表示概念,行表示评估标准。评估标准应该是 QFD(质量屋)图表中所记录的客户要求一部分或全部,这些要求与人们试图满足的特定功能要求有关。如果仅仅需要客户需求的一部分,那么应该选择客户认为重要度高的那些。

表 6.14　等级量表及其意义

11 等级	等级含义	5 等级	等级含义	3 等级	等级含义
0	无用	0	不足	0(或−1 或"−")	差(糟糕)
1	不足	1	弱	1(或 0 或 S)	满意(一致)
2	非常差	2	满意	2(或+1 或"+")	好(更好)
3	差	3	好		
4	可接受	4	极好		
5	一般				
6	满意				
7	好				
8	很好				
9	极好				
10	完美				

注:基于 N. Cross,*Engineering Design Methods*,John Wiley & Sons,Chichester,1989。

　　这里有两种填充矩阵的方法。第一种方法是,我们选择其中一个概念作为参考或基准概念,然后使用评估标准对这些概念和基准概念进行对比,从而判断它们是优于、同于还是差于基准概念。在这个过程的最后,每一个概念(列)都有一个计数。对那些得分数值最高或加号(+)个数超过减号(−)个数最多的概念,我们需要保留并进行进一步研究。

　　评估概念的另一种方法是为每个评估标准赋予一个权重或值,等同于 QFD(质量屋)方法中基于客户重要性所记录的值。在这种方法中,不需要数据概念,相反,对于每个评估标准,都需要记录数字分数:0、1、2 或−1、0、1。每个概念的总分是每个数值与其对应权重的乘积之和。Pugh[1]建议在评估概念时使用基准。帕

---

① 　S. Pugh,同前。

尔和贝茨[1]使用加权法。这两种方法都有效,因为这种矩阵评分的主要目的是确定候选概念,以便进一步检查和细化可能的组合,而不是确定一个概念,然后停止。

评估分数的差异提供了一种识别那些可能满足大量相关客户需求的想法的手段。当一个或两个概念的分数大大超过其他概念的分数时,只有这些概念应该被保留。当几个概念的最高分数差异非常小时,则需要保留这几个概念。在任何一种情况下,我们都需要检查已经缩小的 DP 的候选概念集,以确定它们是否可以通过某种方式进行组合或修改以提高其适用性。然后我们需要使用附加标准对每个概念进行重新评估,这些标准通常包含表 2.2 中最重要的约束条件和几个适当的要求,如那些有关可生产性、环境和社会问题的要求。重新评估的目的是确定概念的数量是否可以进一步减少。

为了说明这个评估程序,我们评估了表 6.4 中的概念,结果如表 6.15 所示。评估标准已经分组,只有那些与特定功能需求相关的标准才被用来评估它。"系统"下的三个标准被认为足以评估五个功能模块中的每一个概念。表 6.15 中每一列的评价(+ ,0,-)都是由团队共识所完成的。但是,建议在将概念放入评估表(如表 6.15)之前,应该使用适当的物理标准对其进行分析,以确定该概念是否能够满足尺寸要求,能够满足动力需求,能够产生足够的力量等。另外,对每个概念都需要进一步研究以确定它是否能够满足所施加的约束或要求,如无毒、电池供电、便携等。如果一个概念看起来并不满足一个或多个约束条件,那么在将其从需要进一步考虑的概念名单中消除之前,应重新考虑该概念是否可以通过变化、修改或与另一概念的相互组合来满足约束条件。从而通过与其他概念对比,将其作为候选概念。

现在最初执行功能分解并确定设计矩阵是耦合、去耦合还是非耦合的优点已经显现。当设计矩阵不耦合或解耦合时,IP^2D^2 团队都可以独立地评估每个 DP 的概念。因此,由于只保留在相互对比中得分最高的概念,所以可以作为产品候选解决方案的组合总数大大减少。这使得我们可以通过评估一小部分能够形成产品的组合,确定最佳的组合方式。而且,由于剩下的每个概念都能满足客户要求,它们的任何组合也都很可能满足客户的要求。

我们现在通过进一步探究表 6.5 列出的候选概念来说明概念评估阶段的下一个步骤。表 6.5 中所示的概念可以使用表 6.16 中列出的标准以及采用表 6.15 中列出的方式来进行评估。假设在使用表 6.16 中的标准对这些概念进行评估后,以下概念的排名最高[排除了$(FR)_{22}$的概念)]。

---

① G. Pahl,W. Beitz,J. Feldhusen,and K. -H. Grote,同前。

表 6.15　表 6.4 中的干墙胶带系统的概念评估

功能要求（概念）评价标准	释放胶带				释放接合剂						接合剂的使用				喷涂装置				隔断胶带						
系统	11	12	13	14	21	22	23	24	25	26	31	32	33	34	41	42	43	44	51	52	53	54	55	56	57
重量轻	-	D	-	+	+	+	0	D	+	+	0	D	0	-	0	D	-	+	-	0	D	-	-	-	+
花费少	-	A	+	+	0	+	0	A	+	0	0	A	0	-	+	A	-	+	-	0	A	+	+	0	-
简约性	-	T	-	+	+	+	-	T	+	0	0	T	0	-	0	T	+	+	-	0	T	+	-	-	-
释放胶带																									
不堵塞	+	U	+	-																					
不扭断/卷曲	0	M	+	-																					
与接合剂协调	0		0	+																					
释放接合剂																									
以特定速率供给					+	+	-	U	+	-															
易于清理					-	-	0	M	+	+															
操作简单					+	+	-		+	0															
不阻塞					+	+	-		+	-															
不泄露					+	+	-		+	+															
使用周期长					+	+	-		-	-															
接合剂的使用																									
接合剂均匀分布											-	U	+	-											
不阻塞											-	M	0												
喷涂装置																									
墙壁、拐角、天花板															-	U	-	+							
单行程															+	M	+	+							
光洁度															+		+	+							
隔断胶带																									
易于隔断胶带																			+	0	U	+	-	-	+
直线非锯齿状																			-	0	M	-	+	-	+
适用于拐角																			-	0		+	-	-	+
每次均有效																			0	0		0	-	-	-
总分	-2	0	-1	2	6	7	-6	0	7	0	-2	0	1	-3	2	0	-2	6	-4	0	0	2	-3	-6	-1
排名	4	2	3	1	3	1	6	4	1	4	3	2	1	4	2	3	4	1	6	2	2	1	5	7	4

表 6.16　对表 6.5 中钢架连接工具的四个功能要求进行评估的客户要求和其他标准

功能要求	客户要求和其他标准	功能要求	客户要求和其他标准
提供用户控制 $[(FR)_{22}]$	可控性/可操作性	将能量转化为工作元素 $[(FR)_{32}]$	快速转化
	舒适性		重量轻
	美学		可靠性
	非疲劳		噪声
	重量		易于维护
	尺寸/形状		安全性
	平衡性		可控性
	安全性		高效性(转换为工作元素)[a]
	耐冲击性		过载保护[a]
	单手/双手操作性[a]		复杂性/简洁性[a]
			尺寸[a]
发电 $[(FR)_{31}]$	可靠性	连接 $[(FR)_{33}]$	快速
	安全性		强连接结果
	易于维护		实时连接
	重量轻		非疲劳
	可控性		安全性
	可用性(资源)		
	噪声		每个应用程序的操作数[a]
	尺寸[a]		在一系列的轨道和螺柱厚度上工作[a]
	能量密度[a]		
	能量功耗[a]		复杂性/简洁性[a]
	环境无害[a]		

a 不属于 CRs 的额外标准和约束。

$(FR)_1$

机械 C 型夹钳

$(FR)_{31}$

电

爆炸

$(FR)_{32}$

直接通过(不需要转移到工作元素)

机械性

活塞

$(FR)_{33}$

焊接技术

机械紧固件

金属变形

可以看出,除$(FR)_{32}$两个概念——机械性和活塞之外,所有概念都是不同的。由于在这个阶段,这两个概念尚未明确定义,它们将暂时组合在一块并被表示为机械/活塞。因此,这些候选概念的实际组合,如表 6.17 所示。

表 6.17　候选概念的实际组合

组合	$(FR)_1$	$(FR)_{31}$	$(FR)_{32}$	$(FR)_{33}$
1	c 形夹	电动	直接	焊接
2	c 形夹	电动	机械/活塞	机械紧固
3	c 形夹	电动	机械/活塞	机械变形
4	c 形夹	爆炸力	直接	机械紧固

当利用表 4.4 中给出的客户要求来评估这四种组合时,我们发现组合 2 和组合 4 排名最高。带着组合 2 和组合 4,回到表 6.5,我们可以做出以下决定。由于并没有要求工具利用电池供电,因此选择交流电源。另外,活塞运动的实现方法之一是利用机械结构。由于活塞可用于压缩空气,并且突然释放压缩空气会导致爆炸式运动,所以组合 2 和组合 4 似乎可以按照以下方式组合。电源可用于驱动电动机,该电动机通过机械装置来带动活塞以压缩空气。压缩空气的突然释放可用于推动机械紧固件穿过轨道和法兰。

可用于爆炸力的机械紧固件(见表 6.5 的最后一列),在穿透法兰和中空的金属穿孔铆钉后,它们会弯曲,并在离开第二个法兰后变形。(1)直线电机,(2)螺旋式驱动器,(3)曲柄摇杆和(4)凸轮,可以用电动机驱动活塞压缩空气的机械能量传递概念。当使用表 6.18 中给出的标准评估每个概念时,我们发现空心铆钉和电机/滑块/活塞/活塞组合在各自类别中排名最高。注意表 6.18 中的评估标准现在已经包括工程和制造标准。

表 6.18   用于评价表 6.5 中满足 $(FR)_{32}$ 和 $(FR)_{33}$ 的最佳概念的标准

$(FR)_{32}$	$(FR)_{33}$
易于制造	胶接强度
易于组装	成熟的紧固件技术
最大力	易于装载
速度	易变形
冲程长度	成本
尺寸	渗透一致性
重量	每个接头的紧固件数量
成本	对法兰的破坏
可靠性	穿刺力
复杂性	

因此,用于钢架连接工具的候选解决方案的最终组合是使用 AC 电动机来驱动滑块曲柄机构来带动活塞以产生压缩空气,然后通过某种方式突然释放压缩空气以推进中空金属穿孔铆钉插入螺栓和轨道法兰。

在初步确定这些概念后,功能需求和设计参数的设计层次便可以扩展了。因此,

$(FR)_{31}$=产生能量 $(DP)_{31}$=电动马达

$(FR)_{311}$=产生空气压力 $(DP)_{311}$=曲柄滑块和活塞

$(FR)_{32}$=将能量转化为工作元素 $(DP)_{32}$=能量转换系统

$(FR)_{321}$=储存/包含压缩空气 $(DP)_{321}$=空气储存方法

$(FR)_{322}$=快速释放压力空气推动工作元件 $(DP)_{322}$=空气释放方法

$(FR)_{323}$=利用紧固件冲击工作元件 $(DP)_{323}$=冲击工作元件的方法

$(FR)_{324}$=收缩工作元件 $(DP)_{324}$=收缩工件的方法

$(FR)_{33}$=连接 $(DP)_{33}$=驱动空心铆钉

可以看出,在层次结构的第二层,我们已经指定了如何满足指示对象的功能需求。但是,在第三层,我们从解决方案中性陈述开始。

我们现在更详细地探讨获得$(DP)_{32j}(j=1,2,3,4)$的方法。一种可能的解决方案是使用压缩空气以足够的速度将另一个活塞推入铆钉中。如图6.6所示，冲击系统模块的关键点是三个腔室按适当的顺序加压。在循环开始时，室1被加压至所需的压力。压力P_1如图6.6(a)所示。该压力由图6.7所示的电机/滑块-曲柄/活塞产生。电动机每旋转一次，加压活塞便通过单向阀将其室中的空气压缩(推动)到冲击活塞模块的室1和室3中。冲击活塞返回原位置的移动会导致室2压力稍增，这导致弹簧加载阀向后移动(左)。在工具的触发机制启动后，1室和3室的压力被释放到周围环境中，此时阀门向后移动(左)，打开端口以允许被加压到P_1的空气进入室2，如图6.6(b)所示。压缩空气的喷射会推动冲击活塞向前(右)移动，其端部最终与铆钉接触。在图6.6(c)中我们可以看到，在冲击活塞行程结束时，活塞将通风口暴露在周围环境下，从而进一步降低了室2中的压力。室1和室3再次被加压。然后冲击活塞回到其起始位置。通气孔的总面积比活塞前(右)侧上的入口小得多，这会使得更多的空气流入室3，而不是流入室2，并且迫使冲击活塞返回到其初始位置，如图6.6(d)所示。

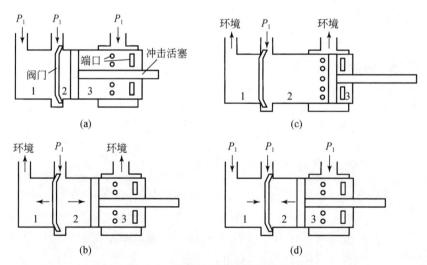

图6.6　推动活塞冲击铆钉的方法

(a)循环冲击活塞在开始时是静止的；(b)室1和室3与环境相通，阀门将P_1分流到室2，活塞向铆钉移动；(c)冲程结束时的冲击活塞；(d)阀门移动到室2，使冲击活塞能够回到起始位置。

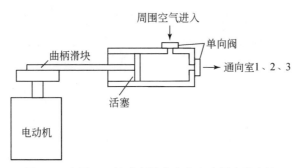

图 6.7 在图 6.6 的冲击活塞室中产生压力的方法

6.5 产品实例

将一个概念转换为物理形式也应该包含一种形态学类型的分析。这个想法是尽可能多地考虑组件或模块具有的实际形式,这也可能取决于它们的布置(配置)。然后使用表 2.2 中列出的最重要的标准,利用 6.4 节中所述的方式对产品内组件的各种形式和组件的各种配置进行评估。这些评估标准通常涉及可生产性的一个或多个方面(在许多专利中,给出了许多实例,最佳实例由发明人确定)。

正是在产品实现过程的实施例定型阶段,人们构建了一个或多个原型。为此,我们需要生成初步工程图纸。然后构建原型①,并通过操作原型来验证和确认:①性能标准和客户要求得到满足。②符合可靠性和环境标准。③制造和组装操作符合行业标准。④满足安全和法律问题。⑤原材料和采购的部件符合性能和交付要求。⑥成本和上市时间在规定的范围内。一旦这些因素得到验证,最终的细节(工程图纸、制造和装配工艺计划以及生产计划)也就完成了。产品然后进入生产环节,并在此后投入市场。

为了具体说明将概念转换为实例的各方面信息,我们研究了几种不同的产品。首先考虑创建一个将两个板以直角相互连接的刚性耦合。通过四个螺栓连接每块板。图 6.8 显示了这种支架可能具有的六种形式。选择哪种形式将基于其与整体产品的关系,以及诸如成本、材料、制造工艺、装载量、重量、易拆卸性等评估标准。

---

① 见 9.10 节,一组称为分层制造的技术被用来构建原型。

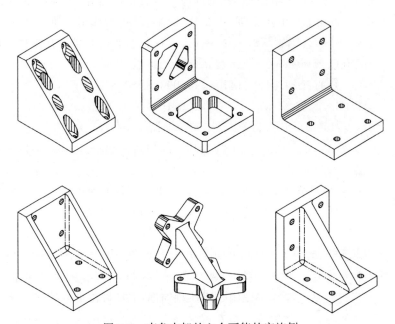

图6.8　直角支架的六个可能的实施例

部分改编自 S. R. Burgett, R. T. Bush, S. S. Sastry, and C. H. Sequin, "Mechanical Design Synthesis from Sparse, Feature-Based Input," in *SPIE Proceedings*, *Mathematics and Control in Smart Structures*, V. V. Varadan, Ed., Vol. 2442, pp. 280-291, 1995。

　　据研究,产生概念和产生具体实施方案之间的鸿沟很大。事实上,最终的实施方案可能会有很多种方法,其中极少的方法会在概念开发阶段就被发现。这就是在产品实现过程中的概念生成、评估、配置和实施必须以高度重叠与迭代的方式来确定的原因。这个过程的迭代属性可能也是必要的,因为人们可能并不总是能够将排名最高的概念转换成可以容易地生产并且成本较为合适的实例。因此,我们可能需要重新审视以前被丢弃的概念并做出折中。

参 考 文 献

R. M. Alexander, *Size and Shape*, Edward Arnold, Great Britain, 1971.

R. M. Alexander, *Biomechanics*, Chapman and Hall, London, 1975.

R. M. Alexander, *Optima for Animals*, Princeton University Press, Princeton, NJ, 1996.

Y. Bar-Cohen and C. L. Breazeal, Eds., *Biologically-Inspired Intelligent Robots*, SPIE Publications, Bellingham, WA, 2003.

A. Bejan, *Shape and Structure, from Engineering to Nature*, Cambridge University Press, Cambridge, 2000.

J. M. Benyus, *Biomimicry: Innovation Inspired by Nature*, Harper Perennial, New York, 2002.

C. G. Gebelein, *Biomimetic Polymers*, Springer, Berlin, 1990.

S. Hirose, P. Cave, and C. Goulden, *Biologically Inspired Robots: Snake-Like Locomotors and Manipulators*, Oxford University Press, Cambridge, 1993.

E. Laithwaite, *An Inventor in the Garden of Eden*, Cambridge University Press, Cambridge, 1994.

C. Mattheck, *Design in Nature: Learning from Trees*, Springer, Berlin, 1998.

J. McKittrick, J. Aizenberg, C. Orme, and P. Vekilov, Eds., *Biological and Biomimetic Materials: Properties to Function*, Material Research Society, Warrendale, PA, 2002.

S. Nolfi and D. Floreano, *Evolutionary Robotics: The Biology, Intelligence, and Technology of Self-Organizing Machines*, MIT Press, Cambridge, MA, 2004.

L. Overington, *Computer Vision: A Unified, Biologically-Inspired Approach*, Elsevier Publishing Company, 1992.

F. R. Paturi, *Nature, Mother of Invention: The Engineering of Plant Life*, Harper & Row, New York, 1976.

H. Tennckes, *The Simple Science of Flight: From Insects to Jumbo Jets*, MIT Press, Cambridge, MA, 1996.

K. Toko, *Biomimetic Sensor Technology*, Cambridge University Press, Cambridge, 2005.

H. Tributsch, *How Life Learned to Live: Adaptation in Nature*, MIT Press, Cambridge, MA, 1982.

J. F. V. Vincent, *Structural Biomaterials* (revised edition), Princeton University Press, Princeton, NJ, 1990.

S. Vogel, *Cat's Paws and Catapults: Mechanical Worlds of Nature and People*, Norton, New York, 1998.

S. A. Wainwright, W. D. Biggs, J. D. Currey, and J. M. Gosline, *Mechanical Design in Organisms*, John Wiley & Sons, New York. 1976.

K. Wunderlich and W. Gleloede, *Nature as Constructor*, Arco Publishing, New York, 1979.

| 第 7 章 |　装配与拆卸设计

为简化装配和拆卸操作,本章通过实例讲述如何创造组件和产品。

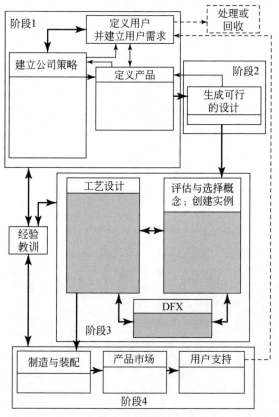

本章主要内容框架图

7.1 引　言

在产品开发周期中,有三个非常重要的密不可分的元素,它们是装配方法、制造工艺和材料选择,这三个因素很大程度上影响产品成本、上市时间、生产效率、自动化程度、生产能力、产品可靠性。正如后面将要讨论的那样,减少配件或制品的零件数量是提高装配简易性和降低成本的一种手段。为减少零件数量,通常将几个单一的零件合并成一个整体,这样可能会减少产品中所用材料的种类。可以采用一些制造工艺达到减少零件数量的目的,如铸造、注射模、金属板材折弯成型,对于某些特定材料、形状、尺寸和几何属性而言,这些工艺比其他工艺效果更好。因此,这三个因素必须或多或少同时考虑。此外,10.3 节将讨论安装条件与维护、可检验性、检验要求之间的相互影响。6.3 节已经讨论了装配方法与产品结构、集成度、采用的模块化程度之间的相互影响。

随着设计理念的发展,或多或少地同时考虑三大要素有助于促进和整合产品开发过程。此外,采用第 6 章所提到的概念和模型评估程序时,这三个因素通常是最重要的,并且需要做出以满足顾客需求为目的的折中。

有许多产品是由最终用户直接装配的,如自行车、轮椅、书桌、书架等。这些类型的产品设计时必须使用户能够简单、快速、准确无误,并且使用较少工具或者不使用工具即可进行装配。

本章讲述如何改进产品装配操作。材料选择和制造工艺在第 8 章和第 9 章中分别讲述。有几种正式的方法可用于评估给定设计,以确定该设计是否需要改进,以便装配更加容易、成本也更低。这些方法是 Hitachi 可装配性评估方法[1]、Lucas 设计装配方法[2]、Boothroyd-Dewhurst 设计装配方法[3]。这些方法在不同程度上确定了装配操作的相对难度、成本、次数、恰当的装配方法和装配序列,从这些角度看,任意一种方法均可指导用户更改设计以获得划算的、易于装配的组件和产品。

装配包含许多内容,远远不止简单的连接零部件,此外,装配本身是分层次的,

---

[1]　美国专利 6223092 : Automatic manufacturing evaluation method and system。

[2]　方法简介见 http : //deed. ryerson. ca/ ~ fil/t/dfmlucas. html。

[3]　http : //www. dfma. com/。

这其中包含一些装配体被连接到其他装配体上。装配主要的内容如下①②。

编组：编组是一种逻辑功能。它可以基于对工作计划,各种产品类型的生产计划以及各种装配类型所需零件的估计来执行。通常使用两种策略:①push 类型,它根据预期成品装配的最终需求制订生产计划并运行;②pull 策略,它是准时制方法的另一个术语。

运输：运输是编组的短期物流实施,完成了站点和工作区域之间实际携带的零件和组件。车站之间的距离应尽可能接近。

零件准备：零件准备是从传送系统中提取零件,将零件安置在方便进行装配的地方。为了使操作容易,应避免视觉障碍和组装部件的潜在危险安排。

零件组合：零件组合是将配件装配在一起的实际过程。

连接：连接伴随零件组合出现,通常采用的紧固方式有螺钉和螺栓、黏合剂、焊接、钎焊、冲压、卡扣。

检查：检查即检查装配操作的正确与否。

文件编制：文件编制主要是记录检验结果,以便能够追溯问题的原因、保持工艺控制、改进装配工艺。

7.2 装配设计

7.2.1 装配原因

装配的原因有以下八类③。

1) 组件相对运动:组件要求必须有一定程度的移动性来实现其功能,如铰链。尽管相对运动需要两个或者多个单件,但这些单件不需要采用不同材料。

2) 材料差异化:功能实现取决于特定的材料特性,如电路板的电气绝缘性能。

3) 生产的考虑:一些零件通过分割为多个子零件的方式容易制造出来,如管道和法兰通过焊接获得。一些零件在集成度不高的情况下可以提高成品率,如合并几个小的集成电路,而不是直接制作一个非常大尺度的集成电路。

① M. M. Andreasen, S. Kahler, T. Lund, and K. Swift, *Design for Assembly*, 2nd ed. , IFS Publications, Springer-Verlag, Berlin,1988。

② D. E. Whitney, *Mechanical Assemblies:Their Design,Manufacture,and Role in Product Development*, Oxford University Press, New York,2004。

③ M. M. Andreasen et al. ,同前。

4)替换和升级:维修需要拆卸和替换,如汽车刹车片、升级电脑以增加内存。

5)功能差异化:功能可以通过一个元件或者合并多个元件来实现,如使用滚子轴承支撑径向载荷,使用止推轴承支撑轴向载荷。

6)特定功能条件:实现一些特定要求,如拆卸、清洗、检查等,需要形式上分割为多个元件,如车前罩。

7)设计的考虑:从美学角度上要求形式上的分割,比如汽车上的装饰物。

8)成本:装配可能比集成成本更低,如将组件放置在印刷电路板上,而不是创建自定义集成电路。

这八个理由体现出来的一个重要概念是零件理论上的最小数量这一思想①。因此,借鉴这八个原因,IP²D²团队应该尝试消除尽可能多的单独零件。

7.2.2 装配原则

装配设计的基本思想是首先降低必须装配的组件(零件、单件)的数量,其次是确保剩余的组件非常容易组装、制造以及装配成本低,同时,要确保满足功能要求。

装配设计有以下原则。

1)简化和减少零件的数量。这是因为,对于每个零件而言,都可能是有缺陷的零件,也可能带来装配误差。更少的零部件意味着生产产品所需的所有东西都减少了,如工程时间、图纸和零件数量、生产控制记录和库存、采购订单和供应商数量、箱子、容器、库存区域和缓冲区的数量、物料搬运设备的数量、移动次数、账户明细和计算量、零件种类、要求的检查项数量和种类、零件生产设备、设施、组装和培训的数量以及复杂度。注意,这些建议与 5.1.3 节所述的公理 2 是一致的。

2)标准化和使用通用零件及材料。在实施设计活动、最小化库存数量、规范化处理和组装操作过程中标准化和使用通用零件及材料。通用零件的使用会降低库存和成本,并且方便操作者学习。注意,这些建议与 5.1.3 节所述的公理 2 是一致的。

3)产品防错设计和装配。产品设计和装配过程中的错误防范确保装配过程是明确的、清晰的。设计组件时应该确保只能以一种方式组装,而不能被逆转。凹槽、不对称孔和停止点可用于防止装配过程中的错误。设计验证可以通过简单的

---

① G. Boothroyd and L. Alting, "Design for Assembly and Disassembly," *Annals of CIRP*, Vol. 4/2, pp. 625-636, 1992。

工具以切口或自然停止点的形式实现。产品设计应该避免调整。这些原则将在10.2 节进一步讨论。

4)设计零件定位和处理。设计零件定位和处理以最大限度地减少在定位和合并部分的工作量和模糊性。零件应设计成在送入时可自行定位。产品设计必须避免部件的纠缠、楔形或方向不确定。零件设计应包含对称性、低重心、易于识别的特征、引导面、便于拾取和处理的点。这种类型的设计可能允许在零件处理和装配中使用自动化,如振动碗、管、杂志、拾取和放置机器人,以及视觉系统。购买组件时,考虑已经发布在杂志、乐队、磁带或条带上的材料。注意,这些建议与5.1.3 节所述的公理 2 是一致的。

5)减少易弯曲的部件和互连。尽量减少易弯曲的部件和互连,如皮带、垫片、管子和电气配线。它们的柔性使得材料处理和装配非常困难,并且这类零件非常容易损坏,可使用插件板和底板来减少电气配线。在使用安全带的地方,通过使用独特的连接器来考虑防错电气连接器,以避免错误连接它们。诸如电气配线,液压管线和管道之类的互联件的制造,组装和维修成本很高。对产品进行分区以最小化,模块间的互联和相邻的模块放置来最小化互连的选择。

6)利用简单的运动模式和最小化装配轴的数量来简化装配设计。应该避免复杂的定位和在各种方向的装配运动。零件应包括倒角和锥度等功能。产品的设计应使组装能够从具有较大相对质量和较低重心的基础组件开始,然后再添加其他零件。组装时应垂直进行,在其顶部添加其他零件并借助重力进行定位。这最大限度地减少了重新定向组件的需要,减少了临时紧固的需求和额外的固定。易于手动组装的产品自动化组装也将很容易。

7)设计有效的连接和紧固。螺纹紧固件(螺丝、螺栓、螺母、垫圈)在装配中非常耗时,而且很难自动化。当必须使用这些零件时,标准化以最小化其种类,并且使用紧固件(如自动穿线螺丝)。可以使用黏合剂和连接器使它们连接在一起,紧固技术要与材料和产品的要求相匹配。

8)设计模块化产品以促进装配。模块化设计应尽量减少零件的数量和装配的变化及制造过程,同时允许在最终组装过程中获得更多种类的产品。这种方法尽可能减少了加工项,因此,降低了库存和提高了产品质量。这些模块可以并行加工和装配,以降低产品的整个生产时间,并且在最后装配之前很容易检验。短的最终装配时间可以允许在短时间内制造出各种各样的产品,而不会显著提高库存。这些建议对1.7 节讨论的大规模定制的实施非常重要。

7.2.3 装配设计准则总结

现在以摘要形式介绍几种设计–装配指南。

(1)所有组件的数量最小

- 通过重新考虑替代产品概念修改设计以使得零件的数量尽可能地少。
- 寻找创新的方法来消除组件必须包含独立零件的原因。
- 修改设计,以减少为实现期望的产品范围和模型变化所需的额外零件的数量。
- 检查所有零件的功能,并修改设计以消除冗余的零件。

为了说明其中的一些准则[①],以图 7.1 为例进行解释,图 7.1(a)所示零件最初由众多单一零件组成,经过基于多模工艺的重新设计和制造(见后文 9.2.6 节),如图 7.1(b)所示,大大减少了零件的数量。

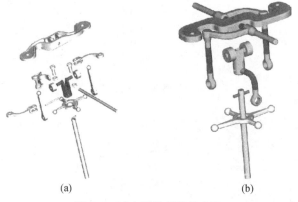

(a)   (b)

图 7.1 减少组件总数的方法

(a)一个包含多个单件的组件;(b)零件经过基于多模工艺的重新设计和制造,极大地减少单个零件的数量。来自 R. M. Gouker,S. K. Gupta,H. A. Bruck,and T. Holzschuh,"Manufacturing of multi-material compliant mechanisms using multi-material molding,"*International Journal of Advanced Manufacturing Technology*,30(11-12):1049-1075,2006. © Springer 2006。获 Springer Science+Business Media 授权。

---

① 更多例子见 G. Boothroyd,*Assembly Automation and Product Design*,Marcel Dekker,New York,1992;G. Pahl,W. Beitz,J. Feldhusen,and K. - H. Grote,同前;M. M. Andreasen et al. ,同前;R. Bakerjian, Ed. ,*Tool and Manufacturing Engineers Handbook*,Vol. 6,*Design for Manufacturability*,SME,Dearborn, MI 1993;D. G. Ullman,同前。

（2）使用最小数量的单独紧固件
- 使用较少大型紧固件代替使用大量小紧固件。
- 使用最小类型的紧固件。
- 向下运动设计螺纹装配。
- 尽量减少使用单独螺母,并在使用时考虑扣紧固件。
- 避免单一垫圈。
- 尽量采用自攻螺钉。
- 尽量减少使用电缆,直接将电气组件插在一起。
- 尽量减少电缆种类。

以图 7.2 所示的零件为例进行解释,相比于图 7.2(a),图 7.2(b) 中所有的空尺寸相同,所采用的螺栓或螺钉尺寸也相同,减少了螺栓或螺钉紧固件的类型。

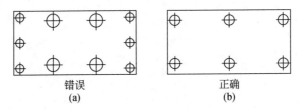

错误　　　　　　　　　　正确
(a)　　　　　　　　　　(b)

图 7.2　减少紧固件的类型

（3）为快速和准确定位其他组件,设计产品时采用基础组件
- 装配时,不要重新定位(调整)底座。
- 在应用紧固件之前,紧固件应该先定位。
- 提供登记和紧固位置。
- 提供自定位装配。
- 设计产品,使它们可以放在彼此之上,换言之,堆叠。

以图 7.3 所示的零件为例进行解释,相比于图 7.3(a),图 7.3(b) 设计一个凹槽,确保上方零件上的通孔对准底座上的一个盲孔。

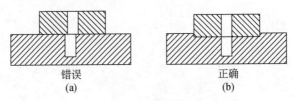

错误　　　　　　　　　　正确
(a)　　　　　　　　　　(b)

图 7.3　提供引导实现自调整和校准

（4）使装配顺序高效

- 尽量减少处理。
- 使用模具设计。
- 避免同时操作。
- 提供简单的处理。
- 避免柔性材料。
- 尽量减少零件变化。
- 核对零件形状，确保装配正确。
- 采用组件，特别是采用不同工艺加工不同零件时。
- 采购已经完成装配和检验的组件。

以图7.4所示的零件为例进行解释，图7.4(a)两个销等高，图7.4(b)两个销不等高，这样设计，通过简单地使右边销插入底座孔的时间与左边销插入底座孔的时间不同，可以避免同时执行两个装配操作(两个销同时插入孔中)。

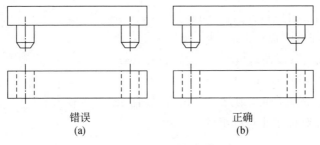

错误　　　　　　　　　　　　正确
(a)　　　　　　　　　　　　(b)

图7.4　避免同时操作

（5）避免使用检索复杂化的组件

- 避免设计导致相同零件的缠绕和嵌套。
- 利用零件特征正确装配组件。

为更容易理解，请参考图7.5中所示的部分。图7.5(b)中槽的宽度比部件的厚度窄，从而防止其进入槽的另一部分。图7.5(c)中从开放部分转化为封闭部分，从而防止它们缠结。

（6）为特定类型的检索、处理和插入设计组件

- 使用简单的装配动作。
- 标准化特征并尽可能使用标准件。

（7）设计组件从同一方向通过直线装配
同一方向直线装配。

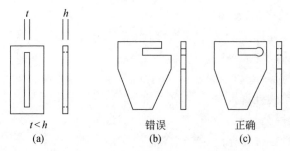

图 7.5 创建不能与自身缠结的零件

(8)利用倒角和柔性帮助插入和对齐
- 设计单手能完成的装配动作。
- 设计不需要技术和判断的装配动作。
- 设计不需要任何机械调整或电气调整的产品。
- 使用与功能、质量和安全目标相一致的宽公差带。

(9)最大化组件可访问性和可见性,以提供对零件和工具的无阻碍访问
- 使零件可以独立更换,即无须先拆下其他零件。
- 顺序组装,以便最可靠的组件先装,最易失败的最后装。
- 预测后续操作,以便轻松添加。
- 确保产品寿命可以随着未来的升级而扩展,如为将来的替代品留出空间。

(10)设计对称或非对称组件
- 没有偏爱方向要求时设计对称组件。
- 设计轴插入的对称组件。
- 非对称的组件设计出明显的不对称。
- 避免左右手零件。

图 7.6 和图 7.7 给出了如何增加对称和非对称的实例。

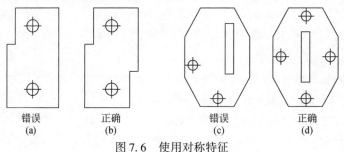

图 7.6 使用对称特征

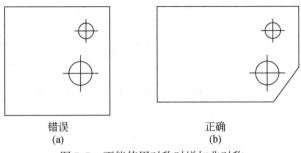

错误
(a)

正确
(b)

图 7.7　不能使用对称时增加非对称

7.2.4　手工装配与自动装配①

通常可以假定为自动装配设计的产品很容易手工进行组装,除了那些要求高功率和(或)高精度的操作。对于自动装配,一个比较好的原则是设计出来的产品比较容易进行手工装配,这样较容易的自动装配才具有很大的可行性。手工装配在各种产品类型、产品变型、缺陷组件、未预料的装配问题等方面具有较大的灵活性,同时,手工装配需要更低的设备投入,而且往往比机械装配和自动装配能提供更高的工作满意度。因此,无论是由于频繁变化的任务或由于复杂性而需要转换能力时,手工装配是最好的选择。

采用机械化和部分或完全自动化装配设计产品的目的是实现统一的高质量装配与大规模的操作运行。使用自动化组装使操作更加统一。

7.3　拆卸设计(DFD)

7.3.1　简介

对环境保护、职业健康、资源利用的日益关注激发了许多新的活动,以应对不断增加的工业和产品消费所带来的问题,其中一个主要问题是废旧产品的处理。尽管垃圾回收在稳步增加,大量的固体废弃物依然被丢弃在垃圾填埋场,造成了严重的污染和健康问题。

---

①　M. M. Andreasen et al. ,同前。

产品拆卸设计——非破坏性或半结构化的方法分离——似乎是阻碍产品重用的较为严重问题之一,因为许多产品不是为容易拆卸而设计的,例如,集成设计、某些紧固和装配原理、表面涂层,对其进行产品分解和材料分离成同类产品和材料非常困难。

在拆卸设计中,设计对可回收性、易拆卸性的影响是使其能够以一种有效的方式进行重复利用、再制造和回收材料。重复利用和再制造可以通过延长产品的使用寿命来节省许多资源。这些原则在汽车工业中的应用已经有一段时间了,这表现在汽车垃圾堆场无处不在,以及大范围汽车零部件的重组利用。在复印机方面,大约60%的复印机墨盒被退回给公司进行翻新和转售。

在使用拆卸设计时,从概念产品设计阶段到详细设计阶段,需要同时考虑开发、生产、分配、使用和处理或回收的生命周期。针对这类方法,必须为环境、职业卫生和资源问题,以及对所使用的产品的处置或回收制定政策。因此,拆卸设计与环境的设计和可维护性的设计密切相关,这两部分将分别在10.5节和10.3节中进行详述。

与装配和拆卸紧密相关的三个领域如下:①要求现场装配的大型施工项目。②使产品与运输方式相适应(包括尺寸、重量和包装)。③由用户组装的产品。

7.3.2 拆卸设计原则和对装配的影响

在规划和拆卸产品时,有如下两个策略①。

- 首先移除最有价值的零件,当拆卸操作成本较高没有意义时停止拆卸。
- 通过拆卸操作一次性释放多个零件,使每次拆卸操作的产量最大化。

拆卸过程有两个层次:一个是为了获得组件,另一个是为了了解组件的性能。层次越高,对原材料、劳动力和能源的浪费就越少。这类层次如下。

- 再磨光。
- 再利用。
- 再制造。
- 高级材料回收。
- 低级材料回收。
- 焚烧获取能量。

---

① M. Simon, "Design for Dismantling," *Professional Engineer*, Vol. 17, No. 10, pp. 20-22, November 1991。

- 倾倒在垃圾填埋场。

拆卸设计时,应该考虑以下元素。

- 标识/识别:必须识别材料和零件,如在美国有 7 类聚合物。
- 回收:要回收金属和合金,必须知道它们的等级或污染物水平,此时,一般原则是减少种类。
- 兼容性:确保材料的兼容性。例如,由于同时腐蚀锁紧件和零件以及紧固件头部的腐蚀(或磨损),导致产品组件产生膨胀,这会使拆卸更加困难。
- 整体形式和结构强度:在薄弱的地方进行拆卸,使组件仍然能够承受负载。
- 紧固件和黏合剂:考虑采用诸如以铆钉形式插入但可以通过螺丝移除的紧固件和剪切力强但剥离时强度较弱的黏合剂之类的方法。

这些原则对装配设计的影响总结如下[①]。

(1)对装配有正面影响

- 减少组件数量。
- 减少单一紧固件的数量。
- 提供分离点的开放存取和可见性。
- 拆卸时避免方向变化。
- 避免非刚性(柔性)零件。
- 采用通用工具和设备可以实现装配。
- 设计便于处理和清洗所有组件。

(2)对装配有负面影响

- 设计双向的滑入配合或滑入配合处的停止点。
- 使用可拆卸或易于损坏的连接元素。
- 设计便于分离组件。
- 使用水溶性黏合剂。

(3)对装配的影响相对较小

- 设计可再利用的产品。
- 单独零件的消除需求。
- 减少材料的种类。
- 能够同时分离和拆卸。

---

① J. F. Scheuring, B. Bras, and K, M. Lee, "Effects of Design for Assembly on Integrated Disassembly and Assembly Processes," Proceedings of the Fourth International Conference on Computer Integrated Manufacturing and Automation Technology, Troy, NY, pp. 53-59, October 1994。

- 根据回收和拆卸顺序将组件放置在逻辑组中。
- 识别分离点和材料。
- 对不相容的材料进行分类。
- 在多个位置使用模内材料识别。
- 提供一种安全处理危险废物的技术。
- 选择一个有效的拆卸顺序。

第8章 材料选择

本章总结了各种工程材料的重要属性,并给出了用这些材料制造的典型产品。

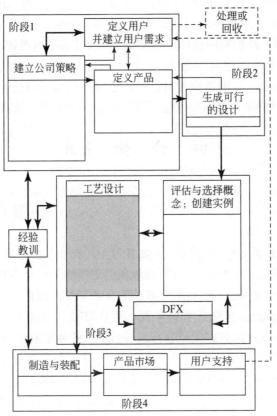

本章主要内容框架图

8.1 引　　言

8.1.1　产品开发中材料的重要性

材料的发展是影响现代产品创造的主要因素之一。新产品很大程度上依赖于所使用的材料的性能,以至于人类发展的整个时代按照主要材料分类为——石器时代、青铜时代、铁器时代。新材料的发展速度如此之快,以至于产品设计师所能获得的所有材料中,大多数都是在过去100年里开发出来的,包括所有的工程聚合物、大部分工程陶瓷、较多的新的冶金合金、众多复合材料。

材料的许多性质是其原子结构的函数:化学过程、晶体结构、原子键或分子键。这些原子性质很好的体现实例是杨氏模量、热膨胀系数和熔点。其他性质主要是材料加工方式的函数,如屈服强度、延伸性、断裂韧性和耐蚀性。因此,对于特定的任务选择合适的材料时,需要先指定其加工方式,这些用来成型材料的工艺会影响其微观组织结构。因此,为了给特定的应用选择合适的材料,理解工艺-微观结构-性能之间的关系是必要的。

本章将讨论广泛的材料类别[①],并提出标准,以便为广泛的应用选择合适的材料。此外,这些性质的起因、材料加工工艺和微观结构对其产生的影响在本章也将得到讨论。

8.1.2　材料选择原则

所有产品都包含一种或者多种材料。表8.1总结了材料选择时需要考虑的性能范围。对于许多产品在其开发的初始阶段,基于满足功能需求和约束的四个关键特性,从许多不同的材料选项中选择材料。这四个关键特性如下。

- 性能——包含机械和物理性能、电性能、热性能和磁性能。
- 可生产性。
- 可靠性和环境阻力。
- 成本。

---

① 附件给出了列表。

表 8.1　产品实现过程要求的材料信息类型举例[a]

材料识别	屈服强度	可成形性
类型(金属、塑料、陶瓷、复合)	生产率	可铸造性
子类型	断面收缩率	可修性
行业名称/牌号	弹性模量比	可燃性
热处理条件	应力应变曲线及方程	机加工性
规格(等级)	硬度	淬硬性
别名	疲劳强度(定义测试方法、载荷和	热处理性
组件名称	环境)	收缩性
材料生产历史	传导性(电/热)	**应用历史和经验**
可制造性和局限性	介电常数	成功案例
成分	泊松比	不成功案例
制造条件	强度极限	应该避免的应用
装配技术	阻尼系数	失败分析报告
性能本构方程	磨损	最大使用寿命
温度(低温到高温)	熔点	**可获得性**
高温下的蠕变速率、断裂寿命	孔隙率	多源
高温下松弛性能	渗透性	供应商
环境稳定性	透明度	尺寸
兼容性数据	电弧电阻	形式
一般耐腐蚀性	磁性	**成本要素**
耐溶剂性	**连接技术**	稀有材料
化学反应性	熔化	成品/要求增加的工艺
抗应力腐蚀性能	黏结	特种处理/保护
毒性(产品和操作所有阶段)	固结	专用工艺装备及其成本
可回收性	熔焊	**质量控制**
损伤容限	钎焊	可检验性
断裂韧性	硬钎焊	修复
断裂裂纹的增长速度(定义环境和	**涂层技术**	可重复性
温度条件)	浸透	失败机理
温度影响	刷漆	典型缺陷
热冲击	电镀	**材料设计性能**
材料性能	氧化	拉伸性能
密度	**加工性信息**	挤压性能
比热	精加工特性	剪切性能
热膨胀系数	焊接性/连接工艺	承载性能
导热系数	锻造、挤出和轧制适用性	受控的应变疲劳寿命

a 参考 R. Bakerjian, Ed., *Tool and Manufacturing Engineers Handbook*, Vol. 6, *Design for Manufacturability*, SME, Dearborn, MI, 1993; "Computer-aided Materials Selection during Structural Design," National Materials Advisory Board, Washington, DC, 1995; E. H. Cornish, *Meterials and the Designer*, Cambridge University Press, Cambridge, 1987; G. Dieter, *Engineering Design: A Materials and Processing Approach*, 2nd ed., McGraw-Hill, New York, 1991。

8.1.2.1　性能

该特性是指产品满足其功能需求所需要的属性。材料通常在一个产品中执行一个或多个功能，例如负载、提供热传导或隔热、提供导电或绝缘或包含流体。选择一种材料来满足产品的功能需求，或者是产品的子系统之一，是 IP^2D^2 团队决策过程的重要组成部分。

如表 8.1 所示，材料有许多不同的力学和物理性质，可以用来评估材料是否适合满足广泛的功能需求。然而，初步设计中主要的机械问题是强度（如屈服强度）、产品重量（如密度）和载荷的变形（如杨氏模量）。机械故障的主要形式是屈服、断裂失效和温度升高导致的蠕变失效。典型的电、热、磁特性有介电强度、电阻率、热膨胀率、导热系数和磁导率。额外的关注是可燃性和最高/最低操作温度，它可以改变材料的结构（如熔化），改变其机械性能（如蠕变）或改变其电磁性能（例如，超过居里温度）。电阻率和磁导率通常被选为主要的电磁特性，这在材料的初步选择过程中需要考虑。材料的主要热性能由热变形（形状随温度的变化）及其热绝缘特性（基于热导率、比热和热膨胀系数）描述。

8.1.2.2　可生产性

材料选择不能独立于制造工艺的选择，因为制造过程会影响材料的性能。此外，制造工艺的选择取决于材料的某些特性。材料属性可以决定制造工艺的选择，包括延展性、韧性、成形性和浇铸性。此外，还必须考虑产品的几何属性（如形状、尺寸）和制造的数量，因为并非所有的制造工艺都适合所有的产品尺寸和制造量。因此，必须或多或少地同时评估候选材料和制造工艺，以评估产品的可生产性。

8.1.2.3　可靠性和环境阻力

这种特性与材料的耐久性有关，它是一种抵抗环境恶化的能力。它包括抗疲劳，耐辐射、化学溶剂和腐蚀性介质等特性。

8.1.2.4　成本

这种特性与特定材料的整体产品成本有关，主要考虑的是原材料成本①。原材料成本包括单位重量成本、单位强度成本或单位弹性模量成本，视应用情况而

---

①　附件给出了列表。

定。总的产品成本通常包括原材料成本以外的因素,这些因素包括将材料加工成期望的形状和性能所花费的成本、整体的生命周期成本(与材料在产品整个生命周期中的可靠性及其更换有关)、打捞回收和/或浪费成本(与从服役中移除相关联)。这些成本考虑在第 3 章中已经讨论。

在为许多产品选择材料时,优化单一材料属性不一定能产生最佳性能。通常,理想的性能标准是两种或更多的材料属性的组合,如强度-重量比(而不只是强度或重量)和刚度-重量比(而不只是刚度或重量)。Ashby[1] 研究了一种非常直接的方法来呈现多种材料特性,从而允许对特定产品应用的材料性能标准进行评估。产品实例诸如,弹簧在断裂之前储存的最大的能量,一个铰链达到最大的损伤时断裂。对于弹簧而言,理想的材料性能标准是断裂韧性的平方除以模量,对于铰链而言,则是断裂韧性除以模量。

以下材料选择参数将满足许多应用。

机械和物理性能

- 失效模式:屈服强度/密度或断裂韧性/密度或抗蠕变强度/密度
- 弹性模量和密度
- 高温强度/密度
- 密度

电、磁和热性能

- 电阻率
- 磁场强度
- 热绝缘
- 热变形

环境和可靠性因素

- 耐溶剂性

成本因素

- 相对材料成本

本章所讨论的各种材料已根据表 8.2 中的类别进行了总结。第五大类,生产方法,在这一点上被刻意忽略,使所有满足上述选择标准的材料都可以独立于制造方法得到考虑。

---

[1]　M. F. Ashby, *Material Selection in Mechanical Design*, Pergamon Press, Oxford, 1992。

表 8.2 材料与参数之间的关系系列表*

材料	屈服强度/密度	蠕变强度/密度	断裂韧性/密度	杨氏模量/密度	密度	磁性	电阻率	热变形	热绝缘	耐溶剂性
低碳钢	M	M-H	H	H	H	M-H	L	L-M	L	M-H
中碳钢	M-H	M-H	M	H	H	M-H	L	M	L	M-H
高碳钢	M-H	M-H		H	H	M-H	L	M	L	M-H
低合金钢	M-H	M-H	L-H	H	H	M-H	L-M	L-H	L-M	M-H
工具钢	M-H	M-H	L-H	H	H	M-H	L	M-H	N/A	M-H
不锈钢	L-H	M-H	M-H	M-H	H	M-H	L	M-H	L-M	M-H
灰口铸铁	L	L	L	M-H	H	M-H		M		M-H
可锻铸铁	L-M	M-L	L-M	H	H	M-H		M	L	M-H
球墨铸铁	L-M	L-H	L-M	H	H	M-H		L-H		M-H
合金铸铁			L-M	H	H	M-H	M	L-M	L	M-H
锌合金	L-M	L	L-M	M-H	H	L	M	L-M	L	M-H
铝合金	L-H	L-H	M-H	H	M	L	L	L-M	L	M-H
镁合金	L-H	L-H	M	L	L	L	L	L-H	L-M	M-H
钛合金	M-H	M-H	L-H	H	M	L	M	L		M-H
铜合金	L-H	L-H	L-H	M-H	H	L	L	L-H	L-M	M-H
镍合金	L-H		M-H	H	H	H	L-M	L-H	L-M	M-H
锡合金	L-M	L-H	M-H	L-H	H	L	L	L-M	L-M	M-H
钴合金	M				H	L	M	M	L	M-H
铅合金	M		L	H	H	L	L	L	L	M-H
钨合金	L-M			H	H	H	L-M	L-H	L	M-H
低膨胀合金	L-M				M-H	L	L-M	L-H	M	M-H
永磁合金				H	H	H	L-M	H	M	M-H
电阻合金			L	L	L	L	M	H	M	M-H
ABS 塑料	L-M	L	L	L	L	L	M	H	L-H	L

续表

材料	屈服强度/密度 kPa/(kg·m³)	蠕变强度/密度 MPa·℃/(kg·m³)	断裂韧性/密度 kPa·m$^{1/2}$/(kg·m³)	杨氏模量/密度 MPa/(kg·m³)	密度 kg/m³	磁性	电阻率 μohm cm	热变形	热绝缘 W/μm	耐溶剂性 kJ·s$^{1/2}$/(m²·K)
缩醛树脂	M	L	—	L	—	L	H	H	L-H	M
尼龙	L-M	L-M	L	L	L	L	H	H	L-H	M
碳氟化合物	L	L	L	L	L	L	H	H	L-H	M-H
聚碳酸酯	M	L	L	L	L	L	H	H	L-H	L
聚酰亚胺	L-M	L-M	L	L	L	L	H	L-H		M
聚苯乙烯	L-M	L	L	L	L	L	H	H	L-H	L
聚氯乙烯	L-M	L	L	L	L	L	H	H	L-H	L
聚氨酯	L-M	L	L	L-M	L	L	H	H		L
聚乙烯	L-M	L	L	L	L	L	H	H	L-H	M
聚丙烯	L-M	L		L	L	L	H	H	L-H	M
丙烯酸树脂	M			L	L	L	H	H		L
醇酸树脂	L-M	L-M		L-H	L	L	H	M		M-H
环氧树脂	L-H	L-H	H	L-M	L	L	H	M-H	L-H	M
酚醛树脂	L-M	L-M		L-H	L	L	H	L-H	M	L
硅树脂	L	L		L-M	L-M	L	H	H		L
聚酯	L-H	L-H	L	M-H	L	L	H	M-H		M-H
橡胶	L-M			L	L	L	H	H	L-H	L
纤维素制品	L-M	L	L	L	L	L	H	H		
单位	kPa/(kg·m³)	MPa·℃/(kg·m³)	kPa·m$^{1/2}$/(kg·m³)	MPa/(kg·m³)	kg/m³		μohm cm		W/μm	kJ·s$^{1/2}$/(m²·K)
H	>100	>30	>10	>15	>5 000		>10 000	<2	<5	
M	30~100	10~30	5~10	5~15	2 500~5 000		25~10 000	2~5	5~10	
L	<30	<10	<5	<5	<2500		<25	>5	>10	

* A. Kunchithapatham, "A Manufacturing Process and Materials Design Advisor," M. S. thesis, University of Maryland at College Park, May 1996。

  然后,在考虑了与上述材料选择标准无关的一系列生产选择标准之后,生产过程才会与材料相结合(见9.1节)。

  将一些机械和物理特性除以密度的原因是为了找到能够提供相同或更高水平的机械性能的轻质材料。首先考虑第一个比值(屈服强度/密度),强度是一种可扩展的特性,也就是说,一个构件的承载能力可以通过增大它的尺寸来增加,这将导致体积、重量和材料成本的增加。材料如果能够以合理的尺寸组件提供较高强度,则说明它具有很高的结构效率。因此,高结构效率有利于材料具有高强度和低重量。这在汽车和飞机等交通工具中尤其重要,因为汽车和飞机部件必须承受高应力而不屈服,同时燃料的经济性能需要较低的重量。

  接下来考虑弹性模量/密度的值。对于给定的几何形状,弹性模量是一种材料刚度的量度,它是在荷载作用下抗挠度、伸长或收缩的能力。材料的刚度将决定它所承受的挠度,以及它是否会因屈曲而失效。在许多应用中,如在桥梁的设计和支撑物的设计中,失效可能是屈曲或挠度的大小不当导致的,而不是因为变形或断裂。在这类应用中,对材料的兴趣度度量为 E^k/ρ,其中 E 为杨氏模量,k 是随截面几何形状和荷载性质而变化的数字,ρ 是材料的密度。因此,单位密度的弹性模量反映重量轻的刚性材料。

  最后,考虑高温时强度/密度的值。许多材料在室温下都有足够的强度来满足特定的功能,但随着温度的升高,它们的屈服强度会降低。这是许多现象的结果。对金属来说,这种屈服强度的损失是强化过程本身的结果。增加材料屈服强度的一种方法是在制造过程中引入永久变形,即加工硬化过程。当材料随后被加热到超过其熔点一半的温度时,就会发生相反的过程,即退火。在退火过程中,材料恢复并重新结晶,从而消除最初引起强化的变形。金属中的另一个过程是蠕变。这是一种流型现象,也发生在接近一半熔点的温度。在这种情况下,材料在不断的压力下开始变形。在温度高于玻璃转变温度时,聚合物也失去了它们的强度,这是聚合物链的远程分子运动开始的温度。玻璃在软化温度之上失去了强度,开始表现出流动特性。

  虽然这些转换点对于基本理解材料行为非常重要,但是在选择特定应用的材料时,通常更适合使用其他更实用的指标,包括热挠曲温度(材料在特定载荷水平下开始挠曲的温度)、工作温度范围(屈服强度有非常小的下降)。最高工作温度的产品(在室温下,屈服强度下降到其值的80%)和该工作温度范围内的平均屈服强度是一个很好的测量高温强度能力的指标。这个参数在选择厨具和化学加工设备时非常有用,材料屈服强度略低和有较大工作温度范围的材料比屈服强度较高和有狭窄的工作温度范围的材料更有用。将此产品除以密度,就能得到强度/密度值,这一点很重要,如为发动机部件选择材料。

在接下来的章节中,讨论金属、塑料和陶瓷的重要属性。通常情况下,金属具有较高的强度、硬度、韧性、导电和热传导等属性;塑料具有脆性、顺从、耐用、温度敏感、电绝缘和热绝缘等属性;陶瓷具有高强度、脆性、耐用、耐火(在高温时不变形)、电绝缘等属性。此外,陶瓷通常是热绝缘的,但并不总是如此。

下面几节讨论的材料如表8.3所示。9.1节末尾给出一个关于如何使用本章表中信息的例子,材料选择只在考虑生产/制造方法的情况下进行。

表8.3 本章讨论的材料列表

金属	聚合物	其他
含铁材料	**热塑性塑料–部分结晶**	**陶瓷**
普通碳钢	聚乙烯	结构陶瓷
合金钢	聚丙烯	电绝缘
低合金钢	缩醛树脂	导热
工具钢	尼龙	磁
不锈钢	碳氟化合物	**复合材料**
铸铁	聚酰亚胺	金属基体
灰口铸铁	纤维素	纤维增强
可锻铸铁	**热塑性塑料–非晶质**	碳/碳
球墨铸铁	聚碳酸酯	硬质合金
合金铸铁	丙烯腈丁二烯苯乙烯(ABS)	功能梯度
非铁合金	聚苯乙烯	智能材料
轻合金	聚氯乙烯	压电
锌合金	聚氨酯	磁致伸缩
铝合金	**热固性树脂–高度交联**	形状记忆
镁合金	环氧树脂	**纳米材料**
钛合金	酚醛树脂	**涂层**
重合金	聚酯	磨损和耐划伤
铜合金	**热固性树脂–轻度交联**	导电和绝缘
镍合金	有机硅树脂	
锡合金	丙烯酸	
钴合金	橡胶	
难熔金属	**工程**	
钼合金		
钨合金		
特殊合金		
低膨胀合金		
永磁材料		
电阻合金		

8.2 铁基合金

8.2.1 普通碳素钢

普通碳素钢是指含铁量小于 2% 的铁基合金,这些合金是通过加热到 723 ~ 1148℃,以完全溶解铁原子之间的空隙中的碳(该过程称为奥氏体化),然后冷却固态溶液到室温而形成的。钢的硬度取决于冷却速度。快速冷却形成的硬脆微观结构称为马氏体,慢冷却速度形成软的、韧性显微组织称为珠光体。最终的产品可以浇铸,即从熔融状态倒入近净的或最终的形状,也可以锻造,在这种过程中,材料被塑性变形,并使用轧制和锻造等工艺成形。当合金元素不到 2% 且没有指定或要求添加诸如铬、钴、铌、钼、镍、钛、钨、钒、锆等添加剂时,钢被认为是一种普通碳钢。碳含量的变化对机械性能的影响最大,碳含量的增加导致硬度、强度增加和延展性降低。普通碳素钢一般分为低碳钢、中碳钢和高碳钢。普通碳素钢的典型应用产品见表 8.4。

表 8.4　铁基合金材料典型零件

材料	产品		章节号
钢	—		—
普通碳钢	—		8.2.1
低碳钢	汽车车身面板 钢丝制品 无缝管	冲压件 锻件 锅炉板	8.2.1
中碳钢	汽车零部件 　引擎 　变速器 　悬挂系统 　轴和联轴器 　曲轴 　轮轴 　齿轮	—	8.2.1
高碳钢	悬挂弹簧	高强度连接	8.2.1
合金钢	—		8.2.2.1

续表

材料	产品		章节号
低合金钢	锻件 石油和核能的管道 焊丝 油管	滚珠滚柱轴承 轴 凸轮 夹盘和筒夹	8.2.2.1
高强度低合金钢	石油和天然气管道 轮船 海上结构物 汽车 压力容器 机床 蒸汽涡轮 阀门和配件	以下领域设备 　铁路 　挖掘 　化学处理 　纸浆和造纸工业 　炼油厂 　海洋产业	8.2.2.1
工具合金钢	厨房刀具 木工刀具 切割刀具 　钻头、铣刀、丝锥和 　齿轮滚刀	压花工具 冲压机 成形和压印模 凿子	8.2.2.2
不锈钢	—	—	8.2.2.3
锻制不锈钢	厨具 紧固件 厨房刀具 餐具 装饰建筑硬件 管道	以下领域设备 　化工厂 　食品加工工厂 　纺织工厂 热交换器	8.2.2.3
铁素体	装饰用品 酸和肥料的罐子 变压器和电容器用品	加热器 消声器 餐厅设备	8.2.2.3
马氏体	汽轮机叶片 机器零件 螺栓 衬套 轴 硬件	步枪管 剪刀 餐具 手术器械 球轴承 喷嘴	8.2.2.3
奥氏体	装饰 食品加工设备 飞机零部件 炊具 建筑外观	坦克 化学和气体处理设备 高温炉零件 热交换器 烤箱衬里	8.2.2.3

材料	产品		章节号
铸钢	金属处理炉 燃气轮机 飞机引擎 军事装备 炼油厂炉 涡轮增压器 石化炉	以下领域设备 化学过程 发电厂 钢厂 玻璃制造 橡胶制造 水泥工厂	8.2.2.3
铸铁	—		—
灰铸铁	离合器盘 制动鼓	钢锭模	8.2.3.1
可锻铸铁	电磁离合器和刹车 薄片铸件	冷成形零件	8.2.3.2

球墨铸铁	车载系统
	  齿轮箱
	  曲轴
	  盘式制动器卡钳
	  发动机连杆
	  空转轮臂
	  轮毂
	  轴
	  悬挂系统零件
		高温应用
		  涡轮增压装置
		  集合管
			8.2.3.3

合金铸铁	炸药和化肥行业
	  排水管道
	  管
	  塔
	  配件
		处理高度腐蚀性的酸
		  泵
		  阀门
		  混合喷嘴
		  柜出口
		  蒸汽喷射
			8.2.3.4

● 低碳钢最高含有 0.3% 的碳,通常不经过热处理,以产生高强度的微观结构。这类钢通常的最大应用是在冷轧和退火条件下的平轧产品。这些高成形钢的碳含量非常低(如小于 0.1% 的碳)。

● 中碳钢与低碳钢类似,但碳的含量从 0.3% 到 0.6% 不等。这些钢通过淬火和回火加强,是最通用的。

● 高碳钢碳的含量从 0.6% 到 1.0%,用于形成弹簧材料。这些钢的制造成本最高,成形性和可焊性较差,而且碳的含量超过了淬火硬度的最大值。

8.2.2　合金钢

将合金元素放入钢中有多种原因,包括以下几点。

● 增加强度和硬度。当钢冷却时,表面的冷却速度比内部冷却速度快。这可以使表面坚硬,而内部保持柔软和韧性。合金元素允许硬质相以较慢的冷却速率形成,从而增加了钢的硬度,这种特性被称为淬透性,锰、钼和铬是提高淬透性的最佳合金元素。

● 增加韧性。随着碳含量的增加,钢的强度增加,韧性降低。由于合金元素增加强度和硬度,降低碳含量可获得相同的回火硬度,从而提供更强的韧性。

● 提高高温强度。

● 提高耐高温腐蚀和抗氧化能力。

● 提高耐磨性。

根据所使用的合金元素的类型和数量,将含合金元素的钢进行分类。

8.2.2.1　低合金钢

低合金钢是一种黑色金属材料,由于添加了镍、铬、锰和钼等合金元素,其力学性能优于普通碳钢。合金的总含量可以从 2.0% 上升到低于不锈钢的水平,而不锈钢的含量至少为 12% 。在大多数低合金钢中,合金元素的主要作用是增加淬火性能,以优化热处理后的力学性能和韧性。

下面列举四种主要的合金,表 8.4 给出了四大类合金钢的典型应用产品。

1)低碳调质钢,具有高屈服强度和高拉伸强度、良好的缺口韧性、延展性、耐腐蚀性和可焊性。

2)中碳超高强度钢,是一类屈服强度可超过 1.4 GPa 的结构钢。

3)轴承钢,用于球和滚子轴承,是低碳表面硬化钢和高碳完全硬化钢。表面硬化描述为,热处理之前,在钢表面增加额外的碳,以产生一个坚硬耐磨的表面,内部韧性和硬度不改变。

4)铬钼耐热钢,它含有铬和钼,能在高温下提高抗氧化和耐腐蚀能力。

相比于传统的碳钢,高强度低合金(HSLA)钢和微合金钢可以提供更好的力学性能和/或更大的抗大气腐蚀性能。但人们不把它们当成合金钢,这是因为它们被设计用来满足特殊的力学性能所以其化学成分未被关注。用高强度低合金(HSLA)钢和微合金钢生产的产品种类繁多,其中一些比较常见的产品列于表 8.4 。

8.2.2.2 工具钢

工具钢是用来制造切削、成形或将材料加工成零件或部件的工具的钢材。在许多应用中,工具钢必须能够承受极高的负荷并且能抵抗磨损。许多工具钢是锻造工艺的产物,但粉末冶金工艺(见9.9.1节)也用于制造工具钢。可锻材料是指在锻造、挤压和轧制过程中,产生大变形以获得设计形状的材料。有关这些过程的描述,分别参见9.8.1节、9.8.3节和9.8.2节。粉末冶金在大截面上提供了更均匀的碳化物尺寸和分布,同时可以获得其他方式无法获得的特殊成分。粉末冶金制造的工具钢的性能要比锻造的工具钢好得多,因为它们可以以更高的切削速度运行,而且寿命更长。如今许多切割应用都使用硬质合金代替工具钢或者一起使用。硬质合金是一种采用粉末冶金技术,综合利用碳化钨、碳化硅和其他陶瓷硬质合金材料而制成的复合陶瓷材料。这些材料经常采用等离子和化学气相沉积等工艺涂在工具钢表面,作为硬而耐磨的涂层材料。金刚石也以类似的方式涂在工具钢上(参见8.7.4节)。

下面列出了不同种类的工具钢,并在表8.4中给出了应用这些工具钢制作的一些比较常见的产品。

- 高速工具钢:高速工具钢有两种,钼系高速钢和钨系高速钢。
- 热工工具钢:能够承受高温、剪切或在高温下成形金属的制造操作所带来的热量、压力和磨损。
- 冷加工工具钢:应用限制在不需要长时间或反复加热到 205 ~ 260℃ 的领域。这些钢固有的尺寸稳定性使其适合于量规和精密测量工具,其良好耐磨性使它们适用于砖模和陶瓷模具。
- 防震钢:具有高强度、高韧性和低至中等的耐磨性。它们主要应用于要求高韧性和抗冲击载荷的领域。
- 低合金专用钢:用于机器零件和其他需要良好强度和韧性的特殊应用场合。
- 模具钢:在退火条件下,具有非常低的硬度和较低的耐磨性。
- 淬火和回火钢:在高温下对软化的抵抗力较低。

8.2.2.3 不锈钢

不锈钢是铁基合金,含有至少12%的铬。它们通过形成透明的、附着的富铬氧化物表面膜来达到不锈钢的特性。人们选择不锈钢可能基于其耐腐蚀、制造特性、可用性、特定温度范围内的机械性能以及产品成本。然而,为给定的应用选择一个材料等级时,腐蚀阻力和机械性能通常是最重要因素。为了获得额外的优势,除了铬,还加入了以下合金元素。

- 镍——可以提高中性(非氧化)环境的耐腐蚀性。
- 钼——能改善含氯化物的耐腐蚀性。
- 铝——保护表面的氧化物薄膜不在高温下剥落。

不锈钢可以根据制造工艺或成分进行分类。按生产工艺分类时,不锈钢可分为锻造不锈钢和铸造不锈钢。表8.4列出了这两种分类的典型应用产品。

按成分分类时,不锈钢可以分为以下三组,表8.4列出了这种分类方法的典型应用产品。

铁素体:这些不锈钢含有11%～30%的铬,没有镍,低于0.12%的碳。它们具有可焊性、延展性和耐腐蚀性,但不能热处理。

马氏体:这些不锈钢含有12%～17%的铬,没有镍,高达1%的碳。这些钢是可热处理的,它们牺牲了一些延展性和耐腐蚀性,以获得更高的强度和硬度。

奥氏体:这些不锈钢含有16%～25%的铬,7%～20%的镍,小于0.25%的碳,占美国不锈钢产品的65%～70%,因为它们具有高的耐腐蚀性和成型性。这类不锈钢中最常见的类型如下。

- 302型和304型是最广泛使用的不锈钢,主要应用于装饰、食品处理设备、飞机部件、炊具、建筑外饰和坦克。
- 316型含有2.5%的钼,具有较高的耐腐蚀性和高温蠕变强度,广泛应用于化工、气体处理设备。
- 309型和310型含有23%～25%的铬,耐高温腐蚀,适用于高温窑炉零件、热交换器、烘箱内衬。

8.2.3 铸铁

铸铁是铁、碳和硅的合金,其碳重量超过2%,熔点比钢低,容易铸造。然而,成品往往易碎。碳以石墨的形式存在,但铸铁的类型与石墨的微观结构形式有所不同。

8.2.3.1 灰口铸铁

灰口铸铁中石墨以杆或纤维的形式出现,根据它们的抗拉强度共分为20～60等级[抗拉强度从20 ksi(135 MPa)到60 ksi(405 MPa)]。然而,在许多应用中,强度并不是关键因素。对离合器片和刹车鼓这类部件来说,耐热性检查(表面的热裂纹)是很重要的,因此,选用低强度的铁较好。同样,在热冲击应用中,如钢锭模,25级灰铸铁比60级灰铁表现出更好的性能。在机床和其他受震动的部件中,低强度铸铁具有的良好阻尼性能往往是有利的。在灰铸铁中,下列性能随级别(20～60)的增加而增加。

- 所有强度,包括在高温下的强度。
- 被加工成精细成品的难易程度。
- 弹性模量。
- 耐磨性。

另外,随着抗拉强度的增加,以下性能下降,因此低强度铸铁比高强度铸铁性能好。

- 可加工性。
- 抗热冲击。
- 阻尼能力。
- 铸造成薄片的能力。

灰口铸铁常被用于各种各样的机器和结构中不同类型的零件。然而,需要较高耐冲击性的场合不建议使用灰口铸铁。灰口铸铁的抗冲击强度比铸造碳钢、球墨铸铁或可锻铸铁要低得多。在运输过程中需要避免冲击强度过大导致损坏。灰口铸铁的可加工性优于其他大多数同等硬度的铸铁和所有钢。由灰口铸铁制成的典型应用产品见表8.4。

8.2.3.2　可锻铸铁

可锻铸铁是一种铸铁,就像球墨铸铁一样,具有相当大的延展性和韧性。因此,可锻铸铁和球墨铸铁适用于一些要求良好延展性和韧性的应用,二者的选择是基于成本和可用性,而不是在性能上。可锻铸铁和球墨铸铁具有耐腐蚀、可加工性好、磁导率高、磁性能低的特点。可锻铸铁的良好抗疲劳强度和阻尼能力非常适用于长期服役下的高应力部件。

可锻铸铁在下列应用中优于球墨铸铁。

- 薄片铸件。
- 需要穿洞、铸造或冷成形的零件。
- 需要较大可加工性的零件。
- 在低温下必须保持良好耐冲击性的部件。
- 需要耐磨性的部件(只能马氏体可锻铸铁)。

在需要厚截面的场合或者需要低凝固收缩时,球墨铸铁更有利。

8.2.3.3　球墨铸铁

球墨铸铁,早前由于其球形的石墨也被称为球状石墨铸钢,其具有相对较高的强度和韧性,使其在许多结构应用中具有优于灰铸铁或可锻铸铁的优势。球墨铸铁件适用于许多结构的应用,特别是那些需要强度、韧性、良好的可加工性和较低成本的场合。球墨铸铁具有抗拉强度高、抗疲劳强度高、韧性好、耐磨性能好等特点。由于球墨铸铁的密度较低,与同截面尺寸的钢相比,它的重量轻了 10%。球墨铸铁中含有的石墨为齿轮啮合提供了阻尼,降低了噪声,其低摩擦系数使得齿轮箱运行更加高效。

由球墨铸铁制成的典型产品如表 8.4 所示。

8.2.3.4 合金铸铁

合金铸铁是一种基于铁碳硅的铸造合金,它含有一个或多个合金化元素,以增加一个或多个有用的性能。添加了少量的合金元素,如铬、镍或钼,以获得较高的强度和硬度。否则,合金元素几乎完全用于增强抗磨蚀磨损和化学腐蚀的能力,或延长在高温下的使用寿命。用合金铸铁制成的典型产品见表 8.4。合金铸铁的主要类别是耐磨的白口铸铁、耐腐蚀的铸铁和耐热铸铁(灰铸铁或球墨铸铁)。

- 白口铸铁因其白色的断口而得名,通常是非常坚硬的,这是它们有良好的耐磨性能的原因。
- 耐腐蚀的铸铁由于其高合金含量而产生对化学腐蚀的抵抗力,单独或组合加入可观数量的镍、铬、铜、硅(超过 3%),可以提高铸铁的耐腐蚀性。高硅铸铁是最常见的耐腐蚀合金铸铁,但其机械性能较差,抗机械冲击和抗热冲击的性能较差。
- 耐热铸铁是铁、碳和硅的合金,其高温性能明显改善。

8.3 有 色 合 金

在接下来的章节中,描述了许多有色合金的性质和应用。有色金属的性质在一定程度上是由其晶体结构决定的。以面为中心的立方体结构材料,如铜、镍、铝等,具有延展性、可锻性、较高的电导率和导热性。以体为中心的立方体或六边形结构的材料,如铬、钛和锌,具有明显的低延展性(特别是在低温下),并且具有较低的电和热导率。除钴和钼以外的所有有色合金都具有很高的耐腐蚀性。应用铝、镁和钛的高强度-密度比可以获得低重量的结构。钴、镍和钛具有高熔化温度与高蠕变阻力而被用于高温结构。镍由于具有低温延展性也被用于低温场合。

8.3.1 轻合金

8.3.1.1 锌合金

锌合金具有熔点低和低热聚变(熔化热输入)的特点,其不需要保护气体来限制熔融时的氧化,而且是无污染的,这也是最重要的优势。由于这些原因,锌及其合金在重力和压力铸造中广泛使用(见9.2.1节)。与其他的压铸合金相比,它们的高流动性使锌合金能被压铸得更薄,而且可以压铸得到更严格的尺寸公差要求。锌合金也允许使用非常低的气流角。锌合金铸件采用钎焊,有些使用锌基填充剂的焊接技术(使用新的锌基焊料来取代已不再适用的镉、锡或铅基焊料)进行连接。铅和镉对锌制品尤其有害,因为低至0.01%的杂质含量就会促进晶间腐蚀和膨胀。黏合或机械紧固件也是连接铸件的优良方法。

锌合金除了具有优异的物理性能和机械性能外,还具有以下优点。

- 良好的耐蚀性。
- 极佳的振动和声音阻尼性能,并且该性能随温度呈指数增长。
- 优良的轴承和磨损性能。

当用作通用铸造合金时,可以制作锌合金的工艺有:高压压铸,低压压铸,铸造砂(见9.3.1节),金属型铸造(使用铁、石墨或塑料模具),旋转铸造(使用硅橡胶模具),熔模铸造(见9.4.1节),连续或半连续铸造,离心铸造(见9.2.2节)。

除了在铸造产品中使用锌,无论是纯粹的金属还是少量的合金添加剂,锌在三种主要的锻造产品中都有应用:平轧产品、拉丝产品、挤压和锻造产品。锌也被广泛用作涂层材料,以防止铁在轻度腐蚀介质中生锈或腐蚀。通过电镀或液体浸镀(镀锌)的方法将锌涂在铁表面,为铁提供了电化学腐蚀保护,只要锌存在并与铁形成电化学连接,铁就不会被腐蚀。典型的锌合金产品见表8.5。

表8.5　有色轻合金典型应用产品

材料	产品		章节
锌合金	铸造加工工件 　投入 　连续 　离心	产品是 　平轧 　拉拔 　挤压的 　锻造的	8.3.1.1
铝(锻造)合金	热交换器 蒸发器 电热电器 汽车汽缸盖 汽车散热器 食品和饮料的容器 飞机平面框 导弹的机体	卫星组件 镜子框架 餐具 食品托盘 小家电 家具 金属薄片 食品包装	8.3.1.2

续表

材料	产品		章节
1xxx 系列	化工设备 反射镜 热交换器 电子导体和电容器	包装箔 建筑应用 装饰件	8.3.1.2
2xxx 系列	卡车和飞机的轮子 卡车悬挂部件 飞机机身和机翼外壳	在 50℃ 有良好的强度的结构部件	8.3.1.2
3xxx 系列	矿泉水瓶 厨房用具 热交换器 储油罐 遮阳篷	家具 高速公路标志牌 屋顶 建筑应用	8.3.1.2
4xxx 系列	焊丝 钎焊部件	锻造发动机活塞	8.3.1.2
5xxx 系列	建筑、装饰品和装饰整齐的物件 易拉罐和罐底 家用设备 路灯杆	船和船组件 低温容器 起重机零件 汽车结构	8.3.1.2
6xxx 系列	建筑的应用 自行车架 运输设备	桥栏杆 焊接结构	8.3.1.2
7xxx 系列	飞机的结构 移动设备	承受高应力部分	8.3.1.2
铝(铸造)合金	—	—	8.3.1.2
2xx.x 系列	发动机汽缸 汽车柴油发动机活塞	飞机发动机汽缸盖	8.3.1.2
3xx.x 系列	汽车发动机 　障碍物 　活塞 喷气发动机压缩机箱	发动机冷却风扇 高速旋转部件, 如叶轮	8.3.1.2
4xx.x 系列	铸件 　砂 　永久的模具 　冲模	—	8.3.1.2

续表

材料	产品		章节
5xx.x 系列	船舶 　　舱盖 　　梯子 　　隔板 　　救生设备 　　独木舟 　　平桨和船桨 　　划艇	建筑应用 　　梯子	8.3.1.2
8xx.x 系列	轴承	发动机连杆	8.3.1.2
镁合金	—	—	—
压铸合金	汽车车轮 一些射箭设备	气冷式汽车发动机曲柄箱 物料搬运设备	8.3.1.3
砂和金属型铸造合金	汽车 　　离合器和刹车踏板支撑支架 　　转向柱锁外壳 　　手动变速箱外壳 高速纺织印染机械	手持工具 皮箱 电脑外壳 梯子	8.3.1.3
钛合金	化学和石化加工设备 　　船只 　　泵 　　分馏塔 　　储罐 船舶 　　螺旋桨和舵轴 　　泵 　　救生艇部件 　　深海压力外壳 　　潜水艇部件	能源生产和储存设备 　　平板式热交换器 　　冷凝器 　　海水管道和油管 　　蒸汽涡轮机叶片 　　烟气脱硫装置 　　可用于低放射性废物 生物医学应用 　　人造心脏的可植入式泵和组件 　　髋关节和膝关节植入物	8.3.1.4

8.3.1.2　铝合金

铝因其外观、密度低、制造方便和强度、断裂性、耐腐蚀等力学性能特点,使其及其合金具有广泛用途。铝表面有高反射性,并且有许多装饰性和功能性用途。它具有优良的导电性和导热性,它是非铁磁性的,而且无毒性。由于它轻且强度大,有些铝合金的结构效率超过了钢。表8.5中给出了每一个铝合金系列的不同应用清单。

铝锻造合金的分类如下。

1）1xxx 系列：含铝的纯度为 99% 或更高。本系列的合金具有优异的耐腐蚀性、高导热性、高导电性，强度低，工作性能好。

2）2xxx 系列：铜是本系列中主要的合金元素，通常添加了一些锰元素。当热处理时，这些合金具有与低碳钢相当的机械性能，它们的耐腐蚀性能不如其他铝合金，所以配以高纯铝或 6xxx 系列，以获得优异的耐腐蚀性。然而，它们在应力腐蚀开裂和公平焊接性方面具有较强的耐受力。与其他铝合金相比，这些合金具有优良的机械性能，特别是当它们含有铅的时候。

3）3xxx 系列：锰是本系列中主要的合金元素。本系列的合金适用于需要中等强度及良好的工作性能的应用场合。

4）4xxx 系列：硅是本系列的主要合金元素，降低了合金的熔点，而不增加脆性。由于这个原因，这些合金被用于焊接和钎焊。本系列中的一些合金具有较低的热膨胀系数和高耐磨性。

5）5xxx 系列：镁是本系列中主要的合金元素，它的存在使本系列产生了中至高强度的可加工合金。该系列合金具有良好的成型和焊接特性，并且具有良好的耐腐蚀性能。

6）6xxx 系列：这些合金中含有硅和镁，比例合适会形成硅化镁。虽然不具有像 2xxx 系列或 7xxx 系列那样的强度，但具有良好的成型性、可焊性、可加工性和耐腐蚀性，并且具有中等强度。

7）7xxx 系列：锌是本系列中主要的合金元素。加入少量的镁，可以获得中等到非常高强度的可热处理合金。这些合金中的一部分在所有的商业铝基合金中都具有最高的强度特性，并被用于承受高压力的部分。

除了这些系列之外，还有铝锂合金，它们主要是为了减少飞机和航空航天结构的重量而开发的。近年来，由于具有低密度、高特异性模量、优异的抗疲劳和低温韧性等特性，这些合金已被用于低温应用。但是因为它们缺少延展性和断裂韧性以及加速疲劳和遇水的高爆炸势，以致并没有直接取代传统的航空航天铝合金。此外，通过使用聚合物复合材料，也达到了类似的强度–重量比，且这些复合材料成本较低，断裂韧性也有所改善，所以在许多情况下常被用来替换传统的航空铝合金。

铝合金既可以铸造，也可以锻造。除了强度、韧性和耐腐蚀性等性能外，铸造质量，如流动性等对于铸造铝合金的开发和选择也很重要。表 8.5 列出了每个铝合金系列所生产的不同产品的清单。

铸造铝合金分为以下几种。

1)2xx.x 系列:铜是本系列中主要的合金元素,此外还有少量的镁元素。虽然可用这些合金获得优良的高强度和高延展性铸件,但它们不易铸造。它们的密度很高,而且耐腐蚀性能很差。在许多情况下,它们常被 3xx.x 系列合金取代。2xx.x 系列合金还被发现可以在需要高温强度和耐磨性的应用中使用。

2)3xx.x 系列:这些合金既包含硅,也含有铜或镁。这些附加的金属增加了合金的强度。

3)4xx.x 系列:这些合金以硅作为主要的合金元素。本系列的合金因其优越的铸造特点,包括熔融状态的高流动性,在凝固过程中优良的输出性,良好的模腔填充,被作为最重要的商业铸造合金。它们常被用于要求良好的浇铸能力和良好的耐腐蚀性的环境中,特别是在温和的酸性环境。本系列中使用最广泛的合金为用于砂轮及永久性模型铸造的 443 合金和用于压铸的 413 合金。

4)5xx.x 系列:这些合金含有镁作为主要的合金元素。它们具有中等至高等的强度和韧性,且具有较高的耐腐蚀性,特别是对海水和海洋大气而言,上述这些是本系列合金的主要优势。

5)7xx.x 系列:锌是本系列主要合金元素,还含有少量镁合金元素。它们具有中等至高等的强度,退火后有良好的空间稳定性。并且它们也具有良好的机械加工性能;然而,它们的可铸性很差。

6)8xx.x 系列:锡是本系列合金中的主要合金元素,加以少量铜和镍用于提高强度。这些合金可用于铸造轴承,因为锡具有优异的润滑性,且具有良好的抗疲劳强度和抗润滑油腐蚀性。

8.3.1.3　镁合金

镁是一种轻质、高强度的材料,具有良好的可加工性,但成本高。它在合金中的应用类似于其他有色金属。由镁合金制成的典型产品见表8.5。

(1)压铸合金

镁的熔点较低,且与铁和钢不会发生反应,很适合压模铸造。高压压铸镁合金有三种类型:镁–铝–锌–锰(AZ)合金、镁–铝–锰(AM)合金和镁–铝–硅–锰(AS)合金。AZ 合金是最常用的压铸合金,其具有良好的机械和物理性能以及优异的浇铸性能和耐海水腐蚀性。而 AM 系列合金用于需要比 AZ 系列产品有更高延展性的场合,其拉伸强度和屈服强度可与 AZ 系列相当,且具有优异的耐腐蚀性。AS 系列合金一般用于需要优异的蠕变强度的环境下,且具有良好的伸长率、屈服强度和拉伸强度。

(2)砂和金属型铸造合金

镁砂和金属型铸造合金含有铝作为主要合金成分,具有良好的铸造性能和延展性,以及在温度大约120℃时合适的高屈服强度。尤其是AZ92A合金,具有较高的铝含量、较好的屈服强度,但延展性较差。它是一种更为普遍使用的合金,因为它具有较好的可浇铸性和较少的微孔性。

含高锌的镁合金,能产生铸造合金的最高屈服强度,并能被铸造成复杂的形状。高锌含量的镁-锌-锆合金具有与收缩、微孔和开裂有关的可浇铸性特征。这些特性,再加上它们的高成本,限制了它们在需要特别高的屈服强度的情况下的适用性。它们主要被用在室温环境中。

8.3.1.4 钛合金

在航空工业的许多应用中,钛及其合金已经成为不可或缺的组成部分,但是寻找其他耐腐蚀的应用也是必不可少的,如在海洋生物和生物医学领域。商业纯钛比应用在腐蚀方面的钛合金更常用,特别是当不要求高强度的情况下。用钛合金制成的典型产品在表8.5中给出。

钛合金被划分为阿尔法合金,近阿尔法合金,或阿尔法-贝塔合金和贝塔合金,这取决于合金中钛的晶体结构。与纯钛相比,阿尔法合金的耐腐蚀程度较低,但强度更高。与其他钛合金相比,近阿尔法合金具有良好的延展性和可成形性,且耐腐蚀性能更高,强度和抗疲劳性能也更高。贝塔合金的强度比阿尔法-贝塔合金低,但具有更好的延展性、蠕变特性和更高的断裂韧性。

钛合金可以被锻造成各种形状(见9.8.1节)。然而,与铝合金和合金钢相比,它的锻造难度要大得多,尤其是传统的锻造技术。与铝合金锻件相比,大多数钛锻件的生产要求并不是那么复杂。通过挤压钛合金以获得类似杆状形状的和无缝的管道产品(见9.8.3节)。钛和钛合金的板片板材是通过冷轧获得的(见9.8.2节),它增加了拉伸强度和屈服强度,并使延展性略有下降。

由于钛成本很高,所以人们更倾向于使用近净成形技术来加工钛及其合金。精密铸造是迄今为止最广泛使用的用于处理钛及其合金的近净成形技术。钛铸件在各个方面都与锻件产品相当,而且在与裂纹扩展和蠕变阻力相关的特性上往往更胜一筹。熔模铸造(见9.4.1节)是在飞机工业中使钛变为必要零部件的过程,粉末冶金(见9.4.1节)也是一个生产大量航空部件的近净成形制造过程。

8.3.2 高比重合金

8.3.2.1 铜合金

铜及其合金由于其优异的导电性能和导热性、耐腐蚀、易于制造、良好的抗压强度，抗疲劳强度等优点而得到广泛应用。铜的导电率仅次于银，被作为测量所有其他材料的导电率的标准。铜合金一般是非磁性的、无火花的，可以锡焊、熔焊和钎焊。对于装饰部件，有不同的颜色可供选择，它们可以被打磨和抛光到任何想要的质地和光泽，也可以通过电镀以获得各种各样的成品。硬度是由冷加工产生的，而软化是通过加热至超过重熔温度而产生的。铜及其合金的典型产品在表 8.6 中给出。

表 8.6 由有色重合金制成的典型产品

材料	产品		章节
铜	—		—
纯铜	线材 电接触材料 汽车散热器 热交换器	家庭供暖系统 吸收太阳能电池板 需要快速热传导的应用	8.3.2.1
黄铜	水暖产品 法兰盘 供水泵 仪表外壳和零件 液压和蒸汽阀门 阀盘和座位 叶轮 注射器	纪念品 瓷片 雕像 低压阀门 空气和煤气装置 计算机硬件 装饰性铸件	8.3.2.1
青铜	弹簧	承重板	—
硅青铜	需要协同抵抗和高强度的应用	—	8.3.2.1
铝青铜	结构材料 活门螺母 凸轮轴轴承 叶轮	搅拌器 起重机齿轮 连杆	8.3.2.1

续表

材料	产品		章节
锰青铜	船用螺旋桨和配件 小齿轮 球轴承系列 蜗轮	变速叉 建筑学应用 桥架耳轴 齿轮和轴承	8.3.2.1
铍青铜	耐腐蚀弹簧材料 X 光窗口	塑料模具 膜片	8.3.2.1
铜镍合金	要求耐腐蚀的应用	—	8.3.2.1
铜锌镍合金	铭牌 斜垫面	镀银餐具和银器	8.3.2.1

镍合金	需要耐腐蚀和/或耐热性的应用
	航空燃气轮机
	  燃烧室
	  螺栓
	  套管
	  轴
	  排气系统
	  刀片
	  复燃室
	  反推力装置
	汽轮机发电厂
	  螺栓
	  涡轮叶片
	  烟道壁
	往复式发动机
	  涡轮增压器
	  排气阀
	  热型火花塞
	  阀座插头
	热作业工具和模具
	修复设备
	牙科工具
		化工和石化行业
		  螺栓
		  风扇
		  阀门
		  反应容器
		  管路
		  泵
		污染控制设备
		  洗涤器
		烟气脱硫设备
		  班轮
		  风扇
		  烟道壁
		  管道
		金属加工厂
		  烤箱
		  复燃室
		  排气风扇
		煤碳化和液化系统
		  管子
		  漂白电路设备
		纸浆和造纸厂的洗涤器
		核能系统管道
			8.3.2.2

续表

材料	产品		章节
镍合金	空气加热外皮 火箭发动机零件 热处理设备炉消音器	—	8.3.2.2
锡合金	自动安全装置中的易熔合金 　消防喷头 　锅炉插头 　控制炉 　焊料 饮用水管道	锡产品 人造珠宝 装饰构件 　盘子 　杯子 　碗 　玻璃水瓶	8.3.2.3
钴合金	汽轮机侵蚀防护罩 舵承 钢铁工业棒材轧机 钻机轴承	链锯式棒材 地毯刀 石油勘探机械旋转泵密封环	8.3.2.4

纯铜:纯铜与许多其他元素相结合,可以产生微小的属性变化。添加铬、锆、镉和锡可以提高强度。少量添加银可以获得更好的耐热性。

黄铜:普通的黄铜是铜和锌的合金。根据锌含量的不同,则分为不同种类的黄铜。红色黄铜含有大约15%的锌。黄色黄铜含有大约30%的锌。若黄铜含有约40%的锌则被称为蒙茨金属。黄铜可由铸造、锻造、加工、冲压或旋转成形得到需要的部件。黄铜相对较高的价格因其独特的性能而被忽略,包括高延展性;在压力机和模具中快的压印速度;降低模具的维护成本;易于电镀或用于电镀;易于加工、成型和铸造;高价值的废料;能够与多种金属合金化,以达到理想的性能。

青铜:最初,青铜术语指的是铜锡合金。然而,现在青铜可以含有硅或铝作为合金元素而不是锡。用锡做的青铜被称为磷青铜,因为它们含有大量精炼提取出的磷。它们的强度和硬度随着锡的增加而增加,且与大多数材料表面的摩擦系数都较低。

硅青铜:硅青铜是一种重要的合金,用于海洋应用和高强度紧固件。硅青铜可以很容易地进行铸造、锻造、焊接、冲压、轧制和旋转。它们主要应用于耐腐蚀和高强度的场合。

铝青铜:铝青铜中含有铝,没有锡。添加铁到铝青铜中可以增加强度和硬度。这些合金具有优良的耐腐蚀性,它们的高强度使其可以作为结构材料。

锰青铜:锰青铜类似于铝青铜,但其性能略低于铝青铜。

铍青铜:铍青铜用于有色金属、无火花的或高强度的导电导体。它们可作为一些最好的耐腐蚀和/或高导电性的弹簧材料。

铜镍合金:铜镍合金含有镍作为主要的合金元素,具有延展性,并且主要是通过冷加工硬化和加强的,被用于需要耐腐蚀的应用场合。

铜锌镍合金:铜锌镍合金是由铜、镍、锌组成的合金。根据它们组成的不同,可以具有好的延展性和柔软性,也可以有较差的延展性但更好的硬度。它们在寒冷的工作条件下具有中等强度,因此可作为弹簧和机械零件。将镍和锌以合适的配比组合可以得到外观像银的合金,也就有了"镍银"的名字。

8.3.2.2 镍合金

镍合金的许多应用涉及特殊用途镍基或高镍合金的独特物理特性。一些由镍合金制成的典型产品在表 8.6 中给出。镍基合金对广泛的腐蚀性介质具有优异的耐腐蚀性。镍铜合金,其中最常见的含有约 2/3 的镍和 1/3 的铜,被称为蒙乃尔耐蚀合金,是可加工但不可热处理的合金。它们具有高强度、可焊性、优异的耐腐蚀性,以及在广阔的温度范围内的韧性。它们在海水中表现得很好,在那里它们能抵抗侵蚀和空化的影响。此外,它们对大多数酸和几乎所有的碱性物质都具有极强的耐腐蚀性,并且在氧化环境中温度超过 500℃ 都可耐受。镍铬合金用于在超过 760℃ 的条件下对氧化和渗碳进行抵抗。在这些合金中加入铁元素有助于防止在氧化为铬但还原为镍的大气中发生内部氧化。一个例子是因科镍铬不锈钢,作为电炉的护套材料引入的元素。

镍合金的一种特殊类别是镍基合金。这些是镍铬钴合金,最多含 4% 的铝和 4% 的钛。这些合金的设计是为了在极高的温度下保持高强度,同时提供良好的耐腐蚀性和抗氧化性,以及在较高的温度下对蠕变和破裂的抵抗力。这些合金广泛应用于飞机和工业燃气轮机。

8.3.2.3 锡合金

锡合金可分为三大类:易熔合金、焊料和锡蜡。这些锡合金制成的典型产品在表 8.6 中给出。

易熔合金:这种合金是指在相对较低的温度下可熔化的一百多种白色金属合金中的任何一种。大多数商用易熔合金含有铋、铅、锡、镉、铟和锑。这些合金在自动安全装置中有了重要用途,如消防洒水器、锅炉插头和炉管控制。在环境温度下,这些合金有足够的力量将部件组装在一起,但是在一个特定的温度下,易熔合金的连接将会熔化,从而切断零件。

焊料:锡是焊料中的重要组成部分,因为它在温度远低于熔点的温度下,会粘在许多普通的基础金属上。商业纯锡用于特殊食品和气溶胶喷剂的焊接侧缝。电子和电气工业使用含有40%~97%锡的焊料,在各种环境条件下提供坚固可靠的接头。高锡焊料用于连接电气系统的部件,因为它们的导电性更高,而且它们的润湿性比高铅焊料还要高。一些焊料用于在汽车车身的接缝和焊接处填充裂缝,从而提供平滑的关节和轮廓。锡锌焊料是用来加入铝的。锡锑和锡银焊料用于要求具有高蠕变阻力的接头,以及需要无铅焊接的成分,如可用于水管道。最近的环境立法已经禁止在电子应用中使用含铅的焊料。锡–铋、锡–锌和锡–银铜焊料取代了锡铅焊料,最为广泛接受的替代品是一种镀锡银焊料,即所谓的"SAC",含有3%~4%的银和不到1%的铜。

锡蜡:锡蜡是一种含锑和铜的锡基白色金属,它具有可塑性和韧性,很容易被扭转或形成复杂的设计和形状。在制造过程中不需要退火,而且具有良好的焊接性。可以通过滚动、锤击、扭转或拉伸来形成锡蜡。如今生产的大部分服装珠宝都是用橡胶或硅树脂离心铸造的锡合金制成的。锡蜡在软水里会被污染,但在硬水里不会发生该状况。

8.3.2.4 钴合金

钴是一种坚硬的银灰色磁性金属,在外观和某些性能上类似于铁和镍。钴在利用其磁性特性、耐腐蚀、耐磨损或在较高温度下的强度的应用中很有效。一些钴基合金也具有生物相容性,这促使它们作为整形植入物。耐磨合金构成了钴基合金的最大应用领域。钴基耐磨合金具有中等高屈服强度和硬度。典型的由钴合金制成的产品在表8.6中给出。

8.3.3 难熔金属

8.3.3.1 钼合金

钼在铸铁、钢、耐热合金、耐腐蚀合金中作为合金元素,以提高产品的下列性能:淬透性、韧性、耐磨性、耐蚀性,以及在较高温度下的强度和蠕变阻力。钼及其合金具有高导热性和低比热。

钼可作为铜钨的填充金属和在温度高达2200℃的熔炉中的电阻加热元件。此外,钼合金也特别适合使用在机身,因为它们的硬度很高,在热循环后能保持机械性能,以及良好的蠕变强度。纯钼对盐酸有良好的抵抗力,在化工行业中用于酸性服务。

钼和它的合金可以使用开合或闭合模具锻造,可以通过传统的滚动和交叉轧制过程,以薄板形式制造,并且很容易挤压成很多形状包括管、圆棒、正方形棒、长方形棒。由钼合金制成的典型产品在表8.7中给出。

表8.7 由难熔金属制成的典型产品

材料	产品		章节
钼合金	喷嘴 空气动力控制表面的前缘 再入锥 泵 涡轮机叶轮 热作业工具 钻孔器 挤压模 等温锻模	镗杆 刀柄 电阻焊接电极 电镀 整形磨轮 模具 热电偶 热辐射盾牌 散热器	8.3.3.1
钨合金	平衡物 飞轮 调速器 辐射屏蔽	线形式 照明设备 电子设备 热电偶	8.3.3.2

8.3.3.2 钨合金

钨与钴结合在一起作为硬质合金复合材料的黏合剂,用于切割和磨损。首先,钨的高熔点使其成为暴露在高温下结构应用的首选。其次,钨可用于较低的温度,以利用其高弹性模量、密度或屏蔽特性。最后,在室温下,钨对大多数化学物质都有抵抗作用。锻造钨具有高强度、强定向机械性能,以及一定室温韧性。

钨和钨合金可被挤压并烧结成条,随后制成加工棒、薄板或金属丝。人们开发出钨合金(钨–镍铜和钨–镍铁合金),其具有较强的延展性和较低的熔点以及良好的机械性能与力学性能。钨和钨合金广泛应用于需要高密度材料的场合。表8.7给出了用钨合金制成的典型产品。

8.4 专用合金

8.4.1 低延展钢

低膨胀合金包括各种铁镍合金和几种结合镍铬、镍钴或钴铬的铁合金。使用的低膨胀合金的一些贸易名称和它们的组成如下。

不变钢:这是一种含有 64% 的铁和 36% 镍的合金,它的热系数是铁镍合金里最低的。

科瓦铁镍钴合金:这是一种含有 54% 的铁、29% 镍和 17% 钴的合金,其膨胀系数与硬玻璃的非常接近。

镍铬恒弹性钢:这是一种含有 52% 的铁、36% 镍和 12% 铬的合金,在广泛的温度范围内具有恒定的弹性模量。

超级不变钢:这是一种含有 63% 的铁、32% 镍和 5% 钴的合金,它的膨胀系数比不变钢小,但是温度范围较窄。

高强度、可控膨胀合金:铁镍钴合金的家族,可通过增加铌和钛来加强强度,显示出非凡的强度和低膨胀系数的组合,使得这个家族对于要在一系列温度下保持接近操作公差的应用程序很有用。燃气涡轮发动机的几个部件是由这些合金产生的。这些合金中的一些是以因科镍铬不锈钢的贸易名称出售的,在 8.3.2.2 节中讨论了镍合金。

低膨胀合金:其可用于制作以下部件。大地测量的杆和卷尺;时钟和手表的补偿摆与平衡轮;需要控制膨胀的部件,比如一些内燃机的活塞;双金属条;玻璃金属封接密封圈;液化天然气的储存和运输的热弹性条、容器和管道;电力传输中的超导系统;集成电路引线框架;也用于无线电和其他电子设备的部件,以及光学和激光测量系统的结构组件。它们还可与高膨胀合金一起使用,以产生热开关和其他温度调节装置的运动。

8.4.2 永磁材料

永磁体是用于描述固体材料的术语,其具有足够高的抗退磁能力和足够高的磁通量输出以提供有用且稳定的磁场。永磁体通常用于单一的磁态。这意味着对温度、机械冲击和消磁场不敏感。永磁体通常是由钴或铁的金属合金制成,两者都是铁磁性的。铁磁性是一种材料的微观结构域的能力,它可以将其组成原子的磁旋方向定向到一个应用磁场的方向,然后在应用磁场被撤回后,使这些旋转方向朝着那个方向继续保持。然而,永久磁铁材料包括各种合金、金属材料和陶瓷。每一种磁铁材料具有独特的磁性和机械性能、耐腐蚀性、温度敏感性、制造限制和成本。这些因素为磁性零件的设计提供了广泛的选择。永磁材料的主要磁性特点是高感应、高阻退磁、最大能量值,最大能量值是最重要的,因为永磁体主要用于产生磁通量场。各种磁性材料如下。

磁铁合金:这种合金由铜镍铁合金代表,它含有大约 20% 的铁、20% 的镍和60% 的铜。材料是极端各向异性的,在轧制方向上具有优越的磁性性质,这是磁铁设计中必须考虑的因素。这种合金的机械柔软性使其易于冷却和操作,从而导致其在许多应用场合以线状和带状的形式出现。

铝镍钴合金:铝镍钴合金是永磁材料的主要类别之一。铝镍钴合金在组成和制备方面有很大的差异,所以提供了广泛的特性、成本和可加工性。一般来说,铝镍钴合金在抵抗温度对磁场性能的影响方面优于其他永磁材料。

铂钴合金:尽管铂钴磁体很贵,但仍要在某些应用中使用。铂-钴合金是各向同性的,有韧性,易于加工,耐高温、耐腐蚀,而且磁性的性能优于所有的稀土-钴合金。原子比为 50% 的铂和 50% 的钴,且有最佳的磁性性能。

钴和稀土合金:以钴和较轻的稀土镧系金属为基础的永磁材料,如钐钴,是大多数小型高性能设备的首选材料,这些设备可在 175 ~ 350℃ 运行,这些材料是用粉末冶金方法制造的,并且具有低温系数。

硬铁元素:也被称为陶瓷永磁材料,它们具有很高的电阻率,是导热性差的导体,并且不受高温或大气腐蚀的影响;然而,它们的磁性比其他永磁合金更依赖于温度。另见 8.6.4.2 节。

钕铁硼合金:这些合金已经成为广泛的永久磁铁应用的首选材料。它们是由粉末冶金或快速固化材料的加固处理制成的。

8.4.3　电阻合金

电阻合金被用于将热量转化为机械能,它们被分类为电阻合金、恒温金属和加热合金。

8.4.3.1　电阻合金

电阻合金具有均匀的电阻率、稳定的电阻(无时间依赖性老化效应)、可重复的电阻温度系数,以及与铜相比的低热电势。在商业上使用的电阻合金类型如下。

铜镍电阻合金:该合金通常被称为无线电合金。这些合金具有极低的电阻率和中等温度的电阻系数。它们主要用于电流相对较高的电阻器,并限于低工作温度的应用。

铜-锰-镍电阻合金:该合金通常被称为锰铜合金。这些合金几乎被广泛应用于精密电阻、滑动导线和其他电阻元件,电阻值为 1kΩ 或更少;并且也可应用于具有 100kΩ 电阻值的元件。当材料经过适当的热处理和保护时,锰的电阻值每年变化不超过 1ppm($1ppm=10^{-6}$)。

康铜:其和锰铜一样,成为一种具有中等电阻率和低温度系数的合金的通用术语。康铜对腐蚀的抵抗力比锰铜要大得多。一般使用康铜作为电阻合金主要受限于交流电路,因为与铜相比,其热电势相当高(在室温下约为 40μV)。康铜也被广泛应用于热电偶,将温差转化为电压差。

镍铬铝电阻合金:该合金含有少量的金属,如铜、锰或铁。这些合金的电阻率大约是锰的两倍半到三倍半。如今镍铬铝电阻合金已被广泛应用于制造绕线精密电阻器,其电阻约为 100kΩ,同时也可用于电阻低至 100Ω 的电阻器。

8.4.3.2　恒温金属

恒温金属是一种复合材料,通常以条状或片状的形式存在,由两个或两个以上的材料组成,其中一种可能是非金属材料。由于材料黏合在一起形成的复合材料在热膨胀上的不同,导致复合材料的曲率因温度的变化而改变,这是任何恒温金属的基本特性。因此,恒温材料是一种将热能转化为机械能的系统,用于控制、指示或监测。在诸如断路器、热继电器、电机过载保护器和闪光器等应用中,元件运行所需的温度变化是由电流通过元件本身产生的,这意味着材料应该具有很高的电阻率。它们可以是厚度 0.13～3.2mm 不等的条状或片状物。

8.4.3.3　加热合金

电阻加热合金用于多种不同的应用,从小型家用电器到大型供暖系统和小锅炉。加热元件的主要要求是高熔点、高电阻率、可再现电阻温度系数、抗氧化、无挥发成分、耐污染。其他期望的性能是良好的高温蠕变强度、高发射率、低热膨胀和低模态(两者都有助于减少热疲劳)、良好的抗热冲击性能,以及在制造温度条件下的良好强度和性能。有四种主要的电阻加热材料,如下所示。

- 镍铬和镍铬铁合金是应用最广泛的。在这一种类中,韧性锻造的合金能在低温和高温及各种复杂环境下使用。

- 铁铬铝合金,也是韧性合金,在加热器中为提供更高的温度范围起重要作用,且为元件提供更加有效的机械支撑。它们在高温条件下具有优异的抗氧化性且抗拉强度很低。

- 纯金属,包括钼、铂、钽、钨等,熔点高、电阻率低、耐高温系数高。钼和钽具有很高的抗拉强度,即使在高温下也是如此。除铂外,所有这些物质都很容易被氧化,并被限制在"非氧化环境"中使用。它们在有限的应用范围内是有价值的,主要用于1370℃以上的加工工艺。铂的成本使得除在小的特殊熔炉外很少使用。

- 非金属加热元件材料可用于更高的温度,包括碳化硅、二硅化钼和石墨。石墨和碳化硅具有高电阻率和电阻负温度系数。二硅化钼具有低电阻率和非常高的正温度系数电阻。碳化硅可以在温度达 1650℃ 的氧化环境下使用。石墨的抗氧化性很差,不可以在高于 400℃ 温度条件下使用。二硅化钼可在 1700～1900℃ 有效使用。二硅化钼加热元件在工业和实验室熔炉的使用中得到了越来越多的认可。它们的理想性能是优良的氧化性能、寿命长、恒定电阻、自愈性、耐热冲击。非金属加热元件比金属加热元件要脆弱得多,它们的抗拉强度都很低。然而,由于其高电阻率,碳化硅可制成具有大横截面的元件以降低电阻,并因此可承受较高的机械负载。

8.5 聚 合 物

8.5.1 介绍

在自然界中,聚合物是由碳、氢、氧和氮原子的长链分子构成的。聚合物的性质在很大程度上取决于分子内原子的重量和排列。其他类型的聚合物(氨基树脂类:三聚氰胺和尿素)有较大的三维分子结构。因此,广泛的聚合物具有各种可利用的特性,这些聚合物被用于许多方面。其典型的性能包括低密度、低成本、中等强度、耐腐蚀、耐热、耐化学腐蚀、良好的冲击强度、绝缘性及成型性。

聚合物可分为三类。

- 热塑性塑料:这种材料在室温下固态,通过加热软化,最终变成液体。它的流动性可用于加工成品零件。像熔融金属一样,它们形成和模具一样的形状,然后保持那个形状直到冷却。它们可以被重熔和重塑多次。

- 热固性树脂:这种材料由一种很少被单独使用的软黏树脂和一种硬化剂组成。当树脂和硬化剂混合,加热,最后的成品变得足够硬,很难成为有用的工程材料。在加热和固化过程中,分子结构发生了变化,被称为交联。这些材料不能被再次加热和重塑。热固性是持久的并且固化过程是不可逆转的。

●人造橡胶:这些材料可承受反复拉长(高达200%),但在松开所施加的应力时可以显示出完全的形变恢复。

X射线衍射研究表明,许多聚合物(特别是热塑性塑料)显示出与三维有序(结晶)区域相关的鲜明特征以及无序(非晶)区域的扩散特性。大多数热塑性塑料只是部分相邻的无定形区域形成结晶或全部是无定形区域。

聚合物分子也可能是交联的。交联是在聚合物分子之间形成强大的主键,将它们转换成大的三维网络,使链拉得更近,释放的自由体积更小,限制了它们的流动性。交联增加塑料的模量、硬度和抗皱性。交联聚合物在溶剂中可溶性较小、热稳定性好、热膨胀系数较低。

重交联将聚合物连在一起,以至于小片段的运动也受到限制。这种聚合物具有高模量和高抗蠕变性。

微交联将分子结合在一起,足以防止它们彼此完全脱离,但不足以限制聚合物分子内大片段的运动。微交联聚合物具有优异的强度、韧性、弹性、耐撕裂性和耐磨性。然而,长期的压力会导致分子的逐渐分离,弹性体就是这样。

塑料有几个制造优势,它们可以用来形成一个操作中非常复杂的部分。刚性和挠性的元件可以合并在一个部分,如整体铰链和扣合元件。颜色可以包含在材料中,许多塑料在低负荷和低速度下具有天然润滑性。

另一方面,塑料不像金属那么结实,它们的热膨胀系数非常高,通常在高温下它们会被软化或分解。它们的抗蠕变能力较差,因此在高温下不应承受高应力。对于那些回收利用的塑料,其性能会有所降低。以下部分讨论的几种热塑性塑料和热固性塑料的一些重要特性如下:ABS(丙烯腈丁二烯苯乙烯)具有高冲击强度和耐刮擦性,耐气候性好,易于电镀。丙烯酸、聚丙烯和聚苯乙烯,可耐酸、碱和各种溶剂,并具有良好的着色性。丙烯酸也有较低的吸湿性。环氧树脂、氟碳化合物、酚醛树脂、聚酯和硅树脂具有良好的电气性能和良好的耐腐蚀性。氟碳化合物、酚醛树脂和硅树脂具有好的温度特性,尼龙、聚碳酸酯和聚丙烯也如此。

8.5.2 热塑性塑料(部分结晶)

8.5.2.1 聚乙烯

聚乙烯的导热系数很低,而且可以从非常柔软到坚硬不等,这取决于其分子量和结晶度。高密度聚乙烯高度结晶,不透明且坚硬。低密度聚乙烯大多是无定形的、透明的和柔软的。塑性范围广泛,材料在各种条件下均可熔融和成型。聚乙烯无吸湿性,不需要任何储存预防措施或干燥操作,但是它可以产生静电荷,会吸引尘粒和其他大气污染物。聚乙烯的收缩率通常很高,但在流动方向上的收缩比横向上更大。聚乙烯广泛用于各种产品,表8.8列出部分产品。

表8.8　由聚合物制成的典型产品

材料	产品		章节
热塑性塑料(部分结晶)	—	—	—
聚乙烯	消费品 　水桶 　碗 　婴儿浴盆 　喷壶 　漏斗 　搅拌盆	工业产品 　公交车踢板 　阀门上的密封塞 　管件 　包装材料	8.5.2.1
聚丙烯	瓶子 碗	管件 阀门	8.5.2.2
缩醛树脂	齿轮 轴承	硬件组件 商用计算机组件	8.5.2.3
尼龙	袜子和内衣 食品包装 齿轮	滚轮 凸轮 门锁组件	8.5.2.4
氟碳化合物	低摩擦无黏性涂料 防水面料 绝缘电线电缆	印刷线路板 冷却液	8.5.2.5
聚酰亚胺	自润滑聚酰亚胺 　高速高负荷轴承 　陀螺仪轴承保持架	喷气发动机 高温电子连接器 空气压缩机活塞环	8.5.2.6
纤维素物质	薄膜 　电影院用透明薄膜 　投影仪薄膜 　静态摄影薄膜		8.5.2.7

材料	产品		章节
热塑性塑料(非结晶)	—	—	—
聚碳酸酯	防破坏公共产品 　照明配件 　窗户 　门 汽车产品 　内饰板 　外部保险杠延伸	家电及机器外壳 头盔 摄影设备 双目镜镜体 水泵	8.5.3.1
ABS(丙烯腈丁二烯苯乙烯)	—	—	8.5.3.2
聚苯乙烯	模型 食品包装 洁厕剂	阻燃剂 　发动机外壳 　电视柜 　电器零件	8.5.3.3
PVC(聚氯乙烯)	仿皮革 装饰层压板 室内装饰 墙面 挠性管 金属防腐涂层 电动工具绝缘手柄和电线包 冷水和化学品刚性管道 防护装置 汽车的顶部 管 水箱	通风柜 泵配件 手柄 水管和弯头 建筑墙板 窗框 排水沟 内部造型与装饰 浴帘 冰箱垫圈 电器元件	8.5.3.4
聚氨酯	聚氨酯泡沫 　缓冲减震 　隔热	—	8.5.3.5

续表

材料	产品		章节
高度交联的热固性树脂	—	—	—
环氧树脂类	黏合剂用于 　　飞机蜂窝结构 　　刷毛 　　混凝土面层的化合物 嵌缝密封胶化合物 铸造化合物用于 　　标准模具 　　模板 　　模具 电工电子设备 　　灌封化合物 　　浸渍树脂 　　清漆	复合树脂用于 　　机身和导弹 　　纤维缠绕结构 　　工装夹具 　　纤维织物增强复合材料 环氧基溶液用于 　　环氧基产品涂饰剂 　　航海用漆 　　建筑用漆 　　结构钢 　　飞机涂漆 　　汽车底漆 　　罐和桶衬	8.5.4.1
酚醛塑料	层压板 模具 表面涂层	黏合剂 模具部件 印刷线路板	8.5.4.2
聚酯纤维	玻璃纤维复合材料 　　船体	—	8.5.4.3
醇酸树脂	断路器 变压器外壳	分配器帽 转子	8.5.4.3
聚对苯二甲酸丁二醇酯	汽车 　　车体组件 　　点火元件 　　门窗 　　传动部件 开关 继电器	电机刷架 保险丝座 接线端子 食品加工刀片 风扇 齿轮 车架及支架零件	8.5.4.3

续表

材料	产品		章节
聚对苯二甲酸乙二醇酯（PET）	容器 　饮料容器 　药品容器	—	8.5.4.3
轻度交联的热固性树脂	—	—	—
有机硅树脂	脱模剂 密封圈 垫片 油管	软管 导线绝缘体 涂层织物 隐形眼镜	8.5.5.1
丙烯酸树脂	耐冲击的窗户	—	8.5.5.2
橡胶	—	—	
天然橡胶	隔振器 减震器 轮胎 鞋跟	软管 垫片 电绝缘体	8.5.5.3
合成橡胶			
苯乙烯-丁二烯橡胶	汽车轮胎	—	8.5.5.3
丙烯腈-丁二烯橡胶	垫片 密封圈 汽油软管	油泵密封圈 化油器和燃油泵隔膜	8.5.5.3
氯丁橡胶	花园软管 电线电缆绝缘体 汽油泵软管	包装环 电机配件 油封	8.5.5.3
丁基橡胶	内胎 无内胎轮胎	乳管 防毒面具	8.5.5.3

8.5.2.2　聚丙烯

聚丙烯的密度低,其产品具有刚性好、表面硬度好、抗环境应力强等特点,具有良好的抗撕裂性能。聚丙烯的冷却速度比聚乙烯快得多,用聚丙烯设计零件时必须考虑到这一点。在冷却过程中,应力可能会发生变化,并伴有部分变形。聚丙烯是一种切口敏感性的材料,应避免尖锐的棱角;相反,应该提供小半径的圆角。由于聚丙烯具有惰性,使其难以黏结。由聚丙烯制成的典型产品列于表 8.8。

8.5.2.3 缩醛

缩醛是一种相对较新的热塑性塑料,1960 年第一次投入使用。其在外观上类似于尼龙,使用范围也有重叠。表 8.8 列出了一些典型的缩醛制品。

缩醛具有优异的力学性能,在某些应用场合可用其代替金属。它具有以下特性:很高的抗拉强度,在 95℃ 的水和空气中可以保持数年之久;很高的抗冲击性,即便处于零下温度也影响不大;刚度很高;蠕变和抗疲劳性能超过任何其他热塑性塑料;摩擦系数低;耐磨损性可与金属相媲美。缩醛可抵抗大部分溶剂和碱,但会受到酸的腐蚀;着色性好,不存在工业用油的褪色和油脂脱色等问题;吸湿性低;耐候性好,但短期暴露于紫外线辐射会导致表面粉化,长期暴露则影响强度。

8.5.2.4 尼龙

聚酰胺是一种线型聚合物,其结构单元由酰胺基团连接。最初,用聚酰胺制成连续纤维,用来代替天然丝制作袜子和内衣,并采用尼龙作为商品名称,不过如今尼龙这个词已经被广泛用于描述各种形式的聚酰胺。尼龙材料的典型产品见表 8.8。

尼龙的一般特征如下。

• 透明度:尼龙成型和挤出树脂的自然状态是半透明的,米色或白色,挤压出的薄膜可应用于食品包装。

• 减抗和减磨特性:挤压出的尼龙具有减磨和抗剪切特性,由于本身的减阻特性使其可以通过复杂的管道。低摩擦是所有种类尼龙常见的属性,这一特性使其适用于活动部件和轴承零件。

• 耐热性:大多具有自熄性并散发一种燃烧羊毛的气味,持续暴露在 120℃ 的干热环境下会发生脆化。

• 吸湿性:尼龙的吸湿性在一定程度上取决于配方,通常在自身重量达到 0.20% ~ 0.25% 时处于平衡。因此,当运动部件在潮湿的环境中工作时,选型和设计公差就变得至关重要。

• 耐化学性:一般情况下尼龙耐汽油、液氨、丙酮、苯和有机酸。当暴露于氯和过氧化氢漂白剂、硝基苯、热酚时会受到破坏,失去强度,发生膨胀。不建议将尼龙长期暴露于紫外线、热水和酒精。尼龙可抵抗飞蛾幼虫、真菌和霉菌。

• 熔点:与大多数热塑性塑料不同,尼龙在明确定义的熔点处高度结晶,导致熔体自由流动且流动性极好。

8.5.2.5　氟碳化合物

氟碳化合物是碳化合物，该化合物中氟取代了氢与碳链联结。最终所得化合物热稳定性好，耐化学腐蚀。氟碳塑料包括聚四氟乙烯（PTFE 或 Teflon）、氟化乙烯丙烯（FEP）和聚偏氟乙烯（PVF）。典型的氟碳制品列于表8.8。

8.5.2.6　聚酰亚胺

聚酰亚胺是已知的最耐热耐火的聚合物之一。具有良好的耐磨性及低摩擦系数，这两种性能都是通过使用 PTFE 填料来改善的。含石墨粉末的自润滑零件的弯曲强度在70MPa以上，远远高于大多数热塑性齿轮材料。在一定范围的温湿度条件下，其电学特性优异。聚酰亚胺部分暴露于稀酸、碳氢化合物、酯、醚、醇中不受影响，但会受到稀碱和浓有机酸的腐蚀。

模压玻璃增强的聚酰亚胺可用于喷气发动机和高温电子连接器中。商用机器和计算机打印设备的高速高负荷轴承使用自润滑聚酰亚胺。其他由聚酰亚胺制成的产品见表8.8。

8.5.2.7　纤维素物质

以纤维素为基料的化合物很广泛，最常见的是醋酸纤维素。醋酸纤维素具有高回弹、高韧性、高表面光洁度、良好的冲击强度、低耐热性、低防潮性等特点，但尺寸稳定性不好，即使在两个方向上都均匀收缩也会导致尺寸稳定性差；其制品可以是透明或不透明的。

8.5.3　热塑性塑料(非晶态)

8.5.3.1　聚碳酸酯

聚碳酸酯具有很高的抗冲击强度，良好的透光性、耐热性、高尺寸稳定性和耐化学腐蚀等特性。这些特性使聚碳酸酯成为防破坏公共照明、门、窗的理想材料。可以通过玻璃与聚碳酸酯(莱克桑)消除断裂的风险。聚碳酸酯板比玻璃强度高几百倍，可抵抗锤击、敲打、火花、喷洒的液体和高温。

聚碳酸酯可用于多种颜料，它们具有良好的抗蠕变性，是优良的电绝缘体。因为其高耐热性(可达145℃)，聚碳酸酯是少数可用于高光照明(温度可达100℃以上)的热塑性塑料。该材料不自燃和自熄,有弹性,抗凹陷。结构发泡聚碳酸酯的强度与重量比是传统的金属的 2 ~ 5 倍。由聚碳酸酯制成的典型产品列于表 8.8。

8.5.3.2　丙烯腈-丁二烯-苯乙烯共聚物(ABS)

丙烯腈-丁二烯-苯乙烯共聚物(ABS)是一种共聚物,它将三种不同的聚合物结合在一起,形成一系列不透明的热塑性塑料,性能平衡,最突出的性能有抗冲击性、抗拉强度和抗划伤性。

ABS 塑料具有韧性,其特点是冲击强度高,拉伸强度和压缩强度适中,尺寸稳定,耐腐蚀和耐化学腐蚀性极佳,具有很强的硬度,并能在较大的温度范围内保持其性能,通常可低至-40℃。采用化学镀技术,可使 ABS 易于涂覆金属。其流动特性提供了良好的成型性和无限的色彩与光泽,以及防污饰面。ABS 耐候性优异,大多数环境对 ABS 几乎没有影响,但长时间强烈的光照可能会导致其变脆;蠕变和冷流阻力适中;声阻尼特性优良。在可燃性分类上可归类为缓慢燃烧,但 ABS 与聚氯乙烯混合后表现阻燃性。

8.5.3.3　聚苯乙烯

聚苯乙烯是最受欢迎和应用最广泛的热塑性塑料之一。基本形式产品很便宜,可以提供任何颜色,从完全透明到不透明的黑色。由聚苯乙烯制成的模型具有颜色明亮、表面坚硬、极好的尺寸稳定性、可任意弯曲、在固体表面脱落时发出金属噪声等特点。聚苯乙烯有气味,无毒,可与食品接触,无污染,可在厕所中使用,抑制霉菌或真菌生长,可再生和重复使用。聚苯乙烯对大多数无机材料都有抵抗力,但会受到有机溶剂的侵蚀而失效。填充级聚苯乙烯使用云母和玻璃纤维作为填料来提高电气性能和冲击强度。由聚苯乙烯制成的典型产品列于表 8.8。

8.5.3.4　聚氯乙烯

聚氯乙烯(PVC)是应用最广泛的塑料之一。其制品通常采用挤出成型(见9.8.3 节),压缩成型(见 9.2.3 节)、吹塑(见 9.7.1 节),注射成型(见 9.2.4 节),粉末涂料和液体处理。增塑聚氯乙烯比乙烯基更常用,在这种形式下,其强度较低。表 8.8 列出了由聚氯乙烯和乙烯基塑料(增塑聚氯乙烯)制成的典型产品。

由于 PVC 对电气绝缘、不易燃、不助燃,且具有良好的介电性能,所以 PVC 比电绝缘塑料更受欢迎。硬质聚氯乙烯具有足够的强度和刚度,完全可以作为工程塑料,其作为一种热塑性塑料,具有良好的耐磨性,容易成型,易于制造。在挤出成型的产品中,硬质聚氯乙烯被广泛用于低成本的冷水管和化学品管道。氯化聚氯乙烯(CPVC)则用于热水管道(温度82℃)。PVC 也被用来制作耐腐蚀的部件,对多种酸和碱有很强的抵抗力,但对有机溶剂和有机化学品的抵抗力很差。

8.5.3.5　聚氨酯

最为人熟知的聚氨酯产品是聚氨酯泡沫。聚氨酯相比尼龙价格较贵,耐热性较低、韧性不强,但弹性更高、化学性能较好、耐化学性较好、吸湿率更低,比尼龙具有更好的尺寸稳定性。

聚氨酯的应用范围广,特别适用于对韧性要求高且要求抗冲击的场合。聚氨酯的典型应用见表8.8。

8.5.4　热固性树脂——高交联

8.5.4.1　环氧树脂类

环氧树脂是热固性材料,它是由环氧树脂和固化剂结合而成。该术语用于表示热塑性(未固化)和热固性(固化)状态下的树脂。在塑料技术中,固化后的环氧树脂是主要的结构形式,广泛用于胶水、结构材料和微电子器件的绝缘封装。表8.8列出了环氧树脂的部分应用。

(1)液体树脂

液体树脂属于低黏度液体,容易与固化剂混合后转化为热固性相。其他的液体树脂,如丙烯酸树脂、酚醛树脂、聚酯等,以类似的方式固化,但环氧树脂具有下述独特的属性。

- 低黏度:液体树脂及其固化剂可形成低黏度、易加工的体系。
- 易固化:环氧树脂固化迅速,在 5～150℃ 的任意温度几乎都能很容易固化,具体取决于所选的固化剂。
- 低收缩率:在环氧树脂固化过程中,收缩率低是环氧树脂最重要、最优异的性能之一。
- 高黏接强度:环氧树脂是优良的黏合剂,它不需要长时间的固化或高压,且黏合强度是目前塑料制品中技术最好的。
- 良好的机械性能:经过恰当配制的环氧树脂的强度通常超过其他浇铸树脂的强度,部分原因是其收缩应力低,这也大大减少了固化应力。
- 电绝缘性高。
- 良好的耐化学性:固化环氧树脂的耐化学性很大程度上取决于所使用的固

化剂。使用适当的材料规格,可以获得优异的耐化学性。

• 应用广:基本性能可以通过多种方法进行改进,如树脂类型的混合、固化剂的选择、改性剂和填料的使用等。

(2)固体树脂

固体环氧树脂主要应用在溶液涂料中。高分子材料与常规的干性油或其他树脂共同作用制备了室温固化膜,其在韧性、耐磨性和耐化学性上的性能相当于或超过许多焙烤型面漆。

固体和液体环氧树脂的优点是优异的黏结性、易固化性、机械强度和高耐化学性。

8.5.4.2 酚醛树脂

酚醛树脂是第一个被应用于商业开发的、最古老的塑料之一。其主要用于增强热固性模塑材料。结合有机纤维、无机纤维和填料,酚醛树脂提供尺寸稳定的具有优良成型性的化合物。

酚醛树脂可通过压缩、注塑和挤压成型(详见 9.2.3 节、9.2.4 节和 9.8.3 节)。注塑成型通常循环时间最短,但性能不一定最好。例如,在长纤维填充的化合物中,压缩成型提供了最大的强度。酚醛树脂可作为黏合和浸渍材料,还可用于层压板、模塑、表面涂层和黏合剂。层压板通常用纸、纤维或布加固。

酚醛模塑料具有成本低,耐热性好、热变形温度高、阻燃性良好、尺寸稳定性较好、良好的水和耐化学性、易成型等特点。酚醛树脂材料可分为通用型、不渗色型、耐热型、冲击型、电气型和特殊用途型。大多数酚醛树脂材料是黑色的。由酚醛树脂制成的典型产品列在表 8.8 中。

8.5.4.3 聚酯

聚酯具有良好的强度、韧性、耐化学侵蚀性、低吸水性以及在低压和低温下固化的能力。这类树脂在低压层压材料中有着广泛的应用。常用于船体的制造,使用玻璃纤维作为层压材料和聚酯作为树脂材料。由聚酯制成的其他产品列于表 8.8。下面给出三种常用聚酯。

• 醇酸树脂是热固性材料,通过结合不饱和聚酯树脂和添加剂或填料单体制成。醇酸树脂可用于那些需要高温电学特性和尺寸稳定性高的场合,如应用于电弧电阻。同大多数热固性树脂一样,醇酸树脂坚硬,在高温下保持其机械和电学特性。温度只会使介质损耗因数产生微小变化。其性能很大程度上取决于填料和制造工艺。其抗拉强度通常较低,而抗压强度比一般树脂高 4～5 倍,优点有耐电弧性、低吸湿性和潮湿时能保持电学特性。醇酸树脂制品见表8.8。

• 聚对苯二甲酸丁二醇酯(PBT)是一种聚酯型树脂,具有高耐热性、良好的机械强度和韧性、良好的润滑性和耐磨性、吸湿性低、材质美观,但耐化学性一般。材料的制备主要采用注塑成型(见9.2.4节)。聚对苯二甲酸丁二醇酯的几种常见产品见表8.8。

• 聚对苯二甲酸乙二醇酯(PET)是一种典型的聚酯,用于吹塑操作(见9.7.1节)。PET 的主要性能包括优异的光泽和透明度、高韧性和冲击强度、耐化学性、对二氧化碳的低渗透性、良好的加工性和尺寸稳定性。PET对瓶子和包装市场的重要性体现在塑料吹塑技术上。由 PET 材料制成的几种产品见表8.8。

8.5.5 热固性树脂——轻度交联

8.5.5.1 有机硅树脂

硅树脂对热、水和某些化学物质有极好的抵抗力。这种树脂通常用于层压零件或作为填充材料,在 230～260℃能保持良好的物理特性。有机硅可分为流体、弹性体和树脂。因此,有机硅聚合物的最终形式可以是流体、凝胶、弹性体或刚体。有机硅令人着迷的特性包括表面张力低,橡胶和塑料表面的高润滑性,优良的耐水性,良好的电性能,良好的热稳定性,化学惰性,耐候性。硅油主要作为脱模剂用于塑料和橡胶工业中。添加硅树脂的有机塑料具有防水性、耐磨性、润滑性和柔韧性。表8.8列出了由硅树脂制成的典型产品。

8.5.5.2 丙烯酸树脂

丙烯酸树脂是热塑性塑料,具有优异的光学性能、环境条件抵抗力强且容易成型。知名的品牌包括 Lucite、Perspex 和 Plexiglas。

丙烯酸树脂可透过92%的光线,折射率很大,具有优异的尺寸稳定性,并且在温度高达110℃时仍可使用;但是热膨胀性较大,大约是钢的7倍;耐候性优异,但高强度紫外线照射产生裂纹,可通过退火缓解(裂纹最初只是小空隙开口,在低于破裂压力的应力水平下会扩展)。高强度和良好的耐冲击性提高了它的实用性。丙烯酸树脂不受碱、工业油、无机溶剂影响,但遇酸和酒精会变质;吸湿性低。丙烯酸的应用见表8.8。

8.5.5.3　橡胶

橡胶这个名词适用于描述具有特殊弹性变形的物质,不论是天然的还是人工合成的。适当处理的橡胶在拉伸时可以变形超过原来长度的200%,并且在应力消除时还可恢复到原来的长度。因此,橡胶除了具有很高的弹性外,还具有很高的回弹性。

(1)天然橡胶

天然橡胶不是从产橡胶的植物中提取出来就可以使用的。因为在该种状态下的橡胶对温度很敏感,夏天软、冬天硬。因此,天然橡胶需要经过硫化,即通过加入硫来交联各种分子,从而增强天然橡胶的固体性质。还加入了某些成分,以减少氧气、臭氧和阳光的破坏。硫化橡胶制品适用于那些必须承受剧烈弯曲和反复弯曲的结构,也可用于对耐磨性要求高的场合。橡胶独特的性能会导致即使磨粒磨损,也不至于被切割,这点在轮胎制造中特别有用。当与干燥的表面相接触时,橡胶具有很高的摩擦系数。这一特性增加了它们在轮胎行业、制鞋行业以及许多机械领域的应用。在硫化或固化过程中,橡胶可以在热和压力下形成各种复杂的形状。橡胶可被挤压成软管和垫圈,也可用来黏附金属、玻璃、塑料和织物。作为电流的不良导体,橡胶可以作为绝缘体。橡胶会受到氧气、阳光、臭氧的破坏,需要加入抗氧化剂进行保护。温度的波动会使橡胶失去弹性和回弹性。橡胶容易被矿物油、汽油、苯和其他有机溶剂及润滑剂降解。橡胶通常对大多数无机酸、碱和盐有抵抗力。表8.8列出了一些由天然橡胶制成的产品。

(2)合成橡胶

合成橡胶是为了克服天然橡胶的一些缺点而开发的,其弹性和弹力与天然橡胶相当。以下列举了一些常用的合成橡胶,表8.8中给出了典型产品。

1)苯乙烯-丁二烯橡胶。

苯乙烯-丁二烯橡胶,经常被称为丁苯橡胶,是一种早期的合成橡胶。它的回弹性约为天然橡胶的70%,抗拉强度低得多,抗撕裂性较差;但是具有优良的耐磨性和耐水性;比天然橡胶便宜。最常见的苯乙烯-丁二烯橡胶产品见表8.8。

2)丙烯腈-丁二烯橡胶。

与天然橡胶相比,丙烯腈-丁二烯橡胶具有较低的拉伸强度,回弹性只有天然橡胶的2/3,但可以与天然橡胶合成来提高抗拉强度。随着温度的降低丙烯腈-丁二烯橡胶逐渐失去弹性,但随着温度的升高,其弹性也随之增加。由于这个原因,常被用来代替天然橡胶用于温度远远高于正常室温的装置中。另一个重要特性是其暴露在汽油和油中时的抗老化性。表8.8列出了几种由丙烯腈-丁二烯橡胶制成的产品。

3）氯丁橡胶。

氯丁橡胶具有与天然橡胶相同的弹性和抗拉强度，不过在较低的温度下僵硬明显，比天然橡胶更昂贵，在提升温度后同天然橡胶一样不会发生软化。氯丁橡胶更能抵抗氧、臭氧和阳光的破坏，不透气、阻燃、不易燃。氯丁橡胶具有良好的抵抗化学腐蚀和水腐蚀的能力。用氯丁橡胶制成的几种产品见表8.8。

4）丁基橡胶。

丁基橡胶具有高抗拉强度、耐撕裂性和类似于天然橡胶的弹性；不耐汽油和石油的腐蚀，低温下变硬；但对臭氧和氧化有很强的抵抗力，可在需要抗老化时使用。丁基橡胶具有优良的介电性能，耐阳光和各种形式的风化。丁基橡胶也几乎不渗透空气和其他气体。几种典型丁基橡胶制品见表8.8。

5）硅橡胶。

硅橡胶的力学性能，包括抗拉强度、抗撕裂性、耐磨性、耐集料性和回弹性均低于天然橡胶。其重要特性是在高温下抗劣化。间歇温度高达288℃，连续温度为232℃时，硅橡胶的柔韧性和表面硬度几乎没有变化，而天然橡胶和其他橡胶类材料很快就会变硬或变质。硅橡胶还具有优良的抗氧化、抗臭氧和抗老化性能。硅橡胶非常耐油的腐蚀，不会在汽油中变质。由于成本高（大约是天然橡胶和合成橡胶的20倍），导致硅橡胶的应用范围很有限。

8.5.6　工程塑料

工程塑料是指商业上可用的聚合物基复合材料，通过有目的地添加多种成分而显著增强或改变其机械、化学和物理性能。这些添加剂有许多不同的作用，最常见的有以下几种[①]。

8.5.6.1　增强机械性能

聚合物中最普遍的填料是为了提高拉伸强度、压缩强度、刚度、韧性和尺寸稳定性。这些填料可制成不同大小的颗粒或纤维。典型的填料包括石英[二氧化硅（SiO_2）]、氧化铝（Al_2O_3）、碳化硅（SiC）、碳颗粒、玻璃珠、玻璃纤维和碳纤维。纤维相对于基体聚合物具有更高的强度、刚度和尺寸稳定性，使它们可沿着纤维的纵

---

① 要获得有关工程塑料及其广泛产品的大量有用技术信息见 http://www.rtpcompany.com/。

向方向改善聚合物中的这些性质。另外,颗粒物通过分散硬化增强聚合物。与其他分散硬化系统一样,性能改变与填料颗粒大小有关,更小、更均匀的颗粒比较少、较大的颗粒具有更好的性能。对性能的改变同时和填充率有关,填充物的变化范围可为重量的 5% ~90% 。为增强热塑性塑料的力学性能,填料比例一般是重量的 30% ,而用于微电子器件的某些热固性密封剂其硅含量可高达 82% 。

8.5.6.2 增强导电性

可在聚合物中加入高导热和导电颗粒填料,以改善导电性和导热性。银颗粒常被加入热固性聚合物,如环氧树脂,用于生产导热导电胶;通常将碳纤维、镀镍碳纤维、不锈钢纤维加入热塑性聚合物以获得足够的导电性使聚合物能抗静电积累或提供 EMI/RFI 屏蔽。可在不改变聚合物电绝缘性能的前提下增加热导率的粒子包括氮化硼和氮化铝。同样,这些性能改变是关于填料使用百分比的函数。在这种情况下,电导率略有增加,直到达到渗滤阈值时,导电颗粒开始相互接触,并在聚合物中形成连续的网络。电导率在渗滤阈值上跳跃,然后继续缓慢上升。在聚合物中加入热解石墨纤维可以使聚合物在纵向上的导热系数异常增加,而在正交方向上几乎没有变化。

8.5.6.3 耐磨性

耐磨损化合物可用于防护表面划伤、配合零件间的降噪、消除滑动部件中普遍的黏滑现象。这些化合物用于轴承和齿轮等应用。用于提高耐磨性的典型添加剂包括全氟聚醚油、PTFE(聚四氟乙烯)、硅胶、二硫化钼和石墨,以及芳纶、碳纤维和玻璃纤维。

8.5.6.4 着色

加入着色剂可以给聚合物赋予特定的颜色,如加入碳颗粒用来使聚合物变黑和不透明。

8.5.6.5 增加阻燃剂

加入的填料可通过限制氧的使用进而影响燃烧过程,在初始阶段吸收化学反应的热量进行冷却,或通过催化反应形成水分湿气浇灭火焰。这些添加剂可以以颗粒的形式添加到聚合物中,通常由金属氧化物、金属氢氧化物或磷构成。为避免火花和放电导致电子系统着火,这一特性在电子工业中尤为重要。

8.5.6.6 增塑剂

另一类聚合物添加剂是塑化剂。它们是低分子量的有机化合物,被添加到聚合物中,通过占据分隔长聚合物链的位置来提高聚合物的灵活性、耐用性和韧性。常见的增塑剂是基于酯和酞酸盐的低蒸气压的液体。这些添加剂通过允许长链分子运动,使聚氯乙烯(PVC)等硬而坚固的聚合物变成坚韧而灵活的聚合物复合材料,如乙烯基。

8.6 陶　　瓷

8.6.1　结构陶瓷

陶瓷是无机的、非金属的、固体的元素或化合物。结构陶瓷是通过将两种或两种以上的陶瓷材料混合成粉末的形式而形成的,主要通过机械的或冶金的方式将它们结合在一起。有以下几种陶瓷①。

1)技术陶瓷是不同比例的二氧化硅和其他轻金属氧化物的混合物,如铝和镁。技术陶瓷适用于具有良好刚度、硬度、耐磨性和化学惰性的产品。其中一些技术陶瓷还提供良好的绝缘材料。

2)工程陶瓷由铝、镁、锆、硅和其他几种材料的氧化物烧结组合形成。用这些粉末制成的产品比技术陶瓷具有更好的耐高温性和硬度,但是耐磨损性差。

3)先进陶瓷主要是基于硅、锂、锆和铝的氧化物、碳化物与氮化物。这些混合物的主要优势是它们的韧性(抵御折断的能力)。它们对热冲击抵抗力强,而且有些组合几乎和铁一样坚韧。

陶瓷的生产是使所需成分的粉末混合物形成理想形状,然后在足够高的温度下燃烧,通过足够长的时间使粉末烧结。在烧结过程中,粉末会收缩、凝聚、再结晶形成固体。它不会熔化形成液体。烧结使零件变致密但有时收缩约为25%。大量的收缩会使组件难以形成精确的尺寸。此外,陶瓷是易碎的材料,不能承受拉力载荷。当磨损和高温是应用面对的主要问题时,陶瓷会在这些应用中被使用。一些由陶瓷制成的产品列在表8.9中。

---

① 术语"陶瓷"也包括炉内衬、陶器、瓷砖、玻璃等材料,但这些很少被产品设计工程师应用。

表 8.9　典型的陶瓷制品

材料	产品		章节
陶瓷	—	—	—
结构	涂料 绝缘体 电介质 磨料磨具 切割工具	水泥 水泵密封 汽车摇臂式护垫 熔融金属的模具和喷嘴 基质的微电路	8.6.1
电绝缘	介质的电容 多芯片模块绝缘衬底	—	8.6.2
导热	改善传热 　塑料封装微电路中环氧模塑化合物的组成部分 　在散热装置的不均匀表面之间放置的聚合物薄膜	—	8.6.3
磁性陶瓷	—	—	—
软铁氧体	开关式电源的核心 射频变压器 磁场频繁切换的电感器	—	8.6.4.1
永磁铁氧体	收音机 在计算机电缆中降低高频率电子噪声(RFI)的部件 录音带涂料	主要组件 变压器 电感器 电磁铁 开关电源	8.6.4.2

8.6.2　电绝缘陶瓷

　　陶瓷材料的一个重要特性是能够承受电场,且几乎没有电传导。因此,陶瓷被广泛应用于电子绝缘材料中,如可以作为电容器的介质,在多芯片模块中形成电路时可以作为一种绝缘材料,并且可以作为电子设备的外壳材料。

　　微电子设备中最常见的绝缘材料有二氧化硅、氮化硅、氧化铝和氮化铝。这些材料具有很高的电阻率(室温下>$10^{10}\Omega \cdot cm$)和很高的击穿电压,使它们能够承受低泄漏电流的大型电场。此外,它们的介电常数很低,所以不会因累积电荷而扭曲磁场。它们的性能在高温下稳定,化学反应性低,耐腐蚀性能好。在芯片上的微电子设备中,二氧化硅被用作绝缘体。氧化铝、氮化铝和氮化硅被广泛用作电子包装的衬底材料。

使用最广泛的电子绝缘陶瓷是氧化铝,因为它的成本很低。除了高电阻率和很高的击穿电压外,氧化铝的热膨胀系数低、抗裂性好、导热性好。因为氮化铝的导热系数比氧化铝高,热膨胀系数较低,提供了更好的温度稳定性,所以在应用中更受青睐。这些特点抵消了它成本高的缺点。氮化硅在需要抵抗热或机械冲击的应用中是首选,因为它的断裂韧度高于其他两个。

8.6.3 导热陶瓷

氮化铝、氮化硅和氮化硼是很好的导热体。氮化铝的导热率是铜的一半以上。因此,氮化铝、氮化硅和氮化硼常作为填充剂添加以提高聚合物复合材料的导热性。将其添加到环氧树脂成型的化合物中,可以改善塑料封装微电路的传热性能;当散热装置附着在散热片上时,将其添加剂加到聚合物膜中,可以改善不均匀表面之间的热传递。

8.6.4 磁性陶瓷

被称为铁氧体的陶瓷材料已经开始在许多应用中取代金属合金永久磁铁。铁氧体是一种不导电的铁磁性化合物,被称为尖晶石。它们来自铁氧化物,如赤铁矿和磁铁矿,以及其他金属氧化物。它们被用于从电感器和变压器到微电子学的各种应用,其中一些具体的例子列在表 8.9 中。它们与其他陶瓷有共同的机械特性,同样坚硬而易碎。众所周知铁氧体化合物中存在两种金属。铁氧体有两种主要的属性:软,指的是它的低矫顽性;硬,是指它的高矫顽性。当材料被磁化饱和时,矫顽力是材料矫顽性的度量。

铁氧体是通过粉末加工形成的,在这种工艺中,粉末的混合物被加热并压在模具中。这些前体通常是所需金属的碳酸盐,在粉末加工过程中被煅烧形成氧化物。一旦冷却,混合和烧结的块状物就会被磨成新的复合粒子,然后将其压成一定形状、干燥和重新点燃,以形成最终的铁酸铁。在外部磁场的作用下,成形通常是在外部磁场作用下完成的,以获得颗粒的优选取向。

8.6.4.1 软铁氧体

这些铁氧体含有镍、锌或锰,用于变压器或电磁核。铁的高电阻导致了极低的涡流损耗,低矫顽性降低了高频损耗。表8.9中给出了应用这些特性的产品。

8.6.4.2 硬铁酸盐

永久铁氧体磁铁由铁、钡或锶的氧化物形成,具有很高的剩磁(磁化影响移除后的剩余磁感应)。在磁饱和状态下,永久铁氧体磁铁磁通量很好,具有很高的磁导率。这使得它们能够储存比纯铁更强的磁场。它们通常应用在无线电设备中。其他由硬铁酸盐制成的产品列在表8.9中。

8.7 复 合 材 料

复合材料由两种或两种以上具有不同物理属性的材料组成,它们结合在一起,产生单个材料所不具备的属性。复合材料有许多截然不同的组合,此类例子如下:①金属基复合材料,包括陶瓷粒子和纤维增强的混合物连续介质以及金属如铝和镁。②聚合物基复合材料,包括分层和纤维增强热固性聚合物的片或网,以及热塑性塑料的填料。

复合材料已经广泛应用于许多产品中,一些比较常见的应用列在表8.10中。

表 8.10　典型的复合材料

材料	产品		章节
复合材料	飞机部件 　机翼 　叶片 　机身 安全设备 　军用头盔 压力容器 　火箭外壳 　储罐	运动器材 　跳水板 　网球拍 　滑雪板 　冲浪板 　大雪橇 　帆船	8.7
金属基复合材料	热撒布机	—	8.7.1

续表

材料	产品		章节
碳/碳	运动器材 网球拍 高尔夫球杆	飞机机身 飞机刹车	8.7.3
硬质合金	切割工具	—	8.7.4

8.7.1 金属基复合材料

金属基复合材料是一种金属或合金的混合物,用于修改金属的特性。陶瓷填料可以提高金属的强度或刚度,降低其热膨胀系数,或提高其导热系数。最常见的金属基复合材料之一是铝碳化硅,它由碳化硅颗粒或纤维组成,这些颗粒被放置在熔融铝中,然后在纤维周围固化。金属基复合材料的应用之一是散热器,在这个过程中,将发热装置放置在散热器上以散发热量。碳化硅纤维降低了铝的热膨胀系数,使其与安装在上面的装置更加匹配,同时稍微降低了导热系数。这些颗粒还能加强和硬化铝,同时不会降低其断裂韧性。

8.7.2 纤维增强复合材料

在纤维增强复合材料中,复合材料的矩阵部分的作用如下:①提供部件的主体形式。②将嵌入的材料固定在适当的位置。③将负荷转移到强化材料上。④对电气和化学性质做出贡献。⑤剪切层间。⑥在纤维或与纤维正交的方向上控制收缩率和热膨胀系数。

常用的热固性塑料基体是聚酯和环氧树脂。聚酯通常用于小型的低技术应用,如造船。环氧树脂被广泛用于高级复合应用。环氧树脂复合材料的优点如下:无副产品,低收缩,对溶剂和化学品具有抵抗力,抗蠕变和疲劳,以及良好的电气绝缘性能。它们的缺点是热膨胀系数高,火灾中有很高程度的烟熏,成型缓慢,在某些情况下,暴露在紫外线下会发生降解。

强化纤维可以是聚合物、玻璃或金属,它们提供了强度、延展性和韧性。纤维的直径大约是 0.01mm,最常见的有玻璃、石墨和 Kevlar 纤维(一种芳纶纤维)。这些强化纤维通常以一个方向为导向,使物体能够最有效地承载负荷。为了使纤维在特定方向上的应用更容易,这些纤维被编织成具有特定图案的布料。

填充材料可通过分散强化提高材料的强度,通过分担一些弹性载荷来增加材料的模量,增加材料的密度。细长的纤维比球形粉末或短粗纤维提供更高水平的强化和更高的模量。纤维板在平面内有加强和硬化作用,但在厚度方向上性能没有变化。

8.7.3 碳/碳复合材料

碳纤维增强环氧复合材料具有独特的性能,是纤维增强复合材料的一个子集。碳纤维的高强度和高模量与环氧树脂的韧性相结合,产生了高强度、高韧性和高刚度的复合材料。碳/碳复合材料也因为良好的导热性能被广泛应用。热解石墨纤维在纵向上具有很高的导热性,在横向上具有非常小的导热性。将这些纤维以高度定向的方式放置在环氧树脂基体中,在纵向纤维方向上创造出具有高导热性的复合材料,这种材料的性能优于银和铜。这些碳/碳复合材料被用于各种各样的应用场合,包括在飞机制动器中,在制动器中,必须使用一种兼具高强度、韧性、耐热性、耐磨性以及高导热性的材料。在表8.10中列出了由碳/碳复合材料制成的几种产品。

8.7.4 硬质合金

硬质合金是一种金属基体复合材料。这些复合材料由碳化钨、碳化硅(蓝宝石)或其他硬陶瓷材料组成,其中包括钴金属基体。这些材料被应用于切割工具,它们将碳化物的耐磨性与金属基体的强度和延展性结合在一起。硬质合金切割颗粒被放置在金属粉末中,混合物是用粉末冶金技术处理的(见9.9.1节)。整个粉末压缩装置被点燃并烧结以产生最终的复合材料。所产生的金属基体复合材料的关键性能是高硬度、优异的抗冲击性和良好的韧性。

8.7.5 功能梯度材料

功能梯度材料是一种具有微观结构的材料。其根据材料内的不同位置,设计成连续变化的组合物,以提供不同的机械和物理特性,从而满足材料不同位置的特定功能要求。这些现代材料是利用新的制造技术创造出材料相、孔隙度、填充浓度和成分的适当空间分布。功能梯度的材料在一定程度上受到了大自然的启发。在自然界中,利用功能梯度材料的两个例子如下:①骨头,骨头的内部结构发生变化,这取决于主应力方向和它所携带的剪切应力的大小。②竹子,茎的横截面面积的20%~30%是由纵向纤维构成的,这些纤维沿壁厚方向分布不均匀,分布在外部的密度最大[①]。一个常见的功能梯度金属的例子是由渗碳产生的钢铁,在热处理之前,额外的碳被扩散到钢铁中。在热处理之后,材料结构最外层的碳含量最高。最外层是坚硬而易碎的,随着向材料的中心接近,碳浓度降低,硬度降低,材料的韧性增加。另一个例子是,将涂层添加到硬质合金刀具上,以大大提高它们的耐磨性[②]。军用装甲有时也被认为是一种功能梯度材料,尽管它的组成并没有随着它的深度而不断变化。军用装甲的每一层包括的材料都有不同的功能:耐久性和耐热性的外层,满足弹道要求的层,结构层,最后是火焰保护层。

创建功能梯度工程材料的工艺流程虽然相对较新,但已经成功地引进了几种产品:①玻璃板和玻璃纤维,具有功能梯度折射率,分别用于微型聚焦透镜和宽带光信号传输。②聚合物皮肤泡沫,其表面层致密,孔隙度增加。所产生的材料具有较高的冲击强度,并可用于仪表面板。功能梯度复合材料在商业上仍然很少应用,但一些有前景的功能梯度复合材料可能会催生出更高效率的热电冷却器、固体氧化物燃料电池和温度稳定电容器[③]。

8.8 智 能 材 料

智能材料是为电磁或热输入提供机械响应的材料。材料可以根据外部激励来改变形状,从而允许其作为传感器或驱动器使用。智能材料也存在逆向现象,它们发出电磁或热信号,以应对其形状的强迫变化。下文讨论了三种主要的智能材料类型。

8.8.1 压电材料

压电材料可以根据电子信号改变形状,或者反过来根据形状的变化输出一个电信号来作为响应。这种现象是由于材料的复杂晶体结构造成的,机械应力以这

---

① Silva, E. C. N., Walters, M. C., and Paulino, G. H., "Modeling bamboo as a functionally graded material: Lessons for the analysis of affordable materials," *Journal of Materials Science*, Vol. 41, No. 21, pp. 6991-7004, 2006。

② http://www.sme.org/cgi-bin/find-articles.pl? &02ocm002&ME&20021001&&SME&#article。

③ Mortensen, A., *Concise Encyclopedia of Composite Materials*, Elsevier, Oxford, 2007。

种方式重新排列原子,从而影响电荷分布。电荷分布的变化导致了电流的产生,这种电流可以通过输出电路得以感知和读取。改变形状以响应信号的特性使得这些材料可以在扬声器中使用,它们在交流输入信号的作用下产生振动。在机械应力的作用下产生一个电信号,使这些材料可以在诸如麦克风和声呐传感器等设备中使用,在那里它们将机械振动力转换成电信号。最为广泛使用的压电材料是铁电体,其中最常见的是锆钛酸铅(PZT)。利用 PZT 制得的一些产品列在表 8.11 中。

表 8.11　由智能材料和纳米材料制成的典型产品

材料	产品		章节
压电材料	话筒	水诊器	8.8.1
形状记忆合金	眼镜框	牙齿矫正器	8.8.3
	管接头	机械设备	
	外周血管支架	飞机降噪装置	
纳米材料	电气连接装置	碳纳米管材料	8.9
	磁性材料	导热膏	
		油脂	
		护垫	

8.8.2　磁致伸缩材料

磁致伸缩材料是压电材料的磁性类似物。它们在磁场的作用下会改变形状。这种效应是当物质被放置在磁场中时,晶体结构扭曲的结果。相反,当它们变形(扩展、弯曲或压缩)时,它们也会产生磁场。这些材料可以用于传感和执行应用程序。许多金属具有磁致伸缩效应,包括镍和铁。然而,最常见的磁致伸缩材料是镍钛合金,也就是镍钛诺。这种材料具有金属合金的延展性和可成形性,从而使其能够被拉成电线或卷成薄片,并且它具有最高的磁致伸缩效果。该材料可用于声呐传感器和其他感传与执行设备。有一种镓-铁合金制成的新材料,它是一种高铁合金,具有更大的磁致伸缩效应。然而,它的延展性和可成形性还没有达到镍钛诺的水平。

8.8.3　形状记忆材料

形状记忆材料在室温下变形后,可以通过加热来恢复原来的形状。形状记忆材料是一种轻型的、自给自足的材料,可替代传统液压或气动执行机构。表现出这种属性的合金有铜铝镍、铜锌铝镍,以及最广泛使用的镍钛。此外,在 20 世纪 90 年代开发出了许多具有这种属性的聚合物。镍钛合金最初是在奥氏体阶段形成的。当塑性变形时,它们不是由位错滑移变形,而是由剪切转化成马氏体相变形。当加热到 500℃时,马氏体被重新变回奥氏体,样品重新恢复原来的预变形形状。重复使用形状记忆效应可能会导致奥氏体的温度在功能性疲劳的过程中发生变化。目前已经观察到单向和双向形状记忆效应。在单向效应中,少量的室温变形通过加热得到扭转,当返回到室温时,样品会停留在不变形的状态;在双向效应中,在室温下进行了大量的变形,当样品被加热时,它会恢复到原来的形状,但是当冷却至室温后,它会再次回到它变形的形状。形状记忆合金最有用的特性之一是"伪弹性"。这是材料经受反复的压力的能力,永远不会失去原有的形状。例如,采用具有这种属性材料制成的眼镜框,无论它遇到的扭曲和弯曲程度如何,框架都会恢复到原来的形状。

形状记忆合金通常是通过铸造、真空电弧熔炼或感应熔化来制造的。高温下的形状可以通过训练金属的方式来建立;也就是说,可以在 400 ~ 500℃的温度条件下使其变形。形状记忆合金的性质与其他金属合金相似。形状记忆金属的屈服强度低于钢,但高于铝,有时可以达到 500 MPa,但这种材料的真正优点是高水平的可恢复应变。用形状记忆合金制造的产品列在表 8.11 中。

8.9 纳 米 材 料

纳米材料的性能由其纳米级结构决定,其中一些材料含有纳米粒子,而另一些则具有纳米尺寸的粒子或磁畴。这些材料大多数是通过掺入或烧结纳米颗粒制成的,纳米颗粒是在纳米范围内的一个或多个尺寸的颗粒,这些颗粒可用于复合材料中的填料或烧结成最终产品。表 8.11 列出了由纳米金属制成的几种产品。

纳米粒子的体积非常小,因此它有巨大的表面能,能驱动颗粒聚集成更大的团聚体。这使得这些颗粒可以在比处理传统微米级粉末更低的温度和压力下烧结成多孔的固体结构。例如,一种银和金纳米颗粒烧结工艺已经被用于在电子产品接触面之间形成永久的连接,其所需压力仅为标准粒子的十分之一。

(1)纳米晶磁性材料

纳米晶体磁性材料的晶粒在纳米范围内,它们的性能优良,晶振频率为 10 ~ 100 kHz。这些材料具有 1.6 ~2.1 T 的饱和感应值,是铁氧体的 3 ~5 倍,是非晶磁体的 2 倍。此外,在过去的十年中,纳米晶体软磁合金发展成具有高渗透性、高居里温度特性的材料,并且没有与非晶合金结晶相关的磁性硬化,从而限制了核心损失。核心损失会降低效率,增加周围部件的温度,导致故障温度远低于居里温度。

(2)碳纳米管

碳纳米管是一种被广泛研究的纳米材料,其结构是碳原子的一个相,碳原子排列在一个长度和直径都在纳米范围内的管子里。这些薄壁管具有很高的模量和强度,与纵向的理论极限一样高。此外,碳纳米管在纵向上具有很高的导热性。高的强度和热导率使得碳纳米管成为广泛应用的复合材料,其中一些碳纳米管制作的产品列在表 8.11 中。

8.10　涂　　层

涂层可以使材料表面具有与主体不同的性能。根据强度和韧性选择的主体材料,可能不具有最佳的耐腐蚀性、耐磨性、硬度或电性能。可以使用表面涂层将这些特性赋予产品。可以应用多种方式获得涂层,包括旋涂、浸涂、电镀、化学镀、化学气相沉积和等离子体气相沉积。

8.10.1　磨损和刮擦阻力

块状金属中通常添加硬质耐磨涂层以提供耐磨性和耐刮擦性。涂层材料包括通过化学或等离子体气相沉积的薄膜金刚石和碳化物涂层。

8.10.2　导电/绝缘

金常常被电镀到铜合金连接器上以用于配合柔软的导电界面。所用的黄金被称为硬金,因为它添加了钴以增加其耐磨性和耐刮擦性,允许多次配合。软金是纯金,具有更高的导电性和更好的热稳定性,但抗磨损和擦伤的能力差。其他可用于电镀的金属包括铂、钯、银和锡,这些金属通常镀在印刷线路板上的铜连接器上。使用电镀工艺敷上这些涂层,铜连接器被制成阴极,金属熔化后被镀在其上。涂层应用于材料的表面还可以使材料的表面电绝缘,如阳极氧化铝,在材料表面形成黑色的耐腐蚀绝缘涂层。

参 考 文 献

M. F. Ashby, *Material Selection in Mechanical Design*, Pergamon Press, Oxford, 1992.

R. M. Brick, A. W. Pense, and R. B. Gordon, *Structure and Properties of Engineering Materials*, 4th ed., McGraw-Hill, New York, 1977.

K. G. Budinski, *Engineering Materials, Properties and Selection*, 4th ed., Prentice Hall, Engelwood Cliffs, NJ, 1992.

J. A. Charles and F. A. A. Crane, *Selection and Use of Engineering Materials*, 2nd ed., Butterworths, London, 1989.

E. H. Cornish, *Materials and the Designer*, Cambridge University Press, Cambridge, 1987.

R. J. Crawford, *Plastics Engineering*, 2nd ed., Pergamon Press, Oxford, 1987.

R. D. Deanin, *Polymer Structure, Properties and Applications*, Cahners Books, Boston, MA, 1972.

L. Edwards and M. Endean, Eds., *Manufacturing with Materials*, Butterworths, London, 1990.

M. M. Farag, *Selection of Materials and Manufacturing Processes for Engineering Design*, Prentice Hall, Englewood Cliffs, NJ, 1989.

D. P. Hanley, *Selection of Engineering Materials*, Van Nostrand Reinhold CO., New York, 1980.

C. A. Harper, *Handbook of Plastics, Elastomers, and Composites*, 2nd ed., McGraw-Hill, New York, 1992.

N. C. Lee, Ed., *Plastic Blow Molding Handbook*, Van Nostrand Reinhold, New York, 1990.

Metals Handbook, 10th ed., prepared under the direction of the ASM International Handbook Committee, ASM International, Materials Park, OH, 1990.

B. W. Neibel and A. B. Draper, *Product Design and Process Engineering*, McGraw-Hill, New York, 1974.

B. W. Niebel, A. B. Draper, and R. A. Wysk, *Modern Manufacturing Process Engineering*, McGraw-Hill, New York, 1989.

W. F. Smith, *Structure and Properties of Engineering Alloys*, McGraw-Hill, New York, 1981.

J. S. Walker and E. R. Martin, *Injection Molding of Plastics*, Iliffe Books Ltd., London, 1966.

第9章 | 制造工艺及其设计

我们总结了19种制造工艺和6种分层制造技术的最重要的属性、局限性与材料兼容性,并介绍了以它们为方法所制造的典型产品。

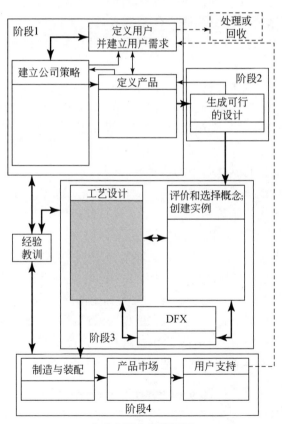

本章主要内容框架图

9.1 简　　介

9.1.1　一般的设计属性

生产过程是根据特定的产品属性来选择的,这些属性包括尺寸、形状(形状复杂性)、表面光洁度、强度、尺寸公差、成本,以及要制作的零件数量。表面状况会影响产品外观、将零件组装成其他部件的能力。在某些情况下,表面状况还能防止腐蚀。尺寸精度可以影响部件的性能和互换性。形状的复杂程度和尺寸大小往往决定了制造过程是否最适合制造零件。生产运行(或生产速度)将决定生产过程在生产所需的零件数量时,是否是最划算的。成本受到前面所有属性的影响。

上面提到的一个或多个属性都可用于确定生产产品的候选制造过程。在此阶段不考虑热处理、机加工、磨削、喷涂等二次操作。一般来说,应该避免或尽量减少这些次级操作,以降低成本和简化生产过程,提高生产效率。对于许多制造过程,这些标准的满足常常需要产品属性做出折中,这意味着不是所有的属性都能达到所期望的程度。为了将这些折中的严重性降到最低,我们通过判断最重要的属性是否得到最大限度的满足来确定优劣。制造过程的结果汇总在表 9.1 中,其中每一个评价标准被分为三个等级:低(L)、中(M)、高(H)。表中给出了每个等级相应的数值,以及它们的工程单元。

最后一个环节在表 9.2 中给出,该环节将表 9.1 中确定的候选制造过程和表 8.2 所确定的待选材料联系起来。表 9.2 中的数据与待选材料对每个候选生产过程的适宜性程度相关联。适宜性程度共有四个等级:E 表示材料与制造工艺具有良好的相容性,非常适合这种制造方法;G 表示该材料与制造工艺具有良好的相容性,并已在此制造过程中使用;S 表示这种材料在此过程中很少使用;"—"表示材料既不被使用也不推荐用于该制造过程。

表 9.1　制造工艺及其特性[a]

工艺	表面粗糙度(mm)	尺寸精度(mm)	复杂性	生产率(个/h)	生产运行(个)	相对费用	尺寸(投影面积)(m²)
压力铸模	L	H	H	H/M	H	H	M/L

续表

工艺	表面粗糙度（mm）	尺寸精度（mm）	复杂性	生产率（个/h）	生产运行（个）	相对费用	尺寸（投影面积）（m²）
离心铸造	M	M	M	L	M/L	H/M	H/M/L
压力铸造	L	H	M	H/M	H/M	H/M	H/M/L
注射成型	L	H	H	H/M	H/M	H/M/L	M/L
砂型铸造	H	M	M	L	H/M/L	H/M/L	H/M/L
壳模铸造	L	H	H	H/M	H/M	H/M	M/L
熔模铸造	L	H	H	L	H/M/L	H/M	M/L
车削/面车削	L	H	M	H/M/L	H/M/L	H/M/L	H/M/L
铣削	L	H	H	M/L	H/M/L	H/M/L	H/M/L
磨削	L	H	M	L	M/L	H/M	M/L
电火花加工	L	H	M	L	L	H	M/L
吹塑模铸	M	M	M	H/M	H/M	H/M/L	M/L
钣金加工	L	H	H	H/M	H/M	H/M/L	L
锻造	M	M	M	H/M	H/M	H/M	H/M/L
轧制	L	M	H	H	H	H/M	H/M
挤压成型	L	H	H	H/M	H/M	H/M	M/L
粉末冶金	L	H	H	H/M	H	H/M	L
H	>6.4	<0.13	—	>100	>5000	—	>0.5
M	1.6<M<6.4	0.13<M<1.3	—	10<M<100	100<M<5000	—	0.02<M<0.5
L	<1.6	>1.3	—	<10	<100	—	<0.02

a　A. Kunchithapatham, A Manufacturing Process and Materials Design Advisor, M. S. thesis, University of Maryland, College Park, May 1996。

表 9.2 材料和加工工艺的适宜性ᵃ

工艺材料	压力铸模	离心铸造	压力铸造	注射成型	砂型铸造	壳模铸造	熔模铸造	车削/面车削	铣削	磨削	电火花加工	吹塑模铸	钣金加工	锻造	轧制	挤压成型	粉末冶金
低碳钢	—	E	—	—	E	E	E	G	G	E	E	—	G	G	G	G	E
中碳钢	—	E	—	—	E	E	E	G	G	E	E	—	G	G	G	G	E
高碳钢	—	E	—	—	E	E	E	G	G	E	E	—	G	G	—	G	E
低合金钢	—	E	—	—	E	E	E	—	G	E	E	—	G	G	G	G	E
工具钢	—	—	—	—	G	E	E	—	—	E	E	—	—	—	—	—	E
不锈钢	—	G	—	—	E	E	E	G	G	—	E	—	G	G	G	G	E
灰铸铁	—	E	—	—	E	E	E	G	G	E	E	—	G	S	S	S	E
可锻铸铁	—	E	—	—	E	E	E	G	E	E	E	—	E	S	S	S	E
球墨铸铁	—	E	—	—	E	E	E	G	E	E	E	—	G	S	S	S	E
合金铸铁	—	E	—	—	E	E	E	G	G	E	E	—	G	S	S	S	E
锌合金	E	—	E	—	G	G	S	G	—	S	E	—	E	E	E	G	E
铝合金	E	E	E	—	E	G	E	E	E	G	E	—	E	E	E	E	E
镁合金	E	—	E	—	E	G	E	G	—	S	E	—	G	S	S	S	E
钛合金	G	E	—	—	—	G	S	—	S	S	E	—	—	S	S	S	E
铜合金	G	E	—	—	E	G	G	E	G	G	E	—	G	E	E	G	E
镍合金	—	E	—	—	E	G	G	E	E	G	E	—	G	G	G	G	E
锡合金	E	—	E	—	G	S	S	—	—	S	E	—	S	S	—	S	E
钴合金	—	—	—	—	E	S	G	E	E	S	E	—	G	—	—	G	E
钼合金	—	—	—	—	G	G	G	E	—	S	E	—	G	—	—	—	E
钨合金	—	E	—	—	E	G	G	—	—	S	E	—	G	S	S	S	E
低延展钢	—	E	—	—	E	E	G	E	—	S	E	—	G	S	G	G	E
永久磁体	—	E	—	—	E	G	G	—	—	S	E	—	G	S	S	G	E

续表

工艺\材料	压力铸模	离心铸造	压力铸造	注射成型	砂型铸造	壳模铸造	熔模铸造	车削/面车削	铣削	磨削	电火花加工	吹塑模铸	钣金加工	锻造	轧制	挤压成型	粉末冶金
绝缘合金	—	E	—	—	E	G	G	—	—	S	E	—	G	S	G	G	E
ABS	—	—	—	—	—	—	—	G	G	G	—	G	—	—	—	E	—
缩醛	—	—	—	—	—	—	—	G	G	G	—	G	—	—	—	G	—
尼龙	—	—	—	E	—	—	—	G	G	G	—	G	—	—	—	G	—
碳氟化合物	—	—	—	—	—	—	—	G	G	G	—	G	—	—	—	S	—
聚碳酸酯	—	—	—	—	—	—	—	G	G	G	—	G	—	—	—	G	—
聚酰亚胺	—	—	—	E	—	—	—	G	G	G	—	G	—	—	—	S	—
聚苯乙烯	—	—	—	—	—	—	—	G	G	G	—	G	—	—	—	E	—
PVC	—	—	—	—	—	—	—	G	G	G	—	G	—	—	—	E	—
聚亚胺酯	—	—	E	—	—	—	—	G	G	G	—	G	—	—	—	G	—
聚乙烯	—	—	—	E	—	—	—	G	G	G	—	E	—	—	—	E	—
聚丙烯	—	—	—	—	—	—	—	G	G	G	—	E	—	—	—	E	—
丙烯酸树脂	—	—	—	—	—	—	—	G	G	G	—	—	—	—	—	S	—
醇酸树脂	—	—	E	E	—	—	—	G	G	G	—	—	—	—	—	S	—
环氧树脂	—	—	E	E	—	—	—	G	G	G	—	—	—	—	—	S	—
酚醛塑料	—	—	E	—	—	—	—	G	G	G	—	—	—	—	—	S	—
聚硅酮	—	—	E	—	—	—	—	G	G	—	—	—	—	—	—	G	—
聚酯	—	—	E	—	—	—	—	G	G	G	—	—	—	—	—	S	—
橡胶	—	—	E	E	—	—	—	G	G	G	—	—	—	—	—	S	—

a A. Kunchithapatham, A Manufacturing Process and Materials Design Advisor, M. S. thesis, University of Maryland, College Park, MD, May 1996。

注：E＝极好，该材料是该工艺的最佳材料。G＝好，该材料是该工艺较常采用的材料。S＝少用，该工艺很少采用此种材料。—＝不合适，该种材料不适用于该工艺。

9.1.2　降低制造成本的一般准则

下面的原则和准则适用于几乎所有的制造过程,并且它们通常会产生可以以较低成本制造的部件和产品[1][2]。

1)简易性。最简单的设计通常是最可靠的、最容易使用的,它们具有最少的零件、简单的外形,需要最少的调整,而且最有可能是生产成本最低的。

2)标准材料和组件。标准组件的使用简化了库存管理、采购,减少了工具和设备的投资,并且有着可靠、环境友好等众所周知的优点。

3)标准化生产线组件。对于一个相似产品族,使用尽可能多的相同材料、零件和部件。

4)使用松公差。不加选择地使用紧公差可能会导致更高的成本。只有当产品的性能需要时,才应该使用紧公差。

5)使用与选定制造工艺相容性最好的材料。

6)最小化产品中单个零件的数量。

7)避免次级操作。消除诸如检测、电镀、喷漆、热处理、不必要的机加工和材料处理等二次操作。

8)使设计与生产水平相适应。该部分应适用于经济预测的生产方法。

9)利用特殊工艺特性。使用注塑塑料在模具中直接产生彩色纹理和表面纹。使用合适的塑料让铰链成为组件的一个部分。利用粉末冶金技术制造多孔部件以保持润滑等。

9.1.3　与零件形状的关系

每个生产过程都有一套相关的设计指导准则,这些设计指导准则表明了特定的几何限制。如果我们坚持这些准则,将会使产品易于制造并且成本较低。这些指导准则是根据各种制造工艺的经验演变而来的。为了说明这些指导准则的重要性,请考虑图9.1(a)中所示的理想化的(概念化的)零件。如果该零件是由图9.1(b)~图9.1(g)所示的六个工艺过程分别制造,那么对概念零件的改变在各工艺过程对应的图片中有所显示。

---

① J. G. Bralla,Ed.,*Handbook of Product Design for Manufacturing*,McGraw-Hill,New York,1986。

② J. G. Bralla,Ed.,*Design for Manufacturability Handbook*,2nd ed.,McGraw-Hill,New York,1999。

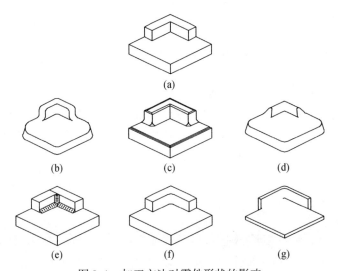

图 9.1 加工方法对零件形状的影响

(a)初始状态;(b)铸造;(c)粉末冶金;(d)锻造;(e)焊接;(f)铣削;(g)钣金加工。

对于几乎所有的制造工艺,都存在基于几何的制造准则。这些指导准则表明,在设计的详细层次上,某个制造工艺获取零件的某些几何属性比另一个制造过程更为容易。如果太多的几何细节不符合实际,正如该过程的指导准则所表明的那样,我们要么选择另一个制造工艺过程,要么改变零件几何属性的一部分,以便更好地适应这些几何限制。

9.1.4 实例——钢架连接工具

为了说明如何使用第 8 章和第 9 章中的信息,我们继续以钢架连接工具为例,并说明在 6.4 节结尾所描述的下列部件的材料和制造工艺的选择原因。这些部件如下:①工具外壳。②冲击活塞。③压缩机活塞。

9.1.4.1 工具外壳

(1)材料要求

电动工具外壳为工具的内部部件提供支持以及机械和电气保护。它必须能经受住坠地的影响,并能够承受阳光暴晒、湿度和极端温度的影响。为了满足人体工程学的要求,它必须能够形成人类手部所能掌握的复杂形状。为了美观,它的形状必须具有吸引力,颜色必须让人愉悦。

（2）制造要求

外壳的表面应该是平滑的,但其实际光洁度不必满足任何关键性标准。外壳的尺寸精度是至关重要的,因为它的两个部分必须"无缝"地接合在一起。此外,它的形状将是复杂的。

（3）待选材料和制造工艺过程

聚碳酸酯一种很好的候选材料,具有高强度,特别是在受到冲击情况下,有高电阻和高耐热性。这种材料可以通过注塑成型形成复杂的形状,并且可以使用适当的颜料以制成多种颜色的产品。

9.1.4.2 冲击活塞

（1）材料要求

冲击活塞充当压缩空气中的势能和施加在紧固件上的线性力之间的桥梁。它必须能够承受高冲击载荷而不发生故障,并且必须具有抗疲劳能力。这意味着材料必须具有很高的韧性,并且能够经受住冲击紧固件的表面磨损的影响。材料的性能要不受升高的工作温度的影响。然而,在冲击活塞和它的外壳之间需要利用紧公差来提供良好的密封。由于这些要求,金属极有可能是我们所需要的理想的材料。当然,良好的切削加工性也是必需的。

（2）生产要求

活塞要有光滑的表面及精确的尺寸,以保持气动密封。然而,零件是圆柱形的,复杂度很低。

（3）候选材料和候选制造工艺流程

对冲击载荷的承受能力是需要满足的主要标准。因此,在轴、车轴和齿轮中经常使用的中碳钢是一个很好的候选材料。然而,市场因素也可能促使我们使用表面淬火钢材等其他材料。这可能是一个有效的广告属性,因为许多手动工具都主要介绍它们的韧性和可靠性。使用"硬化组件"这样的短语可以区分这种产品和它的竞争产品。另一种候选材料是高强度低合金钢。这种钢的使用意味着更高的制造成本,但如果它能使销售量有可观的增长,便是合理的。为了获得高的尺寸精度和良好的表面光洁度,我们需要使用车削和/或磨削加工。理想情况下,加工工具的尺寸必须合理设定,以充分利用现有的棒料。如果选择高强度低合金钢,则材料的硬度会降低刀具寿命,延长机加工和磨削时间。材料浪费也是一个需要我们关注的问题。

9.1.4.3　压缩机活塞

(1)材料要求

用于产生压缩空气的活塞将承受适度的高压载荷。因此,活塞必须具有良好的抗疲劳特性和较高的内部尺寸精度来保持气动密封。它的内部有一个圆柱形几何体。

(2)制造要求

活塞的表面条件要求其内表面非常光滑和有高的尺寸精度,以保持气动密封。然而,零件的复杂性是中等的,主要是圆柱形的。腔室的外部没有临界尺寸要求。

(3)候选材料和候选制造工艺

候选材料是一种 3xx. x 系列铝合金。压铸工艺,配以适当的内部腔机加工,是很好的候选工艺。

9.2　铸造——永久铸型

9.2.1　压力铸模[①]

工艺过程描述:熔融金属在压力下注入一个永久金属模具,其中有如图9.2所示的水冷通道。当金属凝固后,半模打开,铸件便弹出(这个过程类似于塑料注射成型)。在冷室压铸工艺过程中,熔化的金属被倒入注射筒中,但压射室没有加热。一般来说,热室压铸法主要用于对在 700℃ 或更低的温度下熔化且不具有铁亲和力的合金的铸造。冷室压铸法用于处理熔点在 1060℃ 左右的合金,并适用于对铁有亲和力的合金(如铝),以及对要求高密度的零件进行铸造。

材料的利用:压力铸模是一种近净成形工艺。会产生浇道、浇口和飞边等形式的废料,但它们很容易回收。因此,该工艺具有较高的材料利用率。

灵活性:压力铸模的工具是专用的。因此,该工艺过程的灵活性受到机器设备的时间限制。

工作周期:正常的生产速率小于 200 件/小时。如果需要无孔压铸,生产速率则小于 40 件/小时。凝固时间通常小于 1 秒。因此,工作周期基本上取决于填充

---

① 更多信息参见 North American Die Casting Association 网站:http://www. diecasting. org。

模具和拆卸铸件所需的时间。

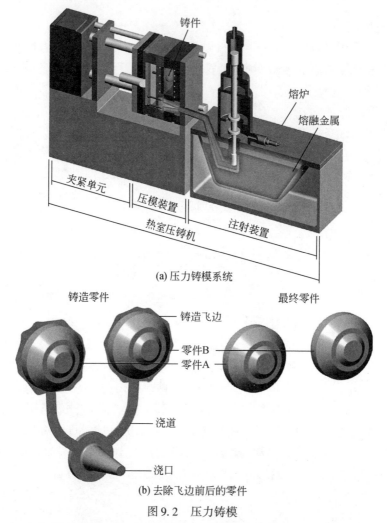

(a) 压力铸模系统

(b) 去除飞边前后的零件

图 9.2　压力铸模

　　操作成本:模具和设备成本高,劳动成本从低到中等不等。压力铸模在高生产率下优势最明显,因为高额的设备/工装成本可以在高生产水平下进行摊销。当产品数量超过 10 000 件甚至高达 100 000 件时,可以采用压力铸模。熔融金属温度越低,模具寿命越长。

　　尺寸精度:压力铸模可以产生良好的表面纹理,但在填充模具时产生的紊流会导致较高的内部孔隙率。表面粗糙度值一般为 0.4 ~ 1.6mm。

形状:压力铸模不允许使用复杂的芯型,但它可以用于波状表面。复杂的形状和细节可以合并,它可以用来处理平面度偏差为 1.1mm/m 的平面。可制造的最大面积为 0.7m²。适合压力铸造的最小断面厚度为 25 ~ 50mm。一般的尺寸精度为±4mm/m。如果零件表面具有凹面,那么模具是相当昂贵的。压力铸模可用于制造圆形和非圆形孔。盲孔的最大深宽比为 1:1,通孔为 4:1,用压力铸模制造的工件的最小宽度为,黑色金属材料 1.5mm,有色金属材料 2.2mm。压力铸模也可用于制造空心工件。铝合金工件的最合算的重量为 45kg,其他材料则稍小一些。

产品:压力铸模通常制造用于汽车、家用电器、舷外发动机、手动工具、五金器具、商业机器、光学设备和玩具等具有复杂形状的零件。

材料:压铸允许使用包括高熔点金属在内的各种各样的材料。尽管铅和锡合金很适合于铸造,但由于它们在机器和五金器具中没有应用,所以也就很少用于压力铸模。在压力铸模中很少或从未使用过的材料有铁、碳钢、镍合金、钛和贵金属,轻合金由于其高流动性和低熔点而成为首选材料。热室压铸法仅限于极低熔点的合金,如镁和锌。铝合金、镁合金和铜合金(按这种顺序)比锌合金具有更高的熔点,因此铸造成本更高。

优点:可以实现高生产率,且铸件表面光滑,尺寸精度好。

缺点:压力铸模需要高额的设备和模具投资。该制造工艺通常适用于熔点较低的金属,并且铸件尺寸有限。

9.2.2 离心铸造[①]

过程描述:熔化的金属被引入一个有砂的圆柱形钢模中,并围绕模具长轴旋转,如图 9.3 所示。离心力把熔化的金属压在模具的壁和腔上。

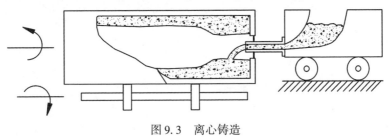

图 9.3 离心铸造

---

① 更多信息参见 North American Die Casting Association 网站:http://www.diecasting.org。

材料的利用:由于在工艺过程中没有使用浇道和浇口,材料利用率几乎为100%。

灵活性:安装设备的时间相对较短。

工作周期:该工艺过程的生产速率小于50件/小时。工作周期取决于熔化金属进入模具的速率,以及金属凝固的速率。在使用砂模的情况下,凝固时间更长,生产率降低。

操作成本:模具成本适中,设备昂贵,劳动力成本从低到中等不等。使用砂模离心铸造具有很小的竞争力。使用金属或石墨模具的离心铸造需要一定的生产量来产生成本效益。

尺寸精度:如果工件内表面的光洁度不重要,可以使用离心铸造。由于密度较低,孔和非金属夹杂物向内表面迁移,使工件内表面光洁度较差。但外表面光洁度好,产品尺寸公差好。当使用砂模铸造时,外表面粗糙度值一般在6.3mm以上。当使用永久模具铸造时,外表面粗糙度值一般低于6.3mm。

形状:该工艺过程特别适用于铸造圆柱形零件,特别是当工件较长、中空、无芯时。除了一些小零件外,可以铸造的复杂形状的数目是有限的。直径13mm~3m,长度小于16m的气缸都可通过离心铸造来制造。铸件的壁厚从5mm到125mm不等。根据所使用的离心模具,公差可与砂模或永久模具铸件所要求的公差相当。

产品:离心铸造的典型零件有大辊筒、煤气管道和水管、发动机气缸套、车轮、喷嘴、衬套、轴承套圈和齿轮。

材料:离心铸造常用的材料有铁、碳钢、合金钢、铝合金、铜合金和镍合金。很少或从未使用过的材料有不锈钢、工具钢、镁合金、锌合金、锡合金、铅、钛和贵金属。基本上所有金属,除了耐火材料和活性金属外,都可以使用。

优点:适用于铸造圆柱形零件,特别是长的零件。该工艺适用于所有的砂型铸造金属。

缺点:除了小的复杂零件外,该工艺可以铸造的形状是有限的。需要旋转装置,而且装置的价格可能不低。

9.2.3 压力铸造

过程描述:通常是预制的成型材料被手动放置在半模之间,模具在压力下关闭,如图9.4所示。我们要么加热(软化)材料,要么加热模具。成型材料填充模具型腔,热聚合,变硬。我们打开模具,弹出或拆出零件。该工艺过程不需要浇口、铸口或浇道。工艺过程中使用的材料必须精确测量,以避免产生过量的飞边并保持模具内均匀的尺寸。金属嵌入件可以模制到产品中。压力机通常利用液压油缸在成型过程中产生足够的力。压力的大小限制了模制产品最大尺寸。压力机的主要部件是柱塞和模具。可以使用的模具的种类如下：①瓶型模具，会产生水平毛边并需要准确填充塑性材料。②直型柱塞式模具，会产生竖直毛边，但允许塑性材料的不准确填充。③降落柱塞式，不会产生毛边，但塑性材料填充必须准确。

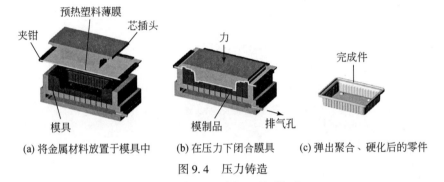

(a) 将金属材料放置于模具中　(b) 在压力下闭合膜具　(c) 弹出聚合、硬化后的零件

图 9.4　压力铸造

材料的利用：该工艺具有较高的材料利用率。废料仅仅包括飞边。然而，当材料是热固性塑料时，溢出的材料是不可回收的。因此，会有少量的废料。

灵活性：该过程使用专用工具。更换模具所需的时间相当快，转换时间取决于预热模具所需的时间。

工作周期：工艺流程的周期由传热率决定。对于热固性塑料，由聚合物的反应速率决定。多腔模具可用来提高生产率和缩短工作周期。固化时间取决于聚合物反应的时间。并且固化时间随着材料温度的升高而降低。压缩成型的生产能力从1000 件到 1 000 000 件不等。使用压力铸造时，由于每个腔室通常是单独加载的，因此材料处理更费时。

操作成本：由于模具必须能够承受成型压力和温度，因此当使用热固性塑料时，模具成本很高。成型周期较注塑成型长，但成品成本低。当使用橡胶时，所需设备不复杂，零件成本合理，特别是当零件数量适中时。然而，与其他大多数永久模铸造工艺相比，压缩成型的机器和模具成本较低。

尺寸精度：产品表面光洁度好，尺寸精度高。公差随材料、零件公称尺寸和加工条件而变化。工艺过程中可能发生的问题包括热固性树脂过早的化学反应、空气滞留问题以及型腔充填不足。压缩成型的一般公差为 3.4mm/m。

形状：由于模具内材料流动长度短，因此带有侧向汇聚引条和凹面的复杂形状难以通过这一工艺过程生产。然而,当材料被释放时,在模具温度下具有柔韧性的材料可能会出现凹角。热固性塑料部件可以是复杂、有凹面的,虽然成本会更高。压力铸造的尺寸适用范围,小到微型电子元件,大到大型电器外壳。压力铸造可以生产小型衬垫和大型矿用卡车轮胎等橡胶部件。零件可以是不规则的,但不能太复杂。公差随尺寸、材料和加工条件而变化。压力铸造的一般公差为±0.5mm。可以制造具有指定壁厚、模制孔和螺纹的零件。

产品:利用热固性塑料压力铸造方法生产的最常见的产品有电气和电子元件,餐具,洗衣机搅拌器,器皿把手,容器帽,旋钮,在高温环境下使用的按钮。典型的橡胶产品有软垫和防滑垫,垫圈和密封件,轮胎和隔板。

材料:典型的热固性塑料有醇酸树脂(DAP和DAIP),氨基塑料(尿素、三聚氰胺),环氧化物,酚类,聚酯,聚酰胺,聚氨酯,有机硅。橡胶也是常用的材料。最近,该工艺过程被用于制造聚合物基复合材料。

优点:工装相对便宜,生产流程较少,内部压力低。因为没有浇道、浇口,便不会产生废料。当使用热固性塑料时,这是有利的,因为它们不能被回收利用。收缩率较低,更均匀,这使得该工艺制造的薄壁零件具有最小的翘曲量和尺寸偏差。

缺点:难以生产带有侧向汇聚引条和凹面的复杂形状。酚醛是工艺过程使用的一种普通材料,模型颜色的选择范围有限。当生产大型零件时,固化时间比注射成型更长。由于每个腔室都是单独加载的,因此材料处理更加费时,并且很难获得精密公差。

9.2.4 塑料注塑成型[①]

过程描述:塑料注塑成型是一种近净成形过程,其中热塑性材料通过漏斗在重力作用下流入已经加热的加热管中,并在管中熔化和混合,如图9.5所示。材料通过浇口和浇道系统被压入模具腔,并在那里冷却和固化为腔室的形状。由于模具保持低温,当模具被填满时,塑料便固化完成。模具可以设计为单个零件,也可以设计为多个零件。一旦选定产品的材料并且相应的模具也已制造完成,那么材料

---

① 有一家美国公司开发了一种名为原型快速注射成型工艺的方法,可以直接从零件的CAD图纸上提供CNC加工的高级铝合金模具。这些部件通常具有中低复杂性,在生产数量上可以从几个原型到10 000个。很大部分通常用于试生产运行或市场测试。在某些情况下,零件的需求量不会超过这个上限,这是一种经济的生产方式。上限取决于铝模具的预期寿命。其他信息可以在http://www.protomold.com/Protomold-Process.aspx找到。

便不能改变了,因为不同材料的收缩率不同。加工过程中需要较大的夹紧力,以保持模具接合在一起,以避免塑料在注入压力下溢出。空腔可以产生实心或开放式形状。注塑机使用柱塞或螺杆式柱塞将熔融的塑料材料压入模具腔。在许多产品中,注塑成型过程需要分型线、浇口、浇口标记和顶针记号。当我们从模具中取下工件,对工件进行加工后,便可使用了。机器根据柱塞一个行程所压入材料的重量来分级。几乎所有的机器都是自动循环运转的。与其他的工艺过程相比,注塑成型制造了更多的热塑性产品。在某些情况下,也可以使用热塑性塑料。

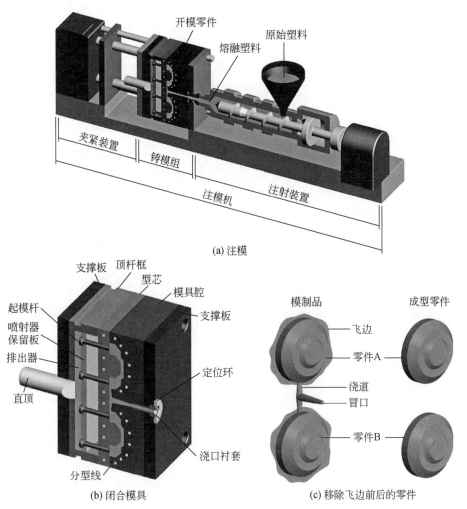

(a) 注模

(b) 闭合模具

(c) 移除飞边前后的零件

图 9.5　塑料注塑成型

材料的利用 : 该制造工艺具有较高的材料利用率。但是,会产生浇口和流道形式的废料。热塑性废料可回收利用,但会在模塑材料的性能上有少量的退化。

灵活性 : 模具的更换和机器的安装时间限制了工艺的灵活性。有时由于新产品的材料和产品的颜色变化,转换的时间非常长并且成本高昂。

工作周期 : 注塑成型生产速率快,生产适用范围从 10 000 件到 10 000 000 件不等。工作周期受凝固时间和脱模时间的限制。凝固和脱模受到模具周围冷却孔道和零件尺寸的影响。

操作成本 : 在高生产率下,该工艺过程是非常经济的。此外,塑料注塑成型制造的零件,不需要二次机加工操作。但是,设备和工装成本高。此外,模具的成本可能非常高。

尺寸精度 : 利用注塑工艺生产的产品质量非常好,但有时为了达到高生产率而不得不以牺牲产品质量为代价。卵石状和粗糙型表面均可以通过注塑成型制造。这些种类的表面经常用来掩盖划痕。对于热塑性塑料,注塑成型的公差一般是 $\pm 0.2mm$; 而对于热固性塑料,公差一般为 $\pm 0.05mm$。

形状 : 注塑成型可以生产具有复杂形状的零件。零件的长度或宽度在 0.05 ~ 0.5m,深度在 0.05 ~ 0.4m。如果材料是挠性的,则可生产带有小凹角的工件。

产品 : 注塑成型的典型产品是各种类型的容器,包括盖子、旋钮、工具手柄、水管装置、电子配件和镜片。

材料 : 注塑成型所用的典型材料有环氧树脂、尼龙、聚乙烯、橡胶和聚苯乙烯。最近,复合材料在这一工艺过程中得到越来越多的使用。

优点 : 较高的生产速率,可以生产复杂的零件、着色块、成品块。模具在生产数百万个零件后,几乎没有磨损。

缺点 : 注塑成型的主要缺点是工装成本高,不可用于生产大部件且小批量生产不经济。为了防止产生飞边,需要较大的夹紧力。

设计原则 :
- 保持均匀的壁厚,或者使壁厚逐渐过渡。
- 对于深盲孔使用阶梯式直径。
- 保证热固性零件的壁厚均匀。
- 在分型线上使用压条,以便去除毛边。
- 利用表面装饰设计来掩盖缩水。
- 避免倒扣。
- 观察孔和侧壁之间、孔与孔之间、孔和零件边缘之间的最小间距。

更多设计原则参见 Bralla[1] 及 Niebel 等[2]的论述。

9.2.5　金属注射成型[3]

过程描述:金属注射成型是一种非常类似于注塑成型的近净成形过程。差异如下:加热的微米级金属粉末与多组分热塑性黏合剂体系混合。当混合物冷却到室温时,混合物由豌豆粒大小的颗粒组成,并被送入注塑机。当颗粒作为工艺过程的一部分被重新加热时,热塑性黏合剂能保证它们有适当的流动特性来填充模具型腔。当我们从模具中取下工件时,将它们放在一个特定的溶剂系统中,以去除一些热塑性黏合剂。只需将黏合剂从零件上去除,零件仍可保持其形状。该工艺的最后一部分是烧结。在特定的环境中,工件被加热到金属粉末熔点温度附近,以除去残留的黏合剂,并使整个工件收缩均匀,直至其密度达到材料原密度的 93% ~ 99%。零件的尺寸会缩小 15% ~ 30%。

尺寸精度:该工艺过程最适合生产数量超过 10 000 件且公差大于 ±0.05mm 的小型复杂零件。

产品:用于各个方面的小型复杂零件,如矫正器、控制膨胀密封的电子包装、颤音吉他、大口径手枪、汽车发动机和变速箱的部件,以及液压系统的元件。

材料:零件材料包括铁合金、铜、不锈钢、铁镍和铁钴合成物。由于产品具有高密度和可控的微观结构,金属注射成型的产品性能与锻造产品相当。

优点:金属注射成型零件的性能与粉末冶金、压铸和熔模铸造生产的零件性能相同甚至优于它们。

9.2.6　模具内组装

许多塑料产品是通过注塑成型工艺来制造各个零件,然后手动组装这些零件形成最终产品。这种方法经常需要紧固件和黏合剂,这也相应增加了循环时间和人工成本。此外,手工装配通常对零件的最小尺寸有一定的要求,以便于装

---

① Bralla,1986,同前。

② B. W. Niebel,A. B. Draper,and R. A. Wysk,*Modern Manufacturing Process Engineering*,McGraw-Hill,New York,1989。

③ 更多细节描述参见 http://www.formaphysice.com/process.htm 和 http://www.gknsinter-metals.com/technology/mim.htm。

配人员的操作。最近出现了一种新的替代方案——模具内装配,以克服与装配操作相关的一些挑战。模具内装配工艺结合了成型和装配步骤,消除了成型后进行装配操作的需要。因此,模具内装配也消除了手动装配所带来的尺寸和形状的限制。模具内装配是使材料流动到最终位置来完成的。这样就可以由周围部件对材料进行几何约束或与其他部件进行化学键合。这消除了对紧固件和/或黏合剂的需要。

过程描述:这里有三种根本不同类型的模具内组装流程,多组分注塑成型、多次注塑成型和二次成型。多组分注塑成型是最简单、最常用的模具内装配方式。如图9.6所示,它向模具中同一或不同浇口同时或顺序地注入两种不同的材料。如图9.7所示,多次注塑成型是最复杂和最通用的模具内装配方法。它需要按照特定的顺序将材料注入模具,模具腔室的几何形状随着材料的注入而变化。在成型阶段不需要填充的模具部分暂时被阻塞。在注入第一种材料后,一个或多个被阻塞的部分被打开,下一种材料被注入。这个过程会持续到所需的多组分零件制造完成。二次成型需要在预先制造的注塑塑料部件周围放置树脂。这三种方法彼此之间都有很大的不同,每个方法都需要一套专用设备。

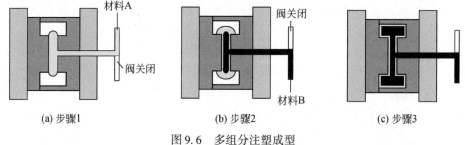

(a) 步骤1　　　　　　　　(b) 步骤2　　　　　　　　(c) 步骤3

图9.6　多组分注塑成型

产品:目前还在使用传统单材料注射成型工艺的许多行业,如汽车、玩具、电子、电动工具和家电行业等,正开始转向使用复合材料成型工艺。一些常见的应用包括多色产品、皮肤核心安排、模具装配对象、软黏接材料(带有刚性基板部件)和选择性遵从性对象。

优点:当两种不同材料互相黏附,由于它们的分子量一致,模具内装配工艺便可用来制造复合材料结构[1]。另外,该工艺过程使用分子量不同的材料来制造刚

---

① 关于如何使用模具内装配工艺产生复合连接的细节讨论,见 R. M. Gouker, S. K. Gupta, H. A. Bruck, and T. Holzschuh, "Manufacturing of multi-material compliant mechanisms using multi-material molding," *International Journal of Advanced Manufacturing Technology*, 30(11-12):1049-1075, 2006。

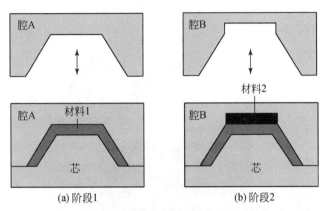

(a)阶段1   (b)阶段2

图9.7 多次注塑成型(未显示材料进给)

性接头,从而确保两种材料不互相黏附①。

    缺点:模具内装配工艺有一些缺点,这可能会让它不能成为我们最好的选择。通常,对于模具内装配,模具成本要高得多;并且有很少的注塑车间具有模具内装配的能力。此外,模具内部的塑料部件从根本上改变了注塑过程的性质,因此,在设计涉及模具内装配工艺的产品时,必须考虑到额外的一些因素②。

9.3 铸造——固定的模式

9.3.1 砂型铸造③

    过程描述:我们将砂、黏土黏结剂和其他材料的混合物填入带有型芯的木模或金属模中形成模具。移除铸模,留下的充满了熔融金属的腔室,如图9.8所示。一般情况下,模具分为两部分,我们在浇注之前将它们接合在一起。砂型铸造是一种将各种模具断面和砂芯(由砂或复合材料制成)组装形成铸型的工艺过程。通过

---

① 关于如何使用模具内装配工艺产生刚性连接的细节讨论,见 A. K. Priyadarshi, S. K. Gupta, R. Gouker, F. Krebs, M. Shroeder, and S. Warth,"Manufacturing multi-material articulated plastic prod-ucts using in-mold assembly",*International Journal of Advanced Manufacturing Technology*, 32(3-4):350-365, March 2007。

② 与模具内装配工艺有关的制造因素设计考虑的细节讨论,见 A. Banerjee, X. Li, G. Fowler, and S. K. Gupta, " Incorporation manufacturability considerations during design of injection molded multi-material objects,"*Research in Engineering Design*, 17(4):207-231, March 2007。

③ 更多信息参见 American Foundry Society 网站:http://www. modernacasting. com/。

砂型铸造,可以获得其他铸造工艺难以获得的形状。浇道和浇口系统的适当设计会减少浇铸时的紊流问题。

图 9.8　砂型铸造

材料的利用:高达 50% 的熔融金属形成了浇口、浇道和冒口。模具和废金属都可以熔化再利用。然而,基于每次浇铸产生的废料量,该工艺过程的材料利用率是很低的。回收砂模有助于降低大批量生产时的成本;然而,这可能是困难的,因为去除黏结剂和硬化剂的成本高昂。

灵活性:铸模的制造简单且成本低廉,该工艺过程十分灵活。

工作周期:周期受到铸件和铸模之间传热速率的限制。多个模具的使用可以提高生产率。砂型铸造的生产速率一般小于 20 件/小时。生产容量从 10 件到100 000件不等。

操作成本:模具和设备成本低,劳动力成本从低到中等不等。价格在一定程度上是基于工件重量的。

尺寸精度:铸件表面纹理较差。孔隙率是不可避免的,而且我们很难从工件中消除非金属夹杂物。铸件表面是不规则的且呈颗粒状,平均表面粗糙度从 12mm 到 25mm 不等。

形状:发动机缸体等复杂零件可以用砂型铸造制造。型芯内有分点来帮助对齐。利用型芯,模芯有可能会出现下凹。零件重量可以只有 0.03kg 或达到 180t,尺寸为 3m×3m。平面度偏差一般是 4mm/m。如波状表面和中空形状一样,带有咬边、凹角的复杂形状和轮廓都可以铸造。砂型铸造的尺寸精度一般为 16mm/m。直径为 75mm 的孔的标准尺寸精度为±1.5mm。砂型铸造的最小实际铸造孔直径

258

从 13mm 到 25mm 不等,并且需要拔模斜度。铸件的最大深宽比为 1.5∶1,并且也需要拔模斜度。铸件的最小壁厚应大于 6mm。

产品:铸造生产的典型产品有发动机缸体、机架、压缩机和泵壳、阀门、管件和刹车鼓。

材料:砂型铸造经常使用的材料有铁、碳钢、合金钢、不锈钢、铝合金、黄铜、铜合金、镁合金和镍合金。不常使用的材料有工具钢、锌合金、锡合金和铅。

优点:砂型铸造适用于复杂的形状、广泛的尺寸。同时,大多数金属都可用于该工艺过程。该工艺可以获得其他铸造工艺不能获得的形状,并且适用于低产量产品,单位成本低。

缺点:表面光洁度和尺寸精度较差,许多情况下需要进行二次加工。

设计原则:

- 通过圆角来避免锐角连接。
- 保持铸件壁均匀且薄。
- 保持横截面均匀。
- 保证两个壁之间为直角交叉。
- 减少在一个点上交叉的加强筋的数目。
- 在分型线上制出锥度或拔模斜度,以便于脱模,并保证分型线平直而非台阶式。

更多设计原则参见 Bralla[1] 和 Pahl 等[2]的论述。

9.3.2　壳模铸造

过程描述:我们将熔化的金属倒入由硅砂和树脂黏合剂制成的一次性、热固性铸造砂壳模型中,并合紧壳体直到熔融金属凝固,过程如图 9.9 所示。混有热固性塑料树脂的砂倒入加热的金属铸模。金属铸模具有较高的公差且表面光洁度较好。铸模被分为带有浇口、浇道的两部分。铸模可能不带有凹面,但可以具有非常复杂的形状。当加热时,与图案相邻的砂混合在一起形成一个图案样的外壳。当两半壳被紧紧接合在一起时,金属被注入二者所形成的空腔中。半壳是从成品铸件中断开的。半壳要么通过夹紧接合,要么黏接在一起,模具放在砂箱中,模具周围布满金属微粒、砂或砾石。这种基底材料在铸造过程中可以加固模具。

---

① 　Bralla,1986,同前。

② 　G. Pahl,W. Beitz,J. Feldhausen,and K. -H. Grote,同前,7.5.8 节和 7.5.9 节。

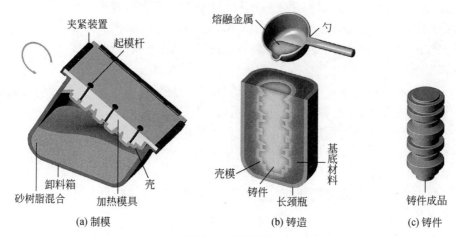

图 9.9　壳模铸造

Copyright © 2008 CustomPartNet. Courtesy of CustomPartNet, Inc. , www. custompart. net。

材料的利用:该过程需要使用带有浇道、冒口和浇口且不可重复利用的模具;因此,该工艺的材料利用率不高。

灵活性:由于采用了铸造砂壳模型制造机,所以该工艺过程灵活性不太高。

工作周期:该工艺的生产速率一般小于50件/每小时。生产容量从1000件到100 000件不等。

操作成本:由于模具成本高,该工艺适用于大批量生产。产量在500件左右时,产生的经济效益最低。由于树脂的使用,砂的成本比其他铸造工艺要高。工装成本高,模具成本由低至中。劳动力成本也由低至中。

尺寸精度:铸件的晶粒细小、硬度高、表面光洁度好且尺寸精度高。该工艺优于其他砂模铸造工艺,并且能精确地获得复杂形状。可以获得的表面光洁度为1. 6 ~ 12. 5mm。

形状:零件的重量最大可达100kg,但一般不超过9kg。该工艺可以铸造带有凹面、孔的复杂形状。型芯用于产生孔和腔室。截面厚度在2. 5 ~ 6mm范围内都是可以铸造的。

产品:此工艺制造的典型产品有连杆、杠杆臂、齿轮箱、气缸盖和支撑架。

材料:许多金属、金属合金和有色金属合金均可用于该工艺。最常见的铸造用金属是铁和钢。

优点:最适用于大批量生产。该工艺能够实现较好的表面光洁度和较高的尺寸精度,这省去了不少的清除操作。

缺点:铸件的尺寸受到限制。设备和工装需要大量的投入。树脂也增加了成本。不是所有的金属都适用于该铸造工艺,而且模具不能重复使用。

9.4　铸造——熔模铸造

过程描述:金属模具是由这一部分制成的。我们将蜡注入金属模具中。如图 9.10所示,所得到的蜡制零件随后被浇注到一个浇口上,形成一组蜡模,这也可以提高生产率。将这组蜡模浸入陶瓷浆料中并干燥。重复浸模过程,直到获得所需的陶瓷壳厚度。在浆料凝固后,我们在高温下烘烤模具以去除蜡模。由此获得的陶瓷模具便可以浇注材料了。将熔化的金属倒入已预热的陶瓷模具中,来获得铸件。压力、真空或离心力是用来使熔融金属填满模具空腔的。通过振动、修琢、喷砂或喷水器来除去表面的陶瓷模。通过切割和磨削从铸件中去除浇口。铸件本身具有复杂的内部和外部特征,拔模斜度很小甚至没有拔模斜度。熔模铸造是一种适用于金属在金属模具温度过高时熔化的工艺[1]。

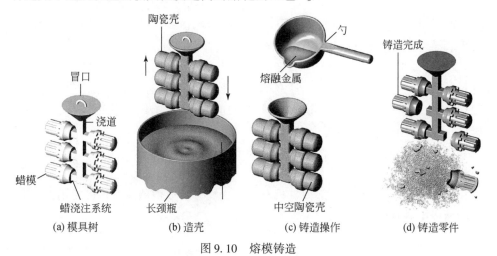

图 9.10　熔模铸造

Copyright © 2008 CustomPartNet. Courtesy of CustomPartNet, Inc., www. custompart. net。

材料的利用:该工艺是一个近净成形过程,并且在供料系统中几乎没有材料损失。蜡可以回收利用。因此,该工艺具有较高的材料利用率。

灵活性:因为制模较简单,该工艺具有较好的灵活性。

---

[1]　工艺的步骤演示视频见 http://www. investmentcasting. org/。

工作周期:周期受到铸件传热速率的限制。由于生产过程较复杂,生产速率很低。我们可以通过使用蜡模簇来提高生产速率和缩短工作周期。生产速率一般小于1000件/小时。生产容量在100~100 000件范围内。当零件数小于50件时,该工艺便不能产生经济效益了。

操作成本:如果使用活性合金,设备成本可能会很高。由于该工艺具有较多的步骤,劳动力成本会很高。该工艺消除了诸如机加工等二次加工的需要,因此节约了一部分成本。否则,熔模铸造的成本会比其他铸造工艺更加高昂。适用于小批量和中批量生产。

尺寸精度:该工艺没有分型线。产品可以是形状复杂的单件。可以获得极好的尺寸公差和表面光洁度。较高的模具温度会降低零件的孔隙率,但会产生粗糙的微结构。在金属冷却和凝固时,我们必须注意让模具对收缩给出补偿。铸件表面光洁度为1.6~3.2mm。

形状:零件尺寸通常很小,重量为0.001~35kg。最小壁厚为0.75~1.8mm。公差0.8~1.5mm不等。形状可以非常复杂,如轮廓、咬边、近台和凹处。

产品:该工艺生产的典型产品可用于缝纫机精密零件、枪械、外科和牙科设备、扳手套筒、棘轮掣子、凸轮、齿轮、涡轮叶片、阀体、雷达波导管。

材料:该工艺几乎适用于所有金属。活性金属可以在真空下浇铸。最常用的材料是碳钢、合金钢、不锈钢、工具钢和铝铜镍合金。铝、铸铁和镁由于具有较高的流动性,也非常适合该工艺。铸钢和黄铜也可以使用。有时也使用镁合金和贵金属,但很少使用铁、锌和锡合金、铅和钛。

优点:几乎所有的金属都可用于熔模铸造。同时,铸件尺寸精度高,光洁度好,形状复杂。

缺点:最适合于生产小部件。只有当二次操作可以被消除时才可使用该工艺。劳动力成本高且模具昂贵。

9.5 切削——机械加工

9.5.1 单点切割——车削和面车削

车削和面车削的过程描述:车削是一种材料去除过程,它使用一个单点切割刀具,刀具的主要运动与工件的旋转轴线平行。端面车削是车削加工的一种特殊情况,刀具的主要运动垂直于旋转轴。车削加工能够获得圆柱形外表面。外表面可以是直圆柱体、锥形圆柱体,或二者的组合。端面车削能够获得垂直于旋转轴的平面。单点刀具在圆柱面上产生精细螺旋标记,这些标记是刀具进给速率的函数。工件固定在卡盘上,刀具安装在刀架上。切屑和切屑的清除可能是个问题。尺寸精度和表面光洁度受刀具几何形状,切削速度和进给速度,刀具、工件和机器的刚度,机器部件和夹具的对齐以及切削液的影响。切削液用于润滑和冷却,同时能够减少刀具磨损,允许高切削速度和进给速度。此外,切削液还有冲屑,防锈并防止刀具边缘产生积屑瘤。车削加工会产生残余表面应力,可能会形成微裂纹,并可能导致未硬化材料的表面加工硬化。

材料的利用:车削加工的材料利用率极低。由于润滑剂的污染和切屑产生所导致的材料微观结构的变化,使得我们对加工过程中产生的废料的回收成本高昂。

灵活性:该工艺的灵活性非常高。适用于单件和小批量生产。

工作周期:周期由工件和刀具的相对硬度来控制。一定程度的自动化可以缩短工作周期。车削加工的材料去除率一般为 $21cm^3/min$。

操作成本:车削加工的工装不是专用的,机器的成本取决于机器的灵活性和自动化程度。操作费用可以很低,也可以非常高,这取决于所用机器的类型和零件的复杂程度及其公差。

尺寸精度:车削通常用来改善表面纹理,并且只受时间和精力的限制。在大多数车削加工中,长度和直径公差均为 $\pm0.025mm$。在精密加工中,直径的公差为 $\pm0.005mm$,长度的公差为 $\pm0.0125mm$。车削加工的表面光洁度一般为 $0.4\sim3.2mm$。

形状:圆柱中的几何可能性是平面、锥面、轮廓、半径、圆角和倒角。

产品:车削加工的典型产品有滚子、活塞、销轴、铆钉、阀门、管材和管配件。

材料:铝、黄铜和塑料具有优良的切削加工性能,铸铁和低碳钢具有较好的切削加工性。不锈钢的切削加工性较差(由于加工硬化)。

设计原则:

- 为工件提供足够的夹紧力。
- 避免尖角的设计,并根据刀具的刀尖半径来决定半径尺寸。
- 提供足够的刀具径向跳动。
- 保证工件短而结实,以减少挠曲。

更多设计原则参见 Bralla[1] 和 Pahl 等[2]的论述。

---

[1] Bralla,1986,同前。

[2] G. Pahl,W. Beitz,J. Feldhusen,and K. -H. Grote,同前。

9.5.2 铣削：多点切削加工

过程描述：铣削是一种利用旋转多齿铣刀去除材料的切削加工。圆周铣削是一种切削发生在与刀具旋转轴线平行表面上的铣削加工方式；对于端面铣削，刀具旋转的轴线与切削表面垂直。在铣削过程中形成的不连续的切屑，大部分被刀具的旋转所带走。铣削加工时，工件可以做进给运动而刀具固定；同时，刀具也可以做进给运动而工件固定。当工件硬度小于 25 洛氏硬度时，铣削加工是最有效的。为了获得不同的形状，我们可以使用不同的铣刀。

工艺特性：工件的性能在铣削加工中会发生变化。刀具上的积屑瘤使工件表面粗糙。钝的刀具会造成严重的表面损伤和高残余应力。

材料的利用：物料在铣削过程中的利用率极低。由于润滑剂的污染和微观结构的改变，使得废料难以回收利用。

灵活性：铣削的灵活性等级高。适用于单件和小批量生产。

工作周期：周期由刀具和工件之间的相对硬度、润滑和冷却速率控制。工作周期可以通过机器的自动化来缩短。

操作成本：在铣削加工中几乎没有专用工具。机器的成本取决于机器的灵活性和自动化程度。操作成本相对较低。

尺寸精度：铣削可以用来改善表面质量，而且只受时间和精力的限制。工件的表面光洁度为 1.6~5mm。平面度偏差一般为 0.4mm/m。

形状：平面、凸面、凹面和等值面都可进行铣削加工。铣削加工的公差一般为 0.13mm。

产品：铣削用于在很宽的零件尺寸范围内生成简单到复杂的三维形状。

材料：铝、黄铜、塑料和复合材料具有优良的切削加工性能；铸铁和低碳钢具有良好的切削加工性；不锈钢由于加工硬化而具有良好的切削加工性。聚合物以及一些陶瓷和复合材料也可以被铣削，虽然刀具磨损率可能会很高。

设计原则：

- 提供凸起的平表面；也就是说，只铣削必须研磨的那部分表面。
- 合理放置表面，使被研磨的表面在同一水平面上平行于夹紧面。
- 避免凹面。
- 零件和刀具在操作过程中不能偏转。

更多设计原则参见 Bralla[1]、Pahl 等[2]及 Farag[3] 的论述。

9.5.3　磨削

外圆磨削过程描述:磨削是一种利用表面嵌入不规则几何形状的磨料颗粒的砂轮从工件中去除材料的工艺。该工艺可以加工直的、锥形的和成形的工件。为了产生锥度,需要砂轮或者工作台旋转。对于圆柱工件,工件安装在中心和工件之间,砂轮朝相反的方向旋转。研磨工艺可以获得光洁度极高的表面。工件的几何形状与砂轮形状一样。当砂轮是成型砂轮时,这种工艺称为切入式磨削。按体积计算的话,砂轮通常包括45%的磨料、15%的黏接材料以及40%的孔隙度。正是由于砂轮的孔隙,为切屑提供了空间并为冷却剂提供了传递路径。在磨削过程中,我们需要液体来冷却砂轮和工件、润滑砂轮和工件表面,并且液体有助于切屑的移除。

表面磨削过程描述:如图 9.11 所示,表面磨削是一种类似于外圆磨削,用来获得平面的加工工艺。它有时也用于加工钢铁成型面。表面磨削的工装包括砂轮、往复工作台和工件夹持装置。夹持装置又包括适用于金属工件和黏性材料的吸盘以及适用于非金属材料的真空吸盘等。砂轮主轴可以是垂直的也可以是水平的。

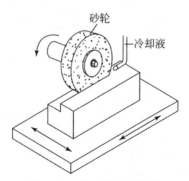

图 9.11　典型的磨削操作

①　Bralla,1986,同前。

②　G. Pahl,W. Beitz,J. Feldhusen,and K. -H. Grote,同前。

③　M. M. Farag,*Selection of Materials and Manufacturing Processes for Engineering Design*,2nd ed.,CRC Press,Boca Raton,FL,2008。

机械特性:磨削加工会产生残余表面应力并且由于高温会产生薄薄的表面马氏体层。由于这两个因素,工件的疲劳强度可能会被削弱。磨削加工工艺还可能导致铁磁材料的磁性丧失,并可能增加材料的腐蚀敏感性。

材料的利用:磨削加工的物料利用率极低。由于润滑剂污染和微观结构的改变,加工中产生的废料回收困难且成本高昂。事实上,产生的废料进入砂轮,造成砂轮的"负荷",大大降低了切削效率。砂轮一旦运转,砂轮的表面切削层便被消耗,新的切削颗粒出现。

灵活性:磨削是一种灵活性较高的加工工艺。

工作周期:周期相对较长,受工件和刀具的相对硬度,润滑和冷却量的影响。通过提高机器的自动化程度,可以提高生产速率。

操作成本:磨削加工中的一些刀具是专用的。机器的成本取决于机器的灵活性和自动化程度。由于两个原因,磨削是一个需要消耗大量能量的工艺过程。第一,每一个切削颗粒都很小,因此只能切削工件表面的一小部分。由磨料颗粒切削的沟槽周围的区域形成卷边,该卷边由后面脱落的颗粒除去。这种"犁"机制是一种低效的材料去除方法。第二,切削颗粒是随机定向的,没有统一的几何形状。因此,不能优化刀具前角。有些切削颗粒会被定型和定向,但这样它们根本没有切削能力,只是摩擦表面,这会导致更高的能量消耗。

尺寸精度:磨削基本上算是一个精加工过程,工件的表面质量取决于所消耗的时间和工作量。工艺获得的表面光洁度一般为 0.2 ~ 0.8mm,直径公差一般为 ±12.7mm,圆度公差为 ±2.5mm。对于精密磨削,公差可以低至这些值的 1/10。对于平面磨削,平面度公差一般为 ±0.05mm,平行度公差为 ±0.075mm。平面度偏差一般为 0.08mm/m。

形状:外圆磨削可以加工直的、锥形的和成形工件。平面磨削则用于加工平面、轮廓曲面和槽。

产品:典型的产品是杆、销以及直径 20 ~ 500mm、长度 20 ~ 1900mm 的轴。

材料:除了柔性和黏性材料,磨削几乎可用于所有材料。磨削性能最好的材料是铸铁和低碳钢,其次是铝、黄铜和塑料。磨削性能最差的材料是不锈钢,因为它们往往会硬化。

优点:可以获得极好的表面光洁度。

缺点:磨削的能耗高、效率低、材料利用率低。在加工过程中会产生残余表面应力,这会降低工件的抗疲劳强度。成形磨削刀具可能会很昂贵。

设计准则:

- 最小化研磨面积,减小零件体积。

- 保证砂轮不受阻碍。
- 保持砂轮边缘与表面接触,并为砂轮提供跳动。

更多设计原则参见 Bralla[1] 和 Pahl 等[2]的论述。

9.6 切削——电火花加工

线切割过程描述:当金属丝和工件之间的放电产生热能时,便可以实现切割。由于直径较小,当金属丝从放线盘向收线盘运动时,可以直接穿过零件产生复杂的二维形状,如图 9.12(a)所示。工件不断慢慢地进给,以创建所需的形状。介质流体用来冲刷被移除的颗粒、调节放电、保持工具和工件的冷却。金属丝的直径一般为 0.025~0.3mm。这种金属丝价格低廉,通常不会重复使用。可以从启动孔制造镜像轮廓工件和内部轮廓。工件可堆叠切割,且成品不含毛刺。

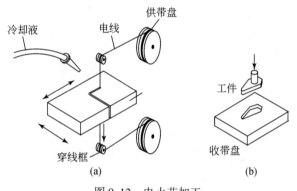

图 9.12 电火花加工
(a) 线切割;(b)腔式电火花加工。

腔式电火花加工过程描述:腔式电火花加工是一种采用成型导电工具去除导电材料的热质量还原过程,如图 9.12(b)所示。这是由每秒成千上万的、特定的、重复的火花放电手段完成的,放电间隙约 0.025mm。这些放电使工件汽化并慢慢形成所需的形状。无毛刺零件由此获得。介质流体用来冲洗被移除的颗粒,调节放电,保证工具和工件的冷却。加工中,会产生约 0.25mm 厚的热影响区。对钢铁材料而言,这个区域会产生薄的碳化物层,降低疲劳强度并产生微裂纹。工件的光

---

① Bralla,1986,同前。

② G. Pahl, W. Beitz, J. Feldhusen, and K. -H. Grote,同前。

洁度受间隙电压、放电电流和电源频率的影响。材料去除率低。

材料的利用:该工艺的材料利用率极低并且加工中产生的废料无法回收利用。

灵活性:电火花加工中的工装是专用的。准备时间很短,因此,该工艺是高度灵活的。

工作周期:电火花加工的周期一般较长。材料去除率取决于包括熔点和潜热在内的工件的各种性能。

操作成本:所使用的机器的组合和获得操作条件所需的设置使电火花加工成本高昂。

尺寸精度:表面纹理质量与材料去除率成反比。工件的表面光洁度为1.3～3.8mm。在材料去除率非常低的情况下,公差为4～13mm。

形状和产品:该工艺通常用于制造挤压成型、粉末冶金和注射成型模具。通常,冲头和模具是用电火花线切割加工而成的。

材料:所有金属和导电非金属均适用于电火花加工。

优点:适用于待加工材料硬度高于一般刀具材料的情况。该工艺具有很高的重复性。

缺点:因为金属表面有热影响区,对可热处理的金属而言,这层非常坚硬。对这类金属,我们必须多加注意。如果电流强度过高,工件会产生细小的裂纹,这可能会导致工件过早疲劳失效。

9.7 冲压成型——片材

9.7.1 吹塑模铸

过程描述:将加热的(软化)热塑管(称为型坯)挤压注入一个模具;在空气压力下,型坯膨胀并紧贴在模具内壁,然后冷却变硬,如图9.13所示。薄壁空心产品由此获得。当模具打开时,零件弹出。零件壁厚均匀。该工艺仅限于生产薄壁空心产品。分型线和飞边都存在,但材料溢出很少。此工艺适用于制造内部体积高达200L的薄壁空心物体。零件可以有金属嵌入件[①]。

材料的利用:如果型坯是利用注塑成型生产的话,该工艺便是一种近净成形工

---

① 工艺动画见 http://www.pct.edu/prep/bm.htm。

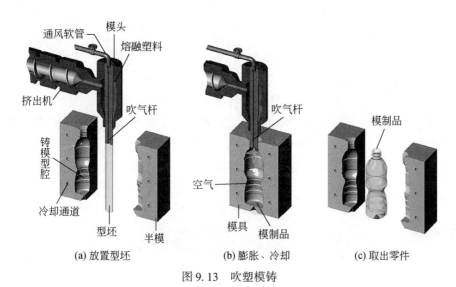

图 9.13　吹塑模铸

艺过程。如果型坯利用挤压成型生产的话,在吹塑成型过程中会产生废料。因此,吹塑模铸成型的材料利用率高。

　　灵活性:吹塑模铸成型使用的工装是专用的,但准备时间相对较短。

　　工作周期:周期受到聚合物加热和冷却的限制,但相对较短。工艺自动化可以缩短工作周期。该工艺的生产容量在 1000 ~ 10 000 000 件范围内。

　　操作成本:吹塑模铸成型中使用的模具相对便宜。机器价格昂贵,尤其是在机器自动化程度高的情况下。然而,它是以高生产率生产瓶子和其他封闭容器的成本最低的方法。

　　尺寸精度:该工艺获得的表面纹理质量很好。然而,可能会诱导显著的分子定向。表面光洁度和尺寸精度都很高。吹塑工艺的公差一般为 0.5 ~ 2.5mm。

　　形状:该工艺仅限于开口和封闭的中空产品。不可以获得成型孔。然而,吹塑成型可以生产具有复杂形状和指定壁厚的产品。

　　产品:典型的产品是瓶子和其他容器,空心玩具和装饰物。

　　材料:工件材料采用热塑性塑料,主要是聚烯烃类和聚乙烯(对苯二甲酸乙二酯)。不可使用热固性塑料。

　　优点:快速生产容器和其他单件复杂空心产品的经济性方法。

　　缺点:仅限于生产空心产品,不适用于小批量生产。公差相对较宽,壁厚难以控制。

9.7.2　钣金加工

冲孔和冲裁过程描述：冲孔是一种在工件进入模具时，工件与废料段分离的剪切过程。这一工艺是以中、高生产率在板材中加工孔的最经济的方法。冲裁是一种利用冲压分离金属板材获得成品的工艺，冲压剩下的金属板材便是废料。冲头安装在撞击装置上，并与安装在压床垫板上的模具紧密配合。多冲头通常用于在多冲程中完成零件的加工，如图9.14所示。

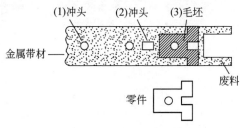

图9.14　钣金加工：冲孔落料

材料的利用：可以通过修改零件的设计使设计更容易嵌套，以此来提高材料的利用。总是有少量的废料，由于成本高昂而不能回收。

灵活性：工装是专用的，准备时间取决于设备的复杂性。因此，该工艺具有较低的灵活性。

工作周期：可以获得较短的周期，但这取决于所使用的冲头数量和金属带材的进给速度。

操作成本：操作成本主要取决于冲头的复杂性和数量。废料的数量也决定了操作成本。

尺寸精度：在加工中，会在切断面侧壁形成光亮区域、卷曲和钢模损坏。尺寸精度一般为±0.15mm，表面光洁度一般为0.8~1.6mm。

形状：该工艺可以获得大量复杂形状。唯一的限制是零件的厚度必须恒定。

材料：钢、铝、黄铜和不锈钢是最常用的材料。低碳钢和中碳钢具有最好的冲压性能，但必须是低温回火钢。不锈钢的冲压效果优于普通钢（退火时），但需要更高的冲压力。镍合金与不锈钢相似，但它们在冲孔过程中有明显的硬化作用，如果需要额外的加工，则可能需要进行退火。铜和铜合金形成优良的冲压件，但不可采用延展性较低的青铜。经过软化回火的铝合金是最容易加工的；在强度足够的情况下，是我们首选的材料。以下材料可以被冲孔或冲裁，按照下料的便捷度排列:铅、纸张、皮革、铝、锌、铸铁、纤维、铜、铜镍锌合金、黄铜、锻铁、锡、低碳钢、中碳钢、高碳钢、非调质钢、镍钢、调质钢。

优点:减少了材料处理,而且过程很容易自动化。可获得零件的尺寸和形状范围广,且表面光洁度较高。

缺点:需要模具,设备昂贵,生产废料不能回收,并限于薄片。

设计原则:

- 设计零件以最大化材料利用率。
- 当加工涉及几个不同的零件时,选择它们的几何形状,以便它们的组合能最大限度地利用材料。
- 使零件的尺寸等于棒料的宽度可以提高材料利用率。

其他设计原则参见 Bralla[1] 和 Pahl 等[2]的论述。

9.8 冲压成型——块材

9.8.1 锻造

过程描述:用空气锤锤压的锻造是一种金属成形工艺,通过快速闭合冲头和模具,使加热工件受压变形至与模具型腔重合,如图 9.15 所示。模具腔的闭合可以是单次的,也可以是重复的;通常,每个模腔都会受到一次冲击。落锤是由气压、液压或机械驱动的。每次落锤时可以获得 $50 \times 10^3 \sim 1900 \times 10^3 \mathrm{N}$ 的冲击力,冲击力的大小主要取决于锻锤和上模的质量以及锻造高度。随着锻造力的增加,尺寸公差也随之提高。锻件通常是手动装载和移除。锻件的形状已接近成品零件,但通常需要进行二次机加工以获得尺寸公差和良好的表面光洁度。锻造工艺会在工件上产生一条分型线和飞边,必须去除。工件的重量为 $1.4 \sim 340 \mathrm{kg}$,外形尺寸为 $0.08 \sim 1.3 \mathrm{m}$。如果在闭模锻造工艺中仔细地控制型坯质量,我们可以在不带锻模飞边槽且完全封闭的模具中进行锻造。

开模锻造是在两个平模之间放置一块固体工件,并通过压缩使其高度减小的加工工艺。诸如环和轴等形状以及 270t 以上的大部件可以通过这种工艺较经济地锻造出来。

① Bralla,1986,同前。
② G. Pahl,W. Beitz,J. Feldhusen,and K. -H. Grote,同前。

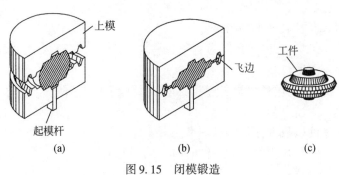

图 9.15　闭模锻造

(a)钢坯模具;(b)模具闭合;(c)零件。

　　顶锻是一种金属成形工艺,在母模之间夹有厚度均匀的加热工件,而冲模(冲头)冲击工件,使工件的端部变形和扩大。顶锻用于生产螺栓,并在局部增加零件的面积。开模锻造用于制造大型零件,而闭模锻造用于制造较小的部件。

　　机械特性:锻件具有优良的机械性能,包括改善了的抗疲劳性能和抗冲击性能。然而,在锻造过程中,工件可能会产生微裂纹。

　　材料的利用:闭模热锻总是以飞边的形式产生废料。冷锻是一种近净成形工艺。冷锻的材料利用率接近100%;热锻的材料利用率较冷锻低。

　　灵活性:开模锻造设备不是专用的,而闭模锻造工装是专用的。设置周期的长度取决于工具的复杂性。开模锻造工艺具有良好的灵活性,而冷锻工艺的灵活性较差。

　　工作周期:周期取决于设备的运行速率。因为所制造的零件尺寸大,开模锻造的周期较长。根据设备自动化程度的不同,闭模锻造的周期时间可以很短。

　　操作成本:根据零件的复杂性,模具的成本由中至高。由于飞边和二次机加工,材料会有一定的损耗。在闭模锻造中,劳动力成本适中;而开模锻造则需要高技术操作人员。闭模锻造的自动化程度决定着成本。对于中、高量生产,锻造是较为经济的生产方式。

　　尺寸精度:锻件的质量主要取决于锻造温度。表面纹理质量和尺寸公差随着温度的升高而变差。因此,热锻生产的产品表面光洁度和尺寸公差较差,通常需要进一步加工。开模锻造生产的零件往往呈桶状。滚磨主要由模具与工件界面之间的摩擦力造成,那里的物质向外溢出。滚磨可以通过有效润滑剂的使用最小化。尺寸公差一般为±(0.5~0.8)mm。表面光洁度为2~8mm。

　　形状:该工艺可用于生产没有凹面或凹角的实心形状。库存工件是圆形的、方形的或扁平的,并且具有中等至高的延展性。它们是从母工件上切割下来的,以提供良好的晶粒流动方向。

产品:锻造通常用来生产受到高应力的机械零件,如飞机发动机及其结构、陆上车辆部件、连杆、曲轴、阀体、齿轮毛坯。

冷锻材料:随着钢中碳和合金含量的增加,材料的锻造性能下降。大多数有色金属,如铜、锻造黄铜、铜锡锌合金、青铜和铜合金等都很容易锻造。这些材料通常都是在有所取舍的基础上选择的。首先,材料必须满足锻件所需的强度和物理性能。材料的抗腐蚀能力、尺寸、韧性、抗疲劳性、耐热性和断面厚度必须与其锻造能力相平衡。根据模具的寿命,对一些常用金属的可锻性等级按照可锻性由低到高排列:锻造黄铜,海军黄铜合金,低碳钢(碳/合金含量增加的顺序),蒙乃尔合金。

热锻材料:所有可以冷成形的金属均能热成形。此外,不适合冷加工的金属也可以进行热锻。适宜有色金属材料流动的温度范围很窄。过度加热这些金属的危险是很高的。因此,这个过程必须是精确的。然而,它们优良的可锻性、耐腐蚀性和颜色使它们非常有用。铜的锻造温度较高并有形成黑色氧化物的倾向,黑色氧化物对模具有严重的侵蚀作用,这些使其更适合于冷锻件。锻钢零件的标准化是使晶粒细化最大化的必要条件,它也改善了锻钢零件的切削加工性,降低了锻件冷却时产生的内应力。标准化是一种热处理工艺。在加工过程中,钢被加热到高于相变发生的临界温度的某个温度,然后在空气中冷却到低于这个范围。不锈钢和高碳钢工件的可锻性相近。在高温下,不锈钢更坚固,因此更难锻造。

优点:可控的晶粒结构使零件具有了更高的机械强度和高的强重比。材料损耗低,产品内部缺陷少。

缺点:需要为机加工提供精确的成品尺寸,否则,工具和加工成本就会变得很高。

设计原则:

- 选择分型线时,尽量使零件位于半模中。
- 尽量避免非平面型分型线。
- 零件具有斜度。
- 定位分型线,使金属平行于分型线流动。
- 分型线为半高设计。
- 避免截面急剧变化和截面过薄。

更多设计原则参见 Bralla[1] 和 Pahl 等[2]的论述。

---

[1] Bralla,1986,同前。

[2] G. Pahl, W. Beitz, J. Feldhusen, and K. -H. Grote,同前。

9.8.2　研磨

过程描述：韧性金属连续地通过一连串成型轧辊。当材料通过轧辊，它逐渐形成一个带有所需横截面的形状。工件的厚度为 0.1~3mm，宽度可达 0.5m。辊套也可以有侧辊，辊的大小取决于工件厚度和它的成形性能。研磨是一种平面应变操作。通过约束工件垂直于研磨的方向，工件长度的位移（变形）增加，而不是宽度。因此，在研磨过程中，当工件延长时，其速度加快，即当工件进入轧辊时，速度低于辊筒，当工件离开轧辊时，速度高于辊筒。摩擦力作用在一个中心点，在该中心点上，工件的速度和辊筒的速度相同。摩擦是研磨发生的必要条件，研磨压力取决于摩擦系数。

材料的利用：当连续产品被切割至适当长度时，可能会产生废料。该工艺的材料利用率高。

灵活性：大多数辊筒都不是专用的。然而，成型辊筒是专用的，它们的准备时间很长。因此，研磨的灵活性适中。

工作周期：周期的长短取决于产品的长度，但滚压的生产率高。

操作成本：生产率高，因此劳动力成本低。材料利用率高。工装和安装成本高，所以该工艺最适合于大批量生产。

尺寸精度：成品的质量主要取决于研磨温度。表面纹理质量随温度的升高而恶化。成形截面的宽度公差一般为±0.4mm，深度的公差为±1.5mm。根据冲压成形的程度，工件表面光洁度通常为±(0.25~3.8)mm，而冷加工板材的表面光洁度一般为 0.4~1.3mm。

形状：产品的厚度一般为 0.6~3mm。工件长度通常较长，并且可以具有很复杂的横截面。可以通过切割较长的工件来获得短的工件。材料在冲压成型前的宽度一般为 1m，厚度为 5mm。研磨工艺生产的产品适用于装饰和一些结构上的应用。

产品：研磨生产的产品一般为建筑物的屋顶和墙板、建筑装饰、下水管、窗框、炉灶和冰箱面板、书架、窗帘杆、金属相框。

材料：任何在冲压成形温度下具有韧性的金属都可以使用。铝、铜及其合金具有优良的成形性能。镍和镁具有较好的成形性能，低碳钢和不锈钢具有良好的成形性能。

优点：适用于生产具有复杂截面形状的长的零件。生产迅速，表面光洁度和尺寸一致性好。

缺点:零件在整个长度上必须有相同的横截面。工装和安装成本高。滚压过程中可能会导致加工硬化和微裂纹的发生。

9.8.3 挤压成型

过程描述:由机械或液压驱动的冲头,将金属坯料挤入具有所需形状的模具孔内或冲头周围。金属在模具中以凝固的形式出现,并与模具孔的形状和尺寸紧密一致。冲头控制着工件的内部形状。模具控制着工件的外部形状,并且可以具有多个直径。工件通过反击或喷射器喷射。工件被一个反向凸模或脱模器弹出。有三种类型的挤压成型工艺:①向前挤压成型,金属从模具中(向下)流出。②向后挤压成型,金属在冲头周围(向上)流动。③侧向挤压成型[①]。向前挤压成型和向后挤压成型如图9.16所示。向前挤压成型可用于生产复杂的形状和大量减少工件的横截面。向后挤压成型不能生产很长的形状,但能制造具有较大长径比的空心零件。产品的壁厚取决于冲头和模具之间的间隙。产品具有优良的表面光洁度。该工艺最常用于制造圆柱截面零件,但矩形或截面不规则零件有时也可通过挤压成型生产。挤压件长度受到机器立柱强度和零件长度小于6倍内径的设计原则的限制。

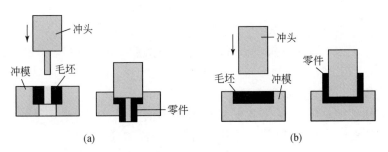

图 9.16 挤压成型

(a)向前挤压;(b)向后挤压。

材料的利用:挤压成型是一种近净成形工艺。在切割连续产品至所需长度的过程中会产生废料。该工艺的材料利用率很高。

灵活性:工具是专用的并且准备时间很长。因此,该工艺只有适中的灵活性。

工作周期:工作周期取决于产品的长度。由于生产速率非常高,因此,工作周

---

① 三种挤压成型工艺的视觉化表达见 http://www.jlometal.com/the_process/default.asp。

期很短。

操作成本:热挤压成型需要保护工件不受空气和氧化的影响。因此,热挤压的成本更高昂。冷挤压成型有很高的工装和安装成本。因此,冷挤压最适用于大批量生产。

尺寸精度:对所有金属而言,挤压成型生产的产品的质量都很好,但主要取决于冲压成形温度。表面纹理质量随温度升高而恶化。直径的公差一般为±0.25mm,长度的公差一般为±0.4mm。表面粗糙度通常为0.5~3.2mm。公差和表面粗糙度取决于冲压条件:冲压压力,刀具几何形状,材料尺寸和形状,允许长径比,润滑,以及是否使用热挤压或冷挤压成型。

热挤压成型形状:可以获得长度达7.5m的任意恒定截面。对于铝而言,横截面的直径可达250mm;对于钢而言,横截面的直径可达150mm。同时,横截面的形状可以非常复杂。

冷挤压成型形状:零件的直径一般为13~160mm,最大长度为2m。适用于生产一端封闭的圆形件、空心件。在冷挤压工艺中,圆柱截面零件是最常见的;然而,矩形或横截面复杂的零件也可以通过冷挤压获得。工件可以具有结合形状、阶梯形状或凹陷的形状。工件直径一般为13~500mm,长度为13~760mm。

产品:挤压成型生产的典型产品有建筑和汽车饰件、窗框构件、油管、飞机结构件、栏杆、手电筒外壳、气雾罐、军用自动推进武器和灭火器。

热挤压成型材料:大多数商业上可用的形状都是通过挤压铜、黄铜、钢、铝、锌、镁获得的。大多数的铜基合金也可以用于挤压成型。锌含量最高的塑料的可塑性能最好,能生产出最复杂的形状。轻合金,如铝和镁,是挤压零件最常用的材料。钢和不锈钢也可以挤压成型。硬质合金难挤压成型。

冷挤压成型材料:大多数冷挤压成型使用锡。该方法也适用于铅和铝零件。对锌可以进行适当地预热处理,使其达到韧性范围(150℃)。

优点:可以获得带有凹面或圆弧面等的复杂截面。模具成本低。挤压提高了材料的硬度和屈服强度。高的材料利用率降低了成本,工件通常不需要二次加工。

缺点:该工艺仅限于韧性材料,且受到最大截面尺寸的限制。非均匀截面的工件需要额外的操作。挤压工艺会使工件产生残余表面应力和微裂纹。该工艺很难达到精密公差。

设计原则:

- 确保零件旋转对称,且没有材料凸出。
- 避免在横截面、边缘和圆角处发生剧烈的变化。
- 避免锥度和具有相近直径的截面。

更多设计原则参见 Bralla[1] 的论述。

9.9　粉末冶金[2]

　　过程描述:粉末冶金是一种将金属粉末压制成特定形状,然后加热使金属颗粒黏结在一起的制造工艺。通过相反的冲头的作用,粉末被压缩至零件所需的形状和密度。冲头在模具中的运动如图 9.17 所示。上、下冲头的数量取决于零件的复杂程度。压制压力可能会达到 700MPa 以上。零件在压制后,需要将其放入炉中烧结。在低于粉末主要成分的熔化温度条件下进行烧结,使粉末颗粒黏结在一起以产生零件所需的性能。

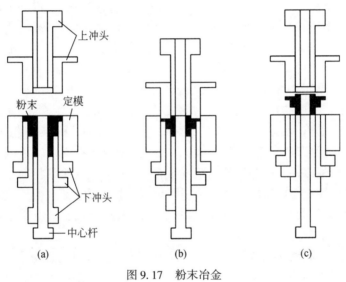

图 9.17　粉末冶金
(a)填充;(b)挤压;(c)弹出。

　　材料的利用:粉末冶金是一种近净成形工艺,材料的利用接近100%。
　　灵活性:工装费用适中,设备灵活性较高。
　　工作周期:由于用粉末生产零件的速率很快,所以经济量很高。为了获得成本

---

① 　Bralla,1986,同前。
② 　更多信息见 Metal Powder Industries Federation 网站 http://www.mpif.org/index.asp 和 European Powdered Metallurgy Association (EPMA) 网站 http://www.epma.com/about_pm/web_pages/nma_chossing_pm.htm。

优势,至少需要 20 000~50 000 件的生产量。当生产量低至 500~5000 件时,运用粉末烧结生产大而复杂的零件可能也是经济的。尽管压制零件的周期很短,但烧结过程相对缓慢且耗时。

操作成本:高成本的粉末和取决于零件复杂性的正常模具的成本,使粉末冶金不适用于小批量生产。劳动力成本低,材料利用率高。由于这是一种近净成形工艺,很少甚至不需要二次加工,这也降低了成本。

尺寸精度:粉末冶金零件的尺寸精度非常高。压制后小孔的公差范围为±5mm,未压制零件的大尺寸公差范围为±0.13mm。与冲压方向上的尺寸相比,截面尺寸可以保持更接近的公差。

形状:强力金属零件通常较小,最大尺寸小于 75mm。粉末冶金可以获得复杂的形状,但侧壁需保持平行。凹面和螺纹需要通过二次加工获得。工件的设计必须避免薄片、削边和窄而深的花键。

产品:粉末冶金生产的典型产品有凸轮、离合器、刹车片、自润滑轴承、滑块、杠杆、齿轮、轴套、棘轮、导向件、垫片、花键零件、连杆、链轮、棘爪、商业机器的其他零部件、缝纫机、枪支和汽车。

材料:工艺使用的粉末状材料主要有铁、碳钢、合金钢、铜、黄铜、青铜、镍、不锈钢、难熔金属,如钨、钼、钽和贵金属。此外,粉末冶金还可使用陶瓷粉末。

优点:零件生产速率快、尺寸精度高、表面光滑且具有优良的承载性能。可以加工形状复杂的零件。因为工艺为近净成形,加工中产生的废料少。多孔轴承的自润滑等特殊性能是粉末冶金的一个重要优点。粉末冶金零件具有良好的阻尼特性,这能使配合件的运行更加平稳。含有非金属磨料粉末的金属制动衬片和离合器板都是使用这种方法制造的。

缺点:零件的尺寸是有限的,并不是所有的形状都可以通过粉末冶金获得。粉末和工装的成本限制了该工艺只适用于大批量生产,不能获得凹面,此外还有强度限制。

设计原则:
- 设计应符合推荐的最小尺寸。
- 避免尖锐的内角和削边。
- 避开尖角和大的再入角。
- 避免凹面。
- 避免盲孔。
- 尽可能使用小的截面直径。

其他设计原则参见 Bralla[1] 和 Pahl[2] 等的论述。

9.10 分 层 制 造

9.10.1 简介

前几节讨论的传统制造工艺通常需要专用的工装、夹具和/或模具,而且经常需要较长的研制周期。复杂性、专门知识和这些需求的成本取决于零件的形状、尺寸、材料和制造的数量。在过去的 20 年中,一种被称为分层制造(LM)的新制造工艺逐渐发展起来。分层制造指的是一种逐层构建对象的增材制造工艺。在某种程度上,直接将物体的三维 CAD 模型与 LM 制造工艺相结合成为可能。分层制造技术也常被称为固体成型技术、增材制造和快速原型制造。分层制造已被证明可以缩短研究周期,工艺需要的专业知识最少,并适用于小批量生产。

分层制造具有下面的优点。

• 不需要专用工具或夹具,这意味着当物体在 CAD 系统完成后便可以生产了。

• 可以获得非常复杂的几何图形,这使得我们可以设计带有凹面和深腔的形状。使用传统的制造工艺,这些形状是无法实现的。

• 过程规划是自动完成的,这使得一个人能在接受较少训练的情况下来使用 LM。

• 由于不需要准备时间和零件专用的模具,工艺非常适合于小批量生产。

分层制造的一些缺点如下。

• 由于各层间黏结较弱,零件强度低。

• 由于这些过程缓慢,工艺只限于较小的零件。

• 系统成本高,需要高度专业化的维修人员。

• 限于小批量生产,因为单个零件的生产速度不会随着零件数量的减少而显著减少。

• 通常需要专用材料,这可能很贵。

分层制造的主要应用领域如下。

---

① Bralla,1986,同前。

② G. Pahl, W. Beitz, J. Feldhusen, and K. -H. Grote,同前。

1)原型设计：当一个物体的三维计算机模型不能提供足够的信息时，就需要生成一个原型。LM 已被用于创建手机原型、相机原型、家用电器如混频器和螺丝刀的原型。这些原型被用来评估它们的美学吸引力和人体工程学影响。LM 也被用来评估复杂系统的装配过程。

2)试验：在诸如象流研究这样的应用中，LM 被用来生成研究对象的缩小版本，以更好地理解它们的流动特性。LM 也可以用来制作一个可以进行荷载和位移试验的试样。

3)小批量定制零件的快速生产：随着 LM 工艺能生产出在低应力应用场合具有良好强度特性的零件和 LM 精度的不断提高，分层制造可以制造出在特定应用场合正常工作的物体。定制助听器和定制防毒面具的分层制造零件是其中的一些例子。

4)快速制模：LM 现在制造用于生产其他零件的工具，如注塑模具(通过选择性激光烧结生产)、砂模铸造模具(熔融沉积制造生产)和熔模铸造(由立体光刻生产)。

我们现在描述以下六种分层制造工艺：立体光刻、熔融沉积制造、掩模固化法、选择性激光烧结、层压物体制造和 3D 打印。这六个 LM 过程使用以下六个步骤。

1)创建 CAD 模型。利用计算机及三维 CAD 软件创建生成制造对象的实体模型。

2)将 CAD 文件转化为 STL 文件。一个 STL 文件包含一组三角形的顶点的坐标和法线方向，这些三角形用来近似表示被构建物体的表面。这种近似引入的固有误差可以通过增加三角形的数目来减少；然而，这往往会增加后续的计算工作量。

3)根据零件如何分层，选择零件的方向。叠层方向的选择会影响叠层时间、零件不同表面的精度以及零件的强度。因此，构建方向必须根据过程能力和对象的需求进行仔细选择。

4)将零件切片。在零件构建方向选中后，它被数字切割成薄片。每个薄片的厚度取决于分层制造过程。切片过程的可视化表达如图 9.18 所示。

5)逐层构建模型。每个数字获得层的周长的近似坐标被送到制造设备，该设备将依次制造每一层，一层堆积在另一层之上。零件是所有层的叠加。

6)后处理操作。根据加工工艺和构建取向，我们需要预先准备一些后处理操作，如移除一些防止制品外伸部分下沉的支撑结构；对于某些材料，需要提供额外的固化时间。

六个操作完成后，最终对象就可以使用了。

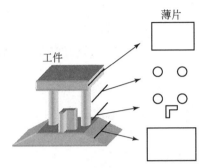

图 9.18　分层制造的工件及代表性薄片

步骤 5)的详细描述:在上述第五个步骤,六个分层制造工艺的四个(立体光刻、熔融沉积制造、层压物体制造、3D 打印)在很大程度上像下面这样进行①。每个方法使用一个平台,在 z 轴负方向上,移动非常小的增量,如图 9.19 所示。平台的面积和平台总的垂直行程决定了可制造物体的最大尺寸。这四种方法中的每一种都以一种薄层的方式进行讨论。在某些方法中,材料首先沉积在平台的整个区域;然后,在需要材料的地方,以某种方式(固化、熔化)硬化(固化)。在其他方法中,材料沉积在可以硬化的特定位置。在这两种情况下,硬化发生的具体位置如下。参照图 9.19,这个过程开始时,该平台位于 $z=z_1$ 的位置。系统硬化位置位于 $x_1=x_{1,\min}$ 处,这是层 $z=z_1$ 中周长最大的两个点或多个点中的其中一个点。

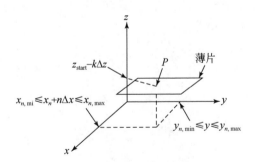

图 9.19　描述每层点的位置的坐标系统

硬化装置沿着 y 轴,从 $y_{1,\min}$ 移动到 $y_{1,\max}$,并且在被创建层的周长范围内的指定位置激活硬化工艺。$y_{1,\min}$ 和 $y_{1,\max}$ 是 $z=z_1$ 层上沿 y 方向在特定周长或一系列周

---

① 两个例外是分层实体制造和实体磨削固化。

长中最外围的点。在所有沿 $x=x_1$ 直线方向的点选定后，系统将硬化装置移动至 $x_2=x_1+\Delta x$ 处，这里 Δx 的大小取决于工艺过程。装置在 y 方向的移动和之前一样，只是位置从 $y_{2,\min}$ 移动到 $y_{2,\max}$。加工过程持续进行，直到材料在该层所有需要的点上硬化为止。然后，平台下移 Δz，重复平面定位过程。Δz 的大小取决于工艺过程。

重复这一过程直至完成最后一层的铺砌。

现在我们分别介绍这六种分层制造工艺。

9.10.2　立体光刻[①]

过程描述：该模型是建立在位于装有液体感光聚合物的桶内的一个平台上。参考图9.20，对平台进行初始调整，使厚度为 d 的薄层液态树脂覆盖在平台表面。高度聚焦的激光束勾画出该层横截面的轮廓，如在步骤5）中所述。在激光照射下，树脂聚合并硬化。该区域中不属于横截面的部分仍然保持液态。当一层固化完成后，平台下移厚度 D。厚度 D 的大小决定了激光束穿过横截面的速度。当平台下降后，具有厚度 D 的新的液态树脂层重新覆盖在工件顶部。如果工件有较大的悬垂特征，那么额外区域的材料便光固化形成支撑结构。这些支撑结构的截面相对较小，便于拆卸。所有层固化完成后，将零件从液体槽中取出，放在紫外线炉中完成整体固化过程。

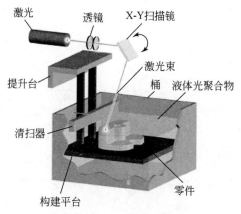

图9.20　立体光刻系统

---

① http://www.3dsystems.com/。

与聚丙烯、ABS树脂(丙烯腈丁二烯苯乙烯)、聚碳酸酯和尼龙特性相似的各种各样的材料均可应用于光固化立体成型工艺中。

9.10.3 熔融沉积制造[①]

过程描述:参考图9.21,热塑性长丝通过加热喷嘴挤出。喷嘴的定位如步骤5)中所述,以勾画出该层的横截面。喷嘴中的电阻式加热器使材料的温度保持在熔点以上,以便其在挤压过程中容易流过喷嘴。材料是通过驱动轮供给的,流动借助于重力。平台保持较低的温度,使物料在被挤压机放置在预定位置后迅速硬化。当一个层面的沉积完成以后,平台下降一个层的厚度。如果需要支撑结构,则可以通过第二喷嘴挤出不同的丝状材料来形成支撑结构。支撑材料可通过溶剂溶解去除。选择只能溶解支撑材料而不溶解主要材料的溶剂。

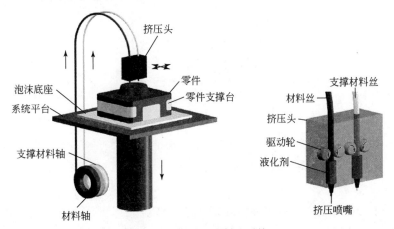

图 9.21 熔融沉积制造系统

Copyright © 2008 CustomPartNet. Courtesy of CustomPartNet, Inc., www. custompart. net。

这些系统使用多种工业生品级的热塑性塑料,包括 ABS 树脂、聚碳酸酯和聚苯砜。

9.10.4 掩模固化法

过程描述:与立体光刻一样,掩模固化法也采用光敏树脂。如图9.22所示,工

[①] http://www.stratasys.com/。

件的一层是用光掩模建立的,以在 z 方向创建工件的横截面。然后将掩模转移到玻璃板上。接着,在该平台上喷洒一层用于制造对象的液态树脂,树脂的厚度与层厚相同。树脂层和掩膜暴露在紫外光下。只有暴露在紫外光下的那部分液态树脂固化;其余的液体通过真空泵抽走。真空喷嘴穿过整个表面并将未固化的聚合物吸起。被刚移除的未固化的液态树脂所占据的区域充满了蜡并且开始冷却。然后在蜡上进行端面铣削,以形成一个均匀的上表面,在该面上制造下一层。由于物体在制造过程中完全嵌入蜡中,因此不需要额外的支撑结构。在加工中,一层同时固化;而在立体光刻过程中,固化发生在激光束穿过截面时。在加工完成后,将蜡浸泡在热水中或用热风枪将其熔化,以除去蜡。这个过程也被称为可信奈的过程。

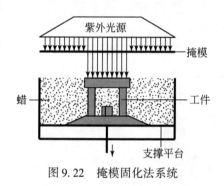

图 9.22　掩模固化法系统

9.10.5　选择性激光烧结[①]

过程描述:聚焦激光束选择性地熔化塑料或金属以形成工件。工件可以在一个装满目标材料粉末的平台上进行制造。这种粉末的深度为 D,在制造之前,粉末从容器中滚到平台上,如图 9.23 所示。在每一步中,厚度为 D 的粉末铺满了平台。每次制造的新的一层等于层的厚度。粉末保持高温,以便在激光束照射时,迅速熔化。如步骤 5)中所述,激光束勾画出截面的轮廓,并烧结所在层的粉末。当一层烧结完成后,平台降低高度 D,下一层新的粉末重新铺上。这个过程一直持续到零件完成为止。在该工艺过程中不需要支撑结构,因为每层多余的粉末起到支撑任何外伸部分的作用。

该工艺通常以尼龙、玻璃纤维尼龙、钢粉为原料。

---

① http://www.3dsystems.com/。

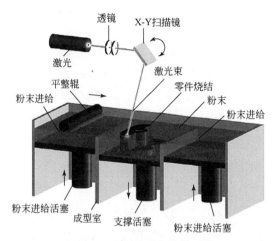

图 9.23 选择性激光烧结系统

9.10.6 层压物体制造[①]

过程描述:用激光切割黏结剂覆盖的纸、塑料或复合材料的薄片,形成物体的每一层。如图 9.24 所示,一个给料机/收集器机构将薄片输送到制造平台上。辊

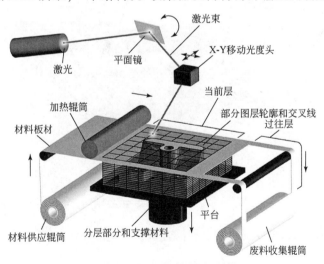

图 9.24 层压物体制造系统

---

① http://www. cubictechnologies. com/。

筒利用热量和压力使板材与已成型的部分黏结在一起。利用激光束将薄片未使用的部分切割成小块,这样多余的材料在加工后可以从产品上轻易地拆卸下来。不需要特殊的支撑结构,因为多余的材料可以为外伸部分以及薄壁截面提供支撑。在完成一层之后,平台下降一个薄片的厚度,并且重复先前的加工步骤。因此,不能使用这种方法获得盲腔或有限通路空腔。

该工艺以纸张、塑料和复合薄片为原料。

9.10.7 3D 打印[1][2][3]

过程描述:该工艺用粉末状原料。薄薄的一层粉末覆盖在平台上,粉末用辊筒进行压制,如图9.25所示。然后利用喷墨打印头将黏合剂沉积在粉末层上。如步骤5)中所述,打印头来回地覆盖该层的横截面。当一层打印完成后,平台降低一个高度,下一层新的粉末重新覆盖在平台上,重复加工步骤,直到零件制造完成。零件周围松散的粉末,即没有黏合剂沉积的粉末,形成了对零件的支持作用,所以不需要额外的支撑结构。当零件制造完成后,通过烧结以达到所需的强度。

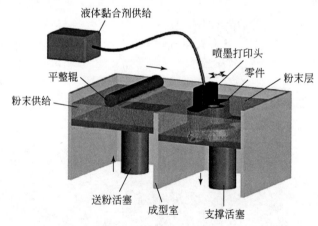

图9.25 3D打印系统

Copyright © 2008 CustomPartNet. Courtesy of CustomPartNet, Inc. , www. custompart. net。

该工艺通常使用陶瓷、纤维素和复合材料。

---

① http://www. zcorp. com/。

② http://www. cubictechnologies. com/。

③ http://www. solid-scape. com/。

9.10.8　分层制造工艺的对比

在一般情况下,相比其他工艺,立体光刻的特征尺寸更小。因此,当需要非常小的特征尺寸时,此工艺是首选方案。熔融沉积制造和选择性激光烧结工艺使用的材料通常都可以在消费品中找到。因此,如果将产品材料与原型材料相匹配,则这些制造工艺是优选的方案。选择性激光烧结成型具有优异的材料特性,但工艺成本远远高于熔融沉积制造。目前,选择性激光烧结是制造金属零件唯一可行的分层制造工艺。层压物体制造和3D打印是相对快速的加工工艺。因此,当需要短的制造时间时,这些工艺是首选的方案。层压物体制造非常适用于制造实心零件,即零件没有中空部分。另一方面,3D打印允许用户制造彩色零件。

为了更好地确定哪一个分层制造工艺适合某个特定项目,建议考虑以下因素。当工艺过程不满足这些要求中的一个时,它便不可作为备选方案。

1)每个分层制造工艺所使用的材料和材料特性不同;因此,LM方法制造的产品应具有所需的材料特性。

2)创建包络线来确定可以制造零件的最大尺寸。

3)加工精度决定了工件的几何和表面可变性。加工精度取决于最小层厚、材料的翘曲和收缩、机器分辨率等因素。

4)制造速率,包括制造时间和预处理、后处理时间。制造时间是分层制造机器生产对象的时间。许多工艺可以同时制造多个部分。为了减少总的制造时间,我们可以考虑将几个部分组合在一起的可能性。预处理和后处理时间[1]包括将CAD文件转换成STL格式[2]的时间,装载原料和执行校准步骤所需要的准备时间。后处理时间包括去除支撑结构所需的时间,为提高零件强度执行其他操作所需的时间以及获得足够的表面光洁度所需的时间。

分层制造的基本特征见表9.3。

表9.3　分层制造的代表性特征

技术	典型系统	工作台尺寸(mm)	最小层厚(mm)	精度/分辨率
熔融沉积制造	FDM 400mc	406×356×406	0.127	0.127m 或 0.0015mm/mm

---

① 编辑注:此处疑原文有误,推测应只是指预处理时间。

② 在STL文件的翻译过程中,有时会出现几何异常,因此需要手动编辑。

续表

技术	典型系统	工作台尺寸(mm)	最小层厚(mm)	精度/分辨率
选择性激光烧结	Sinterstation Pro 230	550×550×750	0.1	0.125mm + 0.025×尺寸
立体光刻	Viper Pro	1500×750×500	0.05	0.05mm + 0.025×尺寸
3D打印	Z Printer 650	254×381×203	0.089	600×540 dpi[a]
层压物体制造	LOM 1015	381×254×356	0.18	0.025mm
掩模固化法	SOLIDER 5600	508×508×355	0.1	尺寸的0.1%到最大0.5mm

a dpi 为每英寸所打印的点数。

参 考 文 献

M. F. Ashby, *Materials Selection in Mechanical Desing*, 3rd ed., Butterworth-Heinemann, Oxford, 2005.

M. M. Farag, *Selection of Materials and Manufacturing Processes for Engineering Design*, 2nd ed., CRC Press, Boea Raton, FL, 2008.

M. P. Groover, *Fundamentals of Modern Manufacturing*, 2nd ed., John Wiley & Sons, New York, 2002.

C. Kai, L. Fai, and L. Chu-Sing, *Rapid Prototyping: Principles and Applications*, 2nd ed., World Scientific Publishing Company, Singapore, 2003.

S. Kalpakjain and S. R. Schmid, *Manufacturing Processes for Engineering Materials*, 5th ed., Prentice Hall, Upper Saddle River, NJ, 2008.

K. Lee, *Principles of CAD/CAM/CAE Systems*. Addison Wesley, Reading, MA, 1999.

P. K. Wright, *21st Century Manufacturing: Surveys of Products, Prototypes, Processes, and Production*, Prentice Hall, Upper Saddle River, NJ, 2001.

第 10 章 | 面向"X"的设计

本章针对产品研发过程中概念评价、配置和实施阶段里常见的附加标准,给出了一些建议和指导。

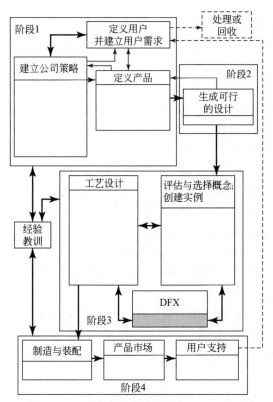

本章主要内容框架图

10.1　生命周期工程

10.1.1　引言

在本章中，我们将介绍表 2.1 中出现过的设计目标和约束等方面的相关内容。本章中讨论的许多主题都属于生命周期工程的范畴，可以影响产品的使用寿命。生命周期工程是指在产品开发早期就考虑到产品从创造到废弃处理和回收的过程，包括以下几个方面。

- 失效模式和可靠性问题。
- 备件的可用性。
- 诊断工具和人员。
- 用户服务和可维护性。
- 产品运行和维护。
- 产品安装要求。
- 未来的改进和升级。
- 用以满足上述 7 个方面的物流保障。
- 使用的方便性和安全性。
- 产品回收和处理。
- 与上述所有方面的环境影响有关的成本。

产品的使用寿命是指产品在维护得当和不超过其规定的使用范围时，能维持性能标准的时间。在产品设计过程中应该尽早考虑以下几个可能影响产品寿命的因素。

- 耐久性：在产品发生故障之前的使用时间，是衡量产品寿命的指标。在该阶段更换即将损坏的元件往往比修复更加合适。
- 适应性：能够不断改进各种功能从而适应环境变化的能力，意味着组件和功能实现模块化。
- 可靠性：产品在规定的时间内和预期的操作条件下既不发生故障也不会失效的能力。
- 可维护性：在一段特定的时间内，通过维修、再制造或再利用，保持性能的能力。维修：替换失效的部件以达到指定的性能。再制造：将旧零件恢复到新的状态以达到指定的性能。再利用：一个产品或它的组件在原有的工作环境无法使用后,发现它的其他用途。

- 可回收性:对产品进行改造和再加工以回收其部分或全部组成材料;隐含要求产品能够成本有效地拆卸,材料是可辨认的,并且已经对其进行了分类和提纯(见 7.3 节)。
- 可处置性:所有不可回收的材料都可以安全地废弃处理,如在允许的情况下,可通过焚烧来回收能量。

对于那些为了再制造,而不是为了可回收而设计的产品,建议在设计过程中应该更注重易于拆卸、重新装配、清洁、检查和元件更换这些方面①。此外,各个组件的紧固件、接口和模块应高度标准化(见 6.3 节和 3.4 节)。

10.1.2　可靠性

可靠性是指设备在规定的操作条件下和适当的次数内正常运行的概率,次数可以从一次(如安全气囊、电路保险丝)到数百万次(如轴承、电灯开关、发动机)。当对产品可靠性进行设计时,目标之一就是在限制制造成本和生命周期成本的同时做到这一点。

组件或系统可靠性的确定通常包括应力、温度和振动等属性的测试和分析。为了预测不正确的用法,应该事先进行测试。一个可靠的设计是一个已经预测到所有可能出现的问题的设计。值得注意的是,可靠性测试与可测试性设计不同,后者会使一个产品的一个或多个性能易于测量。

可靠性工程通过调整概率定律和基本物理知识来解决问题,这些基本物理知识控制着产品失效预测机制。可靠性工程的一些措施可能导致以下情况。

- 在产品设计阶段降低失效概率的技术。
- 失效模式和影响分析,能够系统地分析替代设计的失败原因(见 10.1.3 节)。
- 单个组件分析,计算关键组件的失效概率,旨在消除或加强最薄弱的环节。
- 降低要求,要求部件的使用量低于其正常规定的水平。
- 冗余设计,要求并行系统备份一个重要组件或子系统,以防其失效(如汽车上的双制动系统)。

失效是导致组件或系统无法满足其正常或指定的操作特性的意外情况。想要有效地避免失效就必须处理所有可能导致失效的因素,包括人为错误、环境影响、

---

① T. Amezquita, R. Hammond, M. Salazar, and B. Bras, "Characterizing the Remanufacturability of Engineering Systems," ASME DE-Vol. 82, Vol. 1, Design Engineering Technical Conference, September 1995。

技术故障、设计不当和材料相关的缺陷。

某些产品组件的失效可能会对产品的用户、制造商或两者均产生巨大的影响。比如在 2007 年底,25 万名患者被告知有一根用来连接他们体内的植入式电子除颤器与心脏的电线可能会断裂①。在近 30 个月内,已发现 2.3% 的电线断裂,这意味着在这段时间内可能会发生超过 5000 种可能的故障。对于患者来说,问题是是否要把电线移除和替换,这需要花费大约 12 000 美元。该公司愿意提供新的电线并且患者只需支付 800 美元。除了费用之外,现在患者继续使用这种设备具有相当高的不确定性。

积极的一面是②,当波音 777 在 1995 年前后首次投入使用时,它能够无须经过两年的测试阶段就投入使用。要知道该测试会限制飞机飞行任何超过一个小时的航线,而当时这款飞机可以进行 3 小时的飞行。这要归因于它们的新喷气发动机可靠性的提高,这款发动机在每天使用 8 ~ 10 小时的情况下,每隔 25 ~ 30 年仅有一次失效的可能。

有人提议设计团队可以通过采取以下途径来提高产品的可靠性③④。

- 简化设计并减少部件的数量和类型(参见 7.2.2 节)。
- 使零件和材料标准化。建立首选零部件清单并确认其供应商。供应商应在预期的操作条件下,对产品的可靠性进行记录和证明。
- 设计时防止环境因素和材料退化(参见表 8.1)。
- 设计时尽量减少运输、服务和维修造成的损失,见 10.3 节和 10.4 节。
- 当发现缺陷时,必须确定其根原因,并设计出消除缺陷的方法。根原因是失效的根本原因。这与症状不同,症状是由根原因造成的。
- 使用可能导致对材料、工艺变量和环境条件变化不敏感的设计技术,见 11.5.2 节。
- 使用失效模式分析技术来降低产品失效的风险,见 10.1.3 节。

---

① B. J. Feder,"Patients Wonder Whether to Replace a Wire That Might Fail," *New York Times*, December 13,2007,http://www. nytimes. com/2007/12/13/business/13defib. html? scp = 11&sq = Feder&st = nyt。

② M. L. Wald,"F. A. A Allows Boeing 777 to Skip a Test Period," *New York Times*,May 31,1995。

③ J. Doran and G. Hudak,"Parts Selection and Defect Control Reference Guide," Draft report for several of the templates defined in DoD 4245. 7-M, August 1990。

④ J. G. Bralla,1996,同前。

10.1.3 失效识别技术[①]

可靠性取决于产品的使用情况,包括运输方式和操作模式。其中,操作模式包括开关循环次数、维护和修理过程以及使用和储存的环境条件。为了尽量降低失效发生的概率,首先需要确定所有可能的失效模式以及这些失效发生的机制。尽管在产品的概念生成和评估阶段中考虑到了影响可靠性的某些主要因素,但在实施阶段要对可靠性进行详细检查。这通常要求与类似产品和材料的性能知识及经验相结合,以及一次头脑风暴,目的是预测可能导致产品不能达到其性能标准的所有可能的行为和情况。所有将产品推向市场的参与者都应该帮助发现可能导致问题的各种因素。

为了说明可靠性问题的严重性和复杂性,我们介绍了以下常见的环境条件及其对电子元件可靠性和性能的可能影响[②]。

- 高温:电器元件的数值会发生变化,绝缘材料可能会软化,设备将受热老化,氧化和其他化学反应得到增强。
- 低温:电器元件的数值会发生变化,存在水分时会形成冰,热损失增加。
- 热冲击:元件的电气特性可能由于设备或包装上的裂缝而永久性改变。
- 振动:电信号可能会改变,元件的材料可能会开裂、移位或松动。
- 湿度:渗入多孔材料并造成短路;引起氧化,会导致腐蚀;导致某些材料的膨胀。
- 盐气浴和喷雾:其中盐水是良好的导电体,可以降低绝缘电阻并引起腐蚀。
- 电磁辐射:导致发热和热老化,能改变材料的化学、物理和电学性质,破坏半导体。
- 低压(高海拔):在材料中的气泡会爆炸,电气绝缘性可能会遭到破坏,更有可能出现漏气。

产品和系统失效的主要原因之一是材料的降解,这种降解受机械、热或环境的影响,或这些因素的某些组合的影响,或者当被意外损坏时,材料会产生一定程度的变化。因此,材料的完整性往往是生命周期设计的一个重点。表 8.1 在温度、环境稳定性、损伤容忍度和应用历史等标题下列出的许多因素都是不得不关注的影响材料类型的例子。其他经常考虑的因素还有磨损和疲劳等。这些类型的失效可

[①] C. E. Witherall, *Mechanical Failure Avoidance: Strategies and Techniques*, McGraw-Hill, New York, 1994。

[②] M. Pecht, *Handbook of Electronic Package Design*, Marcel Dekker, New York, 1991。另见表 4.6。

以单独出现，也可以组合出现。但是，并非所有材料都易受到所有列出因素的影响。

现在讨论几种失效识别方法，其中一种方法是故障树分析（FTA），这是一种演绎逻辑模型，它以图形形式描述可能产生所考虑的故障或失效的条件或条件之间的组合。通常情况下，失效或其他意外事件出现在树型图的顶点。在顶点下面是分枝链接，借助于逻辑符号、因果关系或元素来表示。

与 FTA 结合使用的另一个工具是失效模式和影响分析（FMEA）。其目的是预测哪些失效可能发生，这些失效可能对产品的功能操作产生什么影响，以及可以采取哪些措施来防止失效或消除其对操作的影响。它的逻辑与 FTA 相反，因为它从最基本的组件开始，然后是更复杂的装配和子系统。其内容通常以电子表格的方式描述，如表 10.1 所示。

表 10.1　6.4 节中所述的钢架连接工具的一些部件的失效模型与影响分析

部件	功能	状态	原因	结果	后果	严重程度[a]	概率[b]	最小化方法
电动机	提供旋转的能量	无功能	短路 开路 轴堵塞 刷子磨损 过度使用	无功能燃烧	无功能	2～3	C	正确评分材料
		过热	冷却不足	燃烧 电机故障	设备损失	2～3	D	提供气流
		噪声	轴承磨损 轴磨损	机械故障	效率损失	3	C	正确评分材料
齿轮	增加扭矩	干涉	轮齿错位 轴上松动 轴承磨损	齿轮损坏	设备损失 效率损失	2～3	C	正确评分材料适当公差
活塞执行器	旋转运动	堵塞	堵塞 弯臂公差 不复位 心轴支撑力不足	循环不当 机械故障	设备损失 受伤	2～3	D	正确评分材料适当公差
						2	D	
		噪声	轴承磨损	—	—	3	C	—

续表

部件	功能	状态	原因	结果	后果	严重程度ᵃ	概率ᵇ	最小化方法
压缩机	创建工作压力	无压力	密封失效 结构泄露	无功能	无功能	3	A~B	正确评分材料适当公差
		无运动	密封帘运动	—	—	3	B~C	—
机身	提供结构	结构完整性缺失	由于操作员错误而导致裂纹/破裂 内部机械力引起的裂纹/破裂 由于年龄引起的裂纹/破裂 机身紧固失效 高温	锐边 功能丧失 组件分离	设备损失 受伤	3 2 2 —	D D D —	正确评分材料 监控注塑工艺参数

a 1=灾难性(明确的伤害),2=严重的(伤害风险,工具损坏,外部损伤),3=边缘(需要修复,不形成关联),4=可忽略不计(创造的结合可忽略)。

b 发生失败的情况:A=频繁(>1/5),B=合理可能(1/5~1/10),C=偶尔(>1/100),D=渺茫(1/100~1/1000),E=极不可能(<1/1000)(本表中不涉及)。

　　另一个使用的工具称为因果图,类似于为 FTA 创建的工具。该图把被认为会影响系统运行的各种原因分类,并用箭头表示它们之间的因果关系。因果图有时被称为鱼骨图、石川图(在石川馨之后)或特征图,用于确定各种质量特征的退化原因。

　　该图由可能导致不良结果的原因组成,不良结果是由一个或多个原因引起的特定问题。也就是说,原因是影响所述结果的因素。该图用箭头表示结果与原因之间的关系。图 10.1 给出了一个完整的因果图的例子,该图用于确定 5.2.5 节给出的干式贴墙系统的一个操作可能失效的原因。在很大程度上,这个图独立于任何特定实例,它是头脑风暴的结果,图中 IP²D² 团队成员想出了导致黏合剂在胶带上涂抹不均匀的尽可能多的原因。

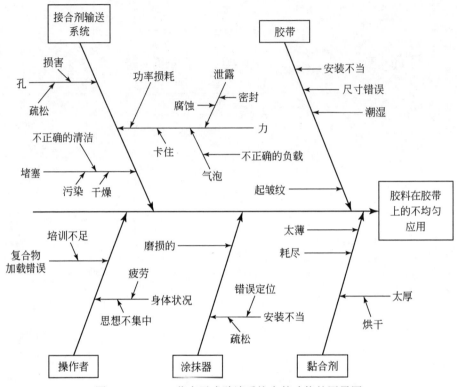

图 10.1 5.2.5 节中干式贴墙系统中某功能的因果图

10.1.4 磨损设计

磨损是影响耐久性和可靠性的一个重要方面,当两个接触部件的接触面之间存在相对运动时,磨损就会发生。因此,人们不得不进行磨损设计。磨损有几种机制。第一种是黏合磨损,这是由于两个表面之间的载荷过大造成的。第二种是磨粒磨损,这是由比摩擦表面或两个部件更坚硬的颗粒引起的。第三种是润滑剂磨损,它是由于高温或环境导致的润滑剂性能改变而引起的。

制定以下设计准则来辅助进行磨损设计①。

---

① R. G. Bayer,*Engineering Design of Wear*,Marcel Dekker,New York,2004,Chapter 4。

- 不同类别的材料需要不同的设计,试图将金属设计规则用于塑料是不正确的。

- 尽量减少磨粒的存在,用过滤器来处理润滑剂,在接口处进行屏蔽密封。如果存在磨粒,应使摩擦表面比磨粒更坚硬。

- 尽可能在摩擦表面使用润滑剂和不同的材料,能大大减少黏合磨损。

- 提高摩擦表面硬度会减少磨损并延长系统寿命。

- 尽可能使用滚动而不是滑动,滚动要求滚动元件和接触面之间的滑动应尽可能小。

- 避免滑动和滚动接触的影响。

- 当可用材料无法达到预期的系统寿命时,选择硬度相差较大的材料,这样只有一个磨损件需要更换。

10.2　防　错　法

10.2.1　引言[①]

防错法是一种避免工作中简单人为错误的技术[②]。日本制造工程师新乡重夫(Shigeo Shingo)将这一想法发展成为实现零缺陷的工具,最终消除了对质量控制检查的需求。实际上,防错法可以被认为是一种提高产品可靠性的技术。新乡重夫提出了 poka-yoke 这个术语,通常被翻译为"防止错误"[避免(yokeru)无意中的错误(poka)]。在产品的组件正在形成的同时考虑可生产性问题的实体化阶段应用防错法。

许多缺陷是由人为错误造成的,这些错误及其保障措施如下。

- 健忘:不执行所需的行动。

保障措施:提前通知操作员或定期检查。

- 误解:执行禁止的行动。

---

① poka-yoke: *Improving Product Quality by Preventing Defects*, Edited by Nikkan Kogyo Shimbum, Ltd., Factory Magazine, Productivity Press, Portland, OR, 1998。

② 值得注意的是,现在医学界正在解决对错误的零容忍问题。如果是医疗保险清单上列出的十个合理可预防的病症中的任何一个,医疗保险和一些州的保险公司将不会支付医院治疗受伤者的额外费用。见 K. Sack, "Medicare Won't Pay for Medical Errors," *New York Times*, October 1, 2008: http://www. nytimes. com/ 2008/10/01/us/01 mistakes. html? scp = 7&sq = Kevin%20Sack&st = cse。

保障措施:培训、预先检查、标准化工作实践。

- 识别:在选择备选方案时出现错误。

保障措施:培训、注意、警惕。

- 缺乏经验:行动所必需的信息被误解。

保障措施:技能培养、工作标准化。

- 注意力不集中。

保障措施:纪律、工作规范、工作指导。

虽然错误发生的原因有很多,但如果花时间去找出它们何时何故发生,几乎所有的错误都是可以避免的。通过使用防错法和一个或多个上面罗列的保障措施可以防止那些错误的发生。防错法的要求之一是,用于防止缺陷的保障措施应该是廉价的。丰田汽车在每个制造工作站平均使用12个防错设备,但是任何一款设备的成本应该限制在150美元以下 。

如果人们违背工厂的日常活动,就会影响生产的五个要素。这五个要素是工作指示,零件和材料的购置,在机器和设备上设置零件和材料,建立标准作业程序,执行标准作业程序的工作人员。这五个要素决定产品能否正确制造,通过对每个要素的控制来保证无缺陷产品。

将各种各样的缺陷按重要程度排列如下。

- 遗漏处理。
- 错误处理。
- 设置工件时的错误。
- 缺失零件。
- 错误零件。
- 错误工件的处理。
- 操作不当。
- 调整错误。
- 设备安装不正确。
- 工具和夹具准备不当。

每个单元的缺陷数与单元的复杂性之间有很大的相关性。一个衡量复杂性的指标是生产一个单元所需的操作的总数和装配它所需的总时间①。不管单元的功能如何,该产品越大,则每个单元的缺陷数量就越多,也就是说,不管该单元是计算

---

① C. Martin Hinckley, *Make No Mistake:An Outcome-Based Approach to Mistake-Proofing*, Productivity Press, Portland,2001。

机磁盘存储设备还是内燃机,道理都是一样的。

10.2.2　防错法的基本功能

缺陷存在于两种状态之一:要么即将发生,要么已经发生。防错法通过三种基本功能来防止缺陷——关机、控制和警告。认识到一个缺陷即将发生称为预测,而认识到一个缺陷已经发生称为检测。为了检测缺陷,防错法系统使用诸如不同尺寸的导向销、误差检测和警报、限位开关、计数器和检查清单等设备与方法。防错法包括以下操作。

* 分析潜在问题的过程。
* 根据物品的重量、尺寸和形状等特征来识别物品。
* 通过检查过程序列或过程之间的序列来检测偏离过程或遗漏的过程。
* 通过使用计数器或测量工件的临界状态(如电流或温度)来检测偏离固定值的情况。

防错法与统计过程控制(SPC)方法的不同之处在于,SPC 本质上保持了当前的缺陷水平,但没有消除它们。另外,SPC 方法提供反馈进行纠错的时间与用防错法获得的反馈相比较慢。防错法技术本质上在每个关键制造步骤中对每个部件的某些属性执行 100% 的检查。当发现错误时,立即反馈,并且能够避免缺陷的发生。在 SPC 中,当状态被确定为失控时,通常必须确定其原因。

如前所述,有几种类型的设备已经被证明在防错装配和制造过程中很有用。第一组设备使用机械物件,如不同尺寸的销、键和槽,以便在执行关键操作之前,零件只能以特定方式定向。第二组设备使用电子传感器,如限位开关、灯光和测距仪来确定是否存在错误。第三套设备使用专用夹具和装置来检测上游错误并可以防止错误的机器安装操作。计数器已用于验证是否使用了正确的部件数量或是否使用了正确的操作数。关于如何使用这些设备有很多例子①。

防错法也用于众多消费品中。在这种情况下,防错法技术被用来防止用户不正确或不安全地使用产品。一些常见的例子如下②。

* 双插头插座,每个插脚具有不同的形状,因此它只能以一种方式匹配,以确保正确接地。

① C. Martin Hinckley,同前。
② 防错法应用于消费产品的许多例子可以在以下网址找到:http://csob.berry.edu/faculty/jgrout/everyday.html。

- 将个人电脑和笔记本电脑连接到外围设备的电线，每种电线都有不同的形状，如电源线不适合打印机端口等。
- 室内车库入口处有一个悬挂杆，用来指示车辆可以安全进入的最高高度；这实际上是一个不受欢迎的规则。
- 水槽和浴缸在其顶部附近有一个附加的排水管，是用以防止水溢出的装置。
- 衣物甩干机的门内有开关，当门打开时，滚筒停止转动。
- 割草机的推杆上有一个杠杆，必须将它放下，割草机才能启动，并且保持打开状态；这大大降低了手指受伤的概率。
- 如果离合踏板没有被踩下，汽车就无法换挡。

10.3　可维护性设计(维修性) [①~③]

10.3.1　引言

可维护性由产品设计中的要素组成，这些要素确保产品在预期的整个寿命内都能够以最少的投入令人满意地完成任务。在许多情况下，减少维护的最好的方式是增加组件和产品的可靠性。然而，大多数耐用品都需要某种形式的维护。有效的可维护性设计可以将以下事故发生率降到最低。

- 维护活动的停机时间和维修引起的故障停机时间。
- 用户和技术员完成维护任务的时间。
- 部件、备用单元、工具和人员的物流需求。
- 设备维修引起的设备损坏。
- 维修活动引起的人员伤亡。
- 产品运行期间的可维护性和维护成本所造成的花费。

经验表明，可制造系统往往最具有可维护性。每种可维护性设计功能都能够支持所需的维护功能。这些功能可以用于以下三个主要维护目的。

① J. G. Bralla, 1996, 同前。
② B. S. Blanchard, D. Verma, and E. L. Peterson, *Maintainability: A Key to Effective Serviceability and Maintenance Management*, John Wiley & Sons, New York, 1995。
③ M. A. Moss, *Designing for Minimal Maintenance Expense*, Marcel Dekker, New York, 1985。

- 预防：帮助保持产品的良好状态。
- 纠正：将故障产品恢复到可用状态。
- 检修：使产品恢复到原始状态。

可维护性功能包括查看、控制和显示、连接器、联轴器和线路、紧固件、手柄、标签、适当的安装和定位，以及测试和工作点。以下是可维护性设计的一些指导原则。

- 提供普通紧固件和连接物的简单及适当尺寸的接触。
- 设计少量可使用的物件，每个仅需要简单的程序和最少的技能。
- 使用模块化结构。
- 将经常更换或维修的组件或模块放置在易于查看的位置。
- 需要通用的手工工具，并至少要有多个。
- 提供内置测试和维护诊断指标，提供方便的测试点。
- 采用防错紧固件和连接器，便于重新组装。
- 不需要或尽量减少调整，保持可调整物品易于取用。
- 提供易于检修的物品，移除它们时无须移除不相关的组件。
- 提供视觉检查并便于识别。
- 提供易于更换的模块和部件，使它们能够互换和标准化。
- 提供提升和操纵重型部件的方法。
- 提供安全联锁、盖子、护罩和开关。

10.3.2 标准化

标准化是产品设计、生产和生命周期成本中的重要因素。标准化对于维护而言有着非常重要的影响。以下建议表明了标准化影响维护的方式。

- 尽量使用同一标准或型号的紧固件、螺纹和头型，可减少供应问题，减少维修技术人员所需的工具数量，并很可能降低使用不当工具的概率。
- 标准化使供应零部件和材料过程的成本效益提高，尤其在某固定领域内更为明显。
- 标准化使设备内部和设备之间的零部件具有互换性，从而减少供应和可用性问题。
- 标准化使术语和标签具有一致性，这有助于技术人员遵守维护说明和程序。

10.4 包 装 设 计

包装主要执行两个不同的功能。第一个功能是在运输过程中提供保护；第二个功能是在商店中吸引消费者。要为产品生产最佳的包装，应考虑以下几方面因素①。

一般因素。
- 产品的尺寸和物理特性。
- 最实用和经济的包装类型。
- 纸箱是用机械、手工还是两者结合来包装产品。
- 如何、何时、何地以及以何种数量销售产品。

销售。
- 目标群体。
- 可用于吸引潜在买家注意的结构、表面设计和表面处理。
- 如何包装具有竞争力的产品。
- 是否存在必须与包装上的品牌名称一起出现的商标。
- 产品具有的优点可以在包装上的插图中突出强调，以刺激消费者购买冲动。
- 应该引起消费者对产品的其他特征的注意。
- 最方便用户查看和实际使用的包装风格。
- 插图是否会增强产品的销售量或产品的可见性。

传输、存储和显示环境。
- 一种能够提供最好的保护以抵抗破损、污垢和变质的材料与结构。
- 满足实际需要的包装种类，即产品销售地点的处理、储存和展示。
- 产品是否需要具有防止生锈、发霉或其他损坏功能的包装，或者是否需要打蜡或涂覆其他涂层以使产品具有防潮或防油功能特性。

目前，许多大型公司已经在努力尝试以经济有效的方式使包装材料对环境的影响降至最低，并且满足上述考虑因素②。宝洁公司（Proctor and Gamble）③为其佳

---

① R. Bakerjian，同前。

② 有人提到，一些可生物降解的产品，如含聚乳酸的塑料，在回收利用和与普通塑料混合时会造成困难，使其难以再利用。

③ C. L. Deutsch,"Incredible Shrinking Packages", *New York Times*, May 12, 2007；http://www. nytimes. com/2007/05/12/business/12package. html? _r = 1&oref = slogin。

洁士(Crest)牙膏引入了硬质管,这样牙膏就不必再放在自己的盒子里了。在过去5年里,以波兰春鹿公园(Poland Springs and Deer Park)为名的瓶装水的生产者仅在瓶子上使用更窄的标签就节省了超过 900 万 kg 的纸张。可口可乐最近设计的经典轮廓瓶更轻,更具抗冲击性,瓶子小一些,但装的汽水却一样多。然而,现在他们必须让用户相信自己买到的可乐并没有变少。许多向沃尔玛销售产品的制造商都被要求去掉多余的包装。沃尔玛的目标是在 2025 年前实现"中性包装"。这意味着通过回收和再利用,沃尔玛将尽力回收在商店流通的包装中使用的材料。

　　沃尔玛和好事多已经开始使用重新设计的加仑(3.8L)牛奶容器,这样就不再需要牛奶箱了[1]。取而代之的是,容器罐是用相邻两层纸板堆叠而成的,四个这样的纸板被收缩膜包装。初步估计表明,这种运输方式已将劳动力成本减少一半,用水量减少 60%~70%。通常每天使用 100 000 加仑(380 000L/天)的水来清洗箱子。在卡车上装更多牛奶,从而将每家商店的运输次数从每周五次减少到两次,可节省大量燃油。另外,之前只能存放 80 加仑牛奶的冷藏柜现在可以存放 224加仑。

　　惠普公司也采取了尽量减少包装对环境影响的规则,并且在保护产品的同时,使用了以下减少包装材料[2]的规则。

- 避免在包装中使用铅、铬、汞和镉等限制性材料,以及消耗臭氧层的材料。
- 设计便于用户拆卸的包装[3]。
- 在包装材料中最大限度地利用消费后回收的部分。
- 使用容易回收的包装材料,如纸张和瓦楞纸板。
- 减少包装尺寸和重量,提高运输效率。

　　此外,惠普已经停止在新的包装设计中使用聚氯乙烯,并正在使用模压再生纸浆取代模压聚苯乙烯泡沫。考虑到所有的情况,惠普决定其包装设计取决于不同地区回收某些材料的能力、包装产品的总质量和尺寸,因为包装产品涉及可放在托盘上的单位数量,以及包括运输和处置在内的总成本。

---

　　[1]　S. Rosenbloom, "Solution, or Mess? A Milk Jug for a Green Earth," *New York Times*, June 30, 2008。

　　[2]　http://www.hp.com/hpinfo/globalcitizenship/environment/productdesign/packaging.html。

　　[3]　一种称为"翻盖包装"的包装,最初由电子和玩具制造商引入用以吸引用户购买他们的产品。包装的顶部表面是透明塑料。为了防止包装内的物品失窃,制造商决定采用环氧树脂密封塑料的铰链,结果创造了一种坚不可摧的包装。因为使用各种工具来打开这个包装,每年向急诊室送去约 6000 人。现在有几家公司正在尝试使用"无挫折"包装,这种包装仍然具有安全性,但可以直接打开。见 B. Stone and M. Richtel, "Packages you won't need a saw to open," *New York Times*, November 15, 2008。

10.5 环 境 设 计

创造环境友好型产品的动机来源于在不增加可消耗资源的情况下实现可持续经济增长。为了创造环保产品,在产品设计过程中重新考虑环境问题。在新兴的范例中,以下三点变得清晰起来[①]。

- 在生命周期设计中,环境被视为用户。
- 从某种意义上说,对环境产生负面影响的产品是有缺陷的产品。
- 产品成本应该反映产品对环境的总体影响。

事实上,企业正在意识到提高公司的赢利能力可以通过减少排放、降低能源消耗、使用无毒的工艺和材料、尽量减少废物、废料和副产品来实现[②③]。

产品的寿命通常会因为以下一个或多个原因而缩短。

- 技术过时。
- 款式过时。
- 性能和安全性下降。
- 环境或化学降解。
- 意外发生或因使用不当而造成的损坏。

为了减少产品设计对环境的影响,IP^2D^2 团队必须根据所选择的材料和用于制造各种部件的工艺来评估其影响。在材料方面,IP^2D^2 团队应该探索在可以满足功能要求的前提下将一种材料替换为另一种材料,并且应该创造设计并选择能最大限度地减少材料浪费的制造工艺。另外,IP^2D^2 团队应同时考虑材料对环境的影响,这包括所耗能源的多少及其制造对环境的影响。此外,通过对产品生产进行适当的计划,并采用零库存的制造方法,如果产品的销售量突然下降,产品的制造商就可以最大限度地减少潜在的浪费。

正确选择包装材料(如材料可回收、可降解的生物材料)和所用材料的数量,及选择产品包装的运输方式也可以将环境影响降至最低,后者允许承运人每次可以最大限度地运输产品。可回收的材料如下[④]。

---

① G. A. Keoleian et al. , *Product Life Cycle Assessment to Reduce Health Risks and Environmental Impacts*, Noyes Publications, Park Ridge, NJ, 1994.

② "DuPont Adopts a Pollution-Free Industrial Culture," *Manufacturing News*, Monday, Vol. 3, No. 11, June 3, 1996.

③ "Japanese Throw Support Behind Zero Emissions," *Manufacturing News*, Monday, Vol. 3, No. 12, June 17, 1996.

④ J. G. Bralla, 1999, 同前。

- 金属：铁、钢、铜、黄铜、铝、铅。
- 热塑性塑料：聚丙烯、ABS、聚乙烯、尼龙、丙烯酸、PVC、聚碳酸酯。
- 其他常见材料：非压层玻璃、木制品和纸张，包括纸箱。

不太经济的回收材料是叠层材料，如塑料和玻璃、塑料泡沫和乙烯基、塑料、金属和不同的材料、镀锌钢、陶瓷、酚醛和尿素等热固性塑料，以及黏合或铆接在一起的部件。

为了使 IP^2D^2 团队成功进行环境设计，其成员及公司部门有必要了解他们在产品生命周期评估中的独特角色。管理层必须制定一个面向环境的企业战略；营销和销售部门应向 IP^2D^2 提供用户对环保产品的态度；法律部门必须认识到并理解联邦、州和地方法规条例，并向 IP^2D^2 团队解释他们在设计、制造和分销环保产品方面的作用；采购部门必须知道如何选择使用对环境影响最小的制造工艺的供应商。

公司的财务部门必须知道如何计算环境成本和一些与产品设计和制造过程中的环境因素相关的无形成本。环境成本，如监控设备，操作员培训和防护设备，报告、检查和记录保存，以及责任，如罚款、清理、伤害和损害。无形成本，如消费者的接受度和忠诚度，企业形象和员工道德。

除了上述建议外，以下先前讨论的指导原则也是无害环境设计的设计手法：7.3.2 节中关于拆卸设计的设计指南；许多 10.3 节中关于可维护性设计的准则；10.4 节中惠普最小化包装对环境影响的指导方针；1.2.2 节中讨论的 JIT 制造方法和 10.2 节讨论的 poka-yoke 的使用（因为它们最大限度地减少了浪费）；以及9.2~9.4 节中讨论的净成形制造方法。

10.6 人机工程学：可用性、人为因素和安全性[1]~[4]

人机工程学涉及产品与人的交互方面。在设计过程中，当确定下列一个或多个问题非常重要时，通常会考虑人机工程学。

- 产品的易用性。

产品应有效地传达他们的功能，从而缩短学习产品使用的时间，并缩短操作技

---

① J. G. Bralla，1999，同前。

② B. M. Pulot and D. C. Alexander，Eds.，*Industrial Ergonomics：Case Studies*，McGraw-Hill，New York，1991。

③ C. H. Flurscheim，*Industrial Design in Engineering：A Marriage of Techniques*，Springer-Verlag，Berlin，1983。

④ K. T. Ulrich and S. D. Eppinger，*Product Design and Development*，4th ed. ，McGraw-Hill，New York，2008。

能的持续时间。符合人机工程学的考虑有助于最大限度地减少用户的不满和不适,并增大产品在市场上获得成功的机会。

- 产品易于维护。

用户和维修人员对需要维护的产品(例如办公室复印机)进行维护非常重要。符合人机工程学的考虑通常有助于将最终用户的产品不良性能降低到最低限度。

- 与产品有大量的人机用户交互。

符合人机工程学的考虑有助于最大限度地减少用户的不适,尴尬,糟糕的表现和不正确的使用。

- 存在安全和责任问题。

符合人机工程学的考虑有助于减少对用户造成的伤害和产品损坏。

在安全性方面,人机工程学经常发挥重要作用①。1972 年美国消费品安全委员会(CPSC)要求推出用于保护儿童的药瓶安全盖,它极大地减少了儿童中毒人数。不幸的是,许多老年人(60 岁以上)很难打开盖子,而且一旦盖子被拧开,通常不会再盖上。然而,据统计,大约 20% 的儿童中毒发生在祖父母的家中。正因如此,CPSC 要求引入一种新型的盖子。目前的盖子需要力量和灵活性来打开它。一个人想要取下盖子,需要在按下的时候,要么转动它,要么将箭头排成一行,一个箭头在盖子上,另一个在瓶子上,然后把盖子推开。新的盖子需要更少的力量和更多的协调性。现在用一只手的手指轻轻挤压瓶子的侧面并用另一只手转动瓶盖才可以打开盖子。

人机工程学设计与创造性工程设计相结合,一直被用来改进产品的安全性。其中一些例子如下:①低反冲链锯,大大降低了严重的面部和头部受伤的可能。②所有出风机都需要接地故障电流中断器,这会中断电流并将其降低到非致命水平。③需要不断地抓住割草机的节流控制杆以使发动机保持运转,这大大减少了手指和手的截肢的情况。

人机工程学的目标是创建用户友好的产品,这可以通过考虑以下指导原则来完成。

- 使产品与用户的物理属性和知识相适应。避免笨拙和极端的动作与力量。使用标准化的规定、安排和系统。
- 简化操作产品所需的任务和任务量。使控制及其功能变得显而易见,并且能够清晰、明显、毫不含糊地显示操作信息。

---

① 美国劳工部职业安全与健康管理局(OSHA)对工作场所的人体工程学和安全问题进行检查。他们发布了多个行业的规章制度,可以在 http://www.osha.gov/SLTC/index.html 找到。

- 预测人为错误,提供限制以防止用户的不正确行为,并向用户提供反馈以指示某个已选择的特征或操作模式。

通常,符合人机工程学的考虑因素会考虑到最终用户的年龄、性别、接触和把握能力、灵活性、力量和视力。

虽然产品的人机工程学设计很重要,但那些影响生产产品制造系统的产品设计会导致许多人机工程学问题。影响制造环境的人机工程学的一些产品特性如下。

- 组件的脆性和重量。
- 紧固件的尺寸、数量和紧固扭矩。
- 定位表面的位置。
- 组件的可及性和间隙。
- 组件的识别和区分。

这些特征中有许多类似于 7.2.2 节讨论的易于组装的特征以及 10.3 节中讨论的可维护性设计。

可用性低并不意味着该产品不能令人愉快地使用①。通常,一个产品需求的层次有四个:第一个层次是关心产品的安全和健康;第二个层次是产品的功能;第三个层次是产品的可用性;第四个层次是使用该产品获得的乐趣。这种乐趣可以从许多方面得到。

- 触觉,表现为产品的表面质量、柔软度和抓握力。
- 把持特性,这是由产品的形状和大小来体现的。
- 功能性,通过使用、起动和控制产品来体现。
- 热量,表现为从产品中除去热量或供给产品的热量及保持热量的时间。
- 声学,通过起动产品时产生的声音或反馈来体现。
- 视觉,通过产品的表面颜色和形状来体现。

10.7 材 料 处 理

材料处理系统是移动、储存和控制材料的系统。材料处理的系统观②是使用正确的方法在正确的地点、正确的时间、正确的顺序、正确的位置、正确的条件和正

---

① W. S. Green and P. W. Jordan,Eds.,*Pleasure with Products:Beyond Usability*,Taylor & Francis,London,2002。

② J. A. White,"Material Handling in Intelligent Manufacturing Systems,"in *Design and Analysis of Integrated Manufacturing Systems*,W. D. Compton,Editor,National Academy Press,Washington,D. C.,pp. 46-59,1988。

确的成本的基础上来提供正确的材料数量。最好的材料处理系统是在过程中几乎不产生需要处理的材料，也就是说，在这种系统中，发生较少的材料移动，使用较少的存储，所需的材料控制较少。

一个好的材料处理系统是具有以下属性的系统。

- 计划精密。
- 尽可能将处理和工艺设计结合起来。
- 尽可能使用机械处理，以尽量减少手工处理。
- 安全。
- 为材料提供保护。
- 设备类型的变化最小。
- 最大限度地提高设备的利用率。
- 最大限度减少回程和转移操作。
- 尽量减少拥挤和延迟。
- 经济。

大幅度减少材料处理所有方面的目标是 JIT 制造的一个组成部分，这在 1.2.2 节中已经讨论过。在 JIT 中，只有在需要时才会产生所需的东西。JIT 大大减少了原材料、半成品和成品的存储需求。然而，在相当大的程度上，JIT 的使用仅适用于大型制造商。公司必须能够事先相对准确地预测其材料需求，以便协调其所有供应商的活动。材料需求计划技术可以用来减少库存，并且仍然满足特定的生产计划。但是，制造商总是需要存储一些材料、半成品和成品。在一般用法中，储存一词通常与原材料和在制品有关，而仓储是指对成品的储存。

物流是材料处理的一个重要组成部分，物流是将最终产品分配给用户的环节。据估计，在美国每年 3000 亿美元的食品杂货销售额中，估计有价值 750 亿~1000 亿美元的杂货处于运输过程中，这些食品被制造商的供应商、制造厂和零售商占用。换句话说，1/4~1/3 的产品基本上都在库存中。为了最大限度地减少这种效率低下的现象，建议制造商使用以下六种特征来检查其每个用户对产品的需求[①]。

- 年销量。
- 年单位量。
- 协调要求（简单、复杂；即供应准时制）。

---

① J. B. Fuller, J. O' Conner, and R. Rawlinson, "Tailored Logistics: The Next Advantage," *Harvard Business Review*, pp. 87-98, May-June 1993。

- 订单履行要求(<1 周,1~3 周等)。
- 目标音量(低、高)。
- 处理特性(纸箱、托盘等)。

使用这六个特征对公司分销系统进行分析可帮助确定如何以最低的成本,延迟和库存交付给用户最佳的产品。

10.8 产品安全、责任和设计

安全产品的生产需要消除产品操作和使用中发现的致伤特征。这通常涉及人机工程学知识,如 10.6 节所述,它涉及人类能力与产品特性之间的相互作用,以确定安全、有效和舒适使用的限度。产品的正确使用和不当使用都会造成多种伤害。例如,机械造成的损伤会导致骨折、撕裂、截肢和压伤。电的伤害可以导致电击和触电。化学造成的损伤包括长期和即时中毒以及免疫反应。诸如此类的伤害案例,一度备受关注的有婴儿被百叶窗的帘线勒死,建筑工人被使用工具误杀,农场劳工中毒身亡等。美国消费品安全委员会拥有多个数据库[1],可以指出消费品造成的伤害类型和严重程度。这些数据库涵盖了 15 000 种受伤类型,这些都是制造产品的公司的经济成本:赔偿[自愿和非自愿(诉讼损失)]、律师费和保险费。此外,还可能有名誉损失。

为了有效地设计安全产品,IP²D²团队必须分析产品,以确定与其类型、预期用户和用途相关的危险。在执行这些分析时,使用 10.1.3 节中讨论的故障树分析等工具,IP²D²团队必须预测预期的用途以及非预期的用途。

通常,生产安全产品的策略是按照给定的顺序执行以下步骤。

- 消除危险。
- 禁止接触危险。
- 使用标签和说明手册向用户通报危险情况。
- 培训使用者以避免危险。

当没有令人满意的补救办法来消除或尽量减少危害时,选择要么学会承受危害,要么禁止产品,这需要联邦政府采取行动。

警告标签应该完成三件事。

- 引起用户的注意。

---

[1] http://www.cpsc.gov/cpscpub/prerel/prerel.html。

- 用生动的语言描述危险。
- 就如何避免伤害给予具体指导。

然而,纽约时报①对 3500 篇关于警告标签有效性的文章进行了研究,发现没有任何可靠的研究能证明事故会因为警告标签的警示而减少。尽管如此,因为许多法律案例都是围绕着制造商没有充分警告消费者使用其产品的风险这一观点而制定的,制造商对警告标签的使用也有所增加。另外,至少有一家公司成功地利用警示标签避免了因用户滥用其产品而引起的诉讼。在 20 世纪 80 年代初,装有家用清洁剂的喷雾器尽管使用标签明确警告用户,如果吸入该产品会造成死亡或严重伤害,但某些青少年却用其来吸毒。最终警告标签被改写为,吸入也会导致脱发和面部畸形。这一警告成功地阻止了目标群体错误地使用该产品。

还有一些产品是以安全为主要功能设计的,尤其是为了婴幼儿设计的产品。例如,当食物太热时会变成白色的热敏勺子,带有安全带的换尿布台,以及能够让孩子们在婴儿床上免于蚊虫叮咬带来的疾病的蚊帐。

产品和工艺的危险特性应该作为产品开发过程的一个重要特性加以评估。这种评估可以作为初步危险分析、失效模式与影响分析的一部分,或者在产品设计完成之前对其进行其他一些审查。这种评估是为了确定是否需要采取行动消除或控制所有的危险措施。

产品和工艺的危险特性可分为以下几类②。

- 加速度。
- 化学反应。
- 电气。
- 易燃性和火灾。
- 热量和温度。
- 压力。
- 振动和噪声。

一个物体在起动时或改变速度时就会产生加速度。这种变化,无论加速还是减速,都会产生可能造成损害的附加力。

化学反应可能非常迅速,比如爆炸或火灾,或者非常缓慢,比如腐蚀,其影响直到失效发生才可能被注意到。

---

① J. M. Broder, "Warning:A Batman Cape Won't Help You Fly," *New York Times*, March 5,1997。

② W. Hammer, *Occupational Safety Management and Engineering*, 4th ed., Prentice Hall, Englewood Cliffs, NJ,1989。

以下列出了几种电气危险。

- 电击。
- 电火花和电弧引燃可燃材料,或因电流引起部件温度升高。
- 电气设备的加热或过热会影响可靠性并能够导致可燃物的燃烧。
- 无意中起动电气设备,比如一台设备的意外起动。
- 设备未能在需要时运行。
- 变压器和断路器的电爆炸,以及电池和电容器的极性颠倒时的电气爆炸。

起火需要有燃料、氧化剂和点火源。燃料以气体、液体和固体的形式出现。燃烧需要燃料处于气体状态中。因此,气体燃料处于可燃混合物形成与点燃的状态。液体燃料必须蒸发成气体才能燃烧。固体以多种方式蒸发和燃烧。有些固体直接升华为蒸汽,另外一些固体首先熔化成液体,然后蒸发成气体状态。有些固体可能发生表面反应,称为阴燃。

温度和热量可以通过高温或低温效应造成损害。液体可能会沸腾或冻结,引起系统中的不良压力。许多固体材料的力学性能会受到温度的强烈影响。大多数材料在低温时会收缩,变得更脆,而且在高温下会拉长并变得更具有韧性。

压力危害是指与存在跨越边界的压差有关的危险。通常,压力危害与容器内流体或气体的差动力的大小和容器的强度有关。正的内部压差可能导致破裂,而真空则可能导致内爆。

过高的振动水平会导致结构的疲劳失效,并且可能需要由人员进行较短时间的操作(如千斤顶锤)。过高的噪声水平会导致暂时或永久性听力损失,如果一个人长时间暴露在该环境中,可能会使人烦躁,并由于掩盖了可听到的警告而形成危险的环境。

产品责任法[1]的目的是通过要求制造商、分销商和零售商负责向市场投放他们知道或本应该知道的危险的或有缺陷的产品,从而帮助保护消费者免受危险产品的侵害。产品责任法是建立在两个主要的法律理论基础之上的:疏忽和绝对责任。疏忽将举证责任赋予了消费者。如果某一缺陷设计的产品对消费者造成损害,消费者必须证明制造商在设计该产品时的行为是不合理的。合理的行为要求理性的人会预见他们对产品采取行动的后果并衡量这些后果。另外,绝对责任理论忽视了当事人的行为,侧重于造成伤害的产品质量。消费者不再需要证明制造商在制造或设计产品时的行为是不合理的,只需要证明产品本身是有缺陷的。

---

[1] J. D. Vargo, "Understanding Product Liability," *Mechanical Engineering*, October 1995, p. 46。

在制造商和供应商中有三种类型的产品缺陷需要承担责任:设计缺陷、制造缺陷和营销缺陷。设计缺陷是固有的,它们存在于产品制造之前。虽然该产品可能很好地发挥其目的,但由于设计缺陷,使用该产品可能会有不合理的危险。制造缺陷发生在产品的制造或生产过程中。在这种情况下,同类型的许多产品中只有少数是有缺陷的。市场营销中的缺陷在于处理不正确的指示和故障,警告消费者产品中的潜在危险。

为了确定缺陷,我们分析了以下七个因素。

- 产品的实用性。
- 提供更安全的产品以满足同样的需求。
- 伤害的概率和可能的严重程度。
- 危险的显而易见性。
- 公众对危险的预期。
- 在使用产品时注意避免伤害,包括指示和警告的效果。
- 制造商或卖方有能力消除产品的危险,而不是使其无用或价格更高。

疏忽和绝对责任的法律要求与大多数工程师认为的优秀设计密切相关。这些法律要求与工程师所使用的设计过程之间的主要区别在于,在法律上,责任是通过回顾过去来评估的,而在工程设计中,设计过程是向前看的。因此,IP^2D^2团队应调整法律基础——后见之明——作为产品设计的前瞻性方法。也就是说,团队应该预见产品可能被不当使用的所有方式,并预见包括解决潜在责任的设计方案。

互联网可在绝对责任案件中发挥重要作用①。通过互联网,一些产品可由多个用户输入"共同设计"。然而,消费者参与产品或系统的设计,无论是在消费者还是工业方面,都不会使该产品或系统的制造商对因其缺陷而造成的任何损害承担责任。此外,由于博客的出现,消费者可以在博客中讲述他们在使用产品的过程中遇到的困难,可能使制造商更难声明,如声明某个缺陷是一个孤立的事件。

---

① S. L. Olson, "Net's Impact on Strict Product Liability Law," October 7,2008:http://www.law.com/jsp/legaltechnology/pubArticleLT.jsp? id=1202425060704。

第 11 章　产品和流程改进

本章介绍了几种统计实验的设计方法,作为减少产品变异性、简化其制造流程的手段。

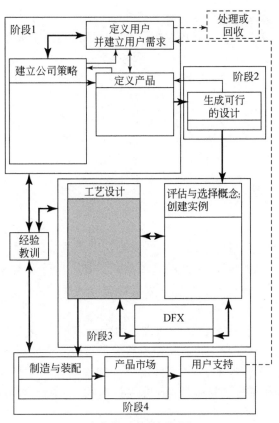

本章主要内容框架图

11.1　引　　言

设计良好的统计实验是提高产品和流程性能的有力手段。如果正确使用,它们可以使产品的缺陷更少、变异性降低、更加接近目标价值、缩短产品开发时间并降低成本。

流程的一般形式如图 11.1 所示。流程具有一个或多个输入和一个或多个输出。影响流程输出的因素包括可控因素和不可控因素。当有多个输出时,每个输出都需要被独立考虑。例如,分析一台用于制造印刷电路板的波峰焊机,机器的输入端是待印刷电路板和一些组件,输出端是带有焊接组件的印刷电路板。当焊料没有将组件黏合到电路板上时就会产生缺陷。其中的可控变量包括焊料温度、焊剂类型、焊接深度和输送速度。不可控变量包括电路板的厚度、电路板上组件的布局、操作员的技术水平以及所用组件的类型。在这种情况下设计实验的目的是通过确定可控变量的设置(标准)来大大减少缺陷的数量,同时使流程对不可控变量不敏感。

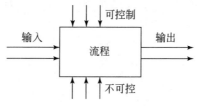

图 11.1　流程的一般形式

本章介绍了如何设计这样的实验来理解和预测流程的输出,特别是介绍的方法可用于确定置信度的程度,并能够在可控变量和不可控变量发生变化时确定流程的输出。当没有基于物理学知识的流程模型或这样的模型太难获得时,通常会使用这些方法。

讨论设计实验时有几个隐含的假设。"设计实验"一词意味着系统的参数在研究人员的控制之下,研究人员将决定哪些参数将被改变,哪些量将被测量以及如何分析结果。在这种情况下,并不意味着要详细说明如何完整构建待测试的产品或过程、转换器和传感器的选择以及测试协议等细节,尽管这些是必须存在的。

11.2　什么是实验设计?

实验是为了发现关于特定流程或系统的某些东西。设计实验是一个或一系列的测试,在测试中对流程或系统的输入进行有目的地改变,以便人们可以观察并找出输出变化的原因。设计一个实验的主要原因是能够以最低的成本获得明确的结果,了解变量之间的相互作用,并测量实验误差,以表明结论的置信程度。设计的实验通常属于以下四类之一:①比较和评估——就流程变量变化的有效性做出声明。②筛选——从影响输出的大量因素中确定最重要的因素。③优化——确定各种因素的设置,这些因素使得输出的某些属性最大化或最小化。④回归——获得因素与输出之间的数学关系。

在开始测试之前,应回答以下问题。

- 你怎么知道你遇到了问题?
- 你怎么知道这会影响用户?
- 问题可以在其他地方被纠正吗?
- 如果你什么都不做,会发生什么?
- 你的用户会得到什么好处?
- 你的竞争对手在做什么?

在回答完这些问题后,接下来的问题是,设计实验的目标是什么? 实验设计的目标通常包括以下内容。

- 确定哪些变量对输出影响最大。
- 确定在何处设置有影响的输入变量的值,以便达到以下目的:输出几乎总是接近预期值;输出的变异性很小或最小;任何不可控变量的变化对输出的影响都会被最小化。

以下是关于设计实验的一些实际情况。

- 并非所有的实验设计都一样好。
- 设计良好的实验提高了质量,并最终节省了资金。
- 计划周密的实验能够在更少的操作次数中获得更多有关变量(因素)的信息,而不是非计划的或单因素的一次实验。
- 要了解一个流程,就必须积极干预它。
- 实验成本越高,对应流程越"先进"。

我们现在介绍几个与实验设计相关的术语。

响应变量。响应变量是在实验中观察或测量的变量。一个实验有一个或多个响应变量。关于响应变量,必须回答以下问题。

- 此响应变量是否直接影响产品或流程的性能?
- 响应变量要最小化、最大化还是固定为某个特定值?
- 某一响应变量的实现是否影响其他响应变量? 如果影响,是否需要权衡它们之间的关系？

因素。因素是一个量(变量)，为了观察它对响应变量(输出)的影响而故意改变它，它有时被称为主变量。所有可能影响响应变量的变量，无论是可控的还是不可控的，离散的还是连续的，都应该确定，并且应进一步确定为主变量还是无关变量。这些变量可以是定量的，如温度和压力；它们也可以是定性的，如一种制备方法或一批材料。当使用定量因素时，它们的测量单位必须是已知的，还必须确定设置(读数)准确度的估计值。通过假设的统计关系或模型，定量可控变量经常与性能变量相关。例如，如果假定存在一个线性关系，则两个级别(或条件)可能就足够了(关于级别的定义，请参见下文)；对于二次关系，至少需要三个级别。因此，每个变量的条件或级别的最小数目是由假设模型的形式决定的。模型的假设也会影响所选定量可控变量的取值范围。假定变量和输出呈线性关系，条件或设置的范围越宽，就越有可能检测到变量的影响。然而，范围越宽，线性关系假设可能越不合理。而且，人们往往不想超出物理范围或实际有用的条件范围。选择的范围如果适当，应该包括当前的设置。变量范围的选择在一定程度上取决于试验的最终目的是了解一个大致的性能还是寻找最佳条件，第一种情况比第二种情况更适合于更广泛的实验。

当有两个或多个变量时，它们可能会相互作用；也就是说，一个变量对响应的影响取决于另一个变量的条件。这种相互作用是由流程引起的，而不是与自身相互作用的因素造成的；这些因素是相互独立的。图 11.2(a)显示了两个不相互作用的变量 A 和 B 独立地影响输出的情况；也就是说，对于 B 的两个级别(表示 B_1 和 B_2)，因素 A 对输出的影响是相同的。相反，图 11.2(b)显示了 A 和 B 之间交互的一个例子，也就是说，A 的增加会增加 B_1 的输出，但是会减少 B_2 的输出。在一些实验中，可能存在一个或多个希望保持不变的变量。保持变量不变会限制实验的规模和复杂度，但也会限制了由此产生的推论的范围。

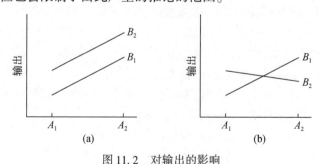

图 11.2　对输出的影响
(a)相互独立的因素；(b)相互作用的因素。

质量功能展开和因素的选择。当根据 4.2.2 节所述建立 QFD 质量屋后,对用户来说重要的特性已经被确定,并且这些特性与每个功能组或模块的相关工程特性相关。例如,回顾图 4.2 和图 4.3 中的质量屋。这些工程特性是可测量的,每个都有一个规定的值作为其目标——图 4.1 的质量屋的区域 6。因此,如果人们认为有必要设计一个实验来在某种意义上优化一个或多个模块,那么这些工程特性就是要使用的因素。如果所有的这些因素不能都使用,那么最重要的因素就会被使用,正如图 4.1 所示质量屋中每个功能分组区域的绝对重要性的排名(区域 11)。

级别。级别是一个因素的值或设置。

无关变量。无关变量是一个可能影响响应变量的变量,但作为一个因素,它本身并不重要。它也被称为噪声、干扰或阻断变量(请参阅下面的阻断定义)。关于一个无关变量,人们应该认识到以下几点。

- 在设计良好的实验中,包括无关变量并允许它们可在其自然变化范围内变化。
- 应该努力确定无关变量及其级别。
- 在一些实验中,无关变量可以通过随机化或阻断来中和。
- 无关变量可能与主要变量相互作用。
- 如果在实验中考虑到所有的无关变量,则观测次数可能会增加到难以控制的数量。

复制。复制是重复基本实验的次数。

随机化。随机化意味着随机确定实验材料的分配和实验步骤的进行顺序。在规划实验设计时,应确定实验是否可以随机化。使用随机数表进行随机化。随机化的优点在于它可以中和无关变量的影响,消除实验中的偏差(由于过程和实验者的原因),提供了更真实的方差估计,并确保了统计检验中概率陈述的有效性。随机化并没有缺点。

阻断。阻断是一种提高实验灵敏度的技术,它使实验数据的一部分比整个数据集更加均匀。阻断固定一个无关变量的级别,然后在每个模块中运行一个因素的不同级别。它的优点是可以控制、评估和删除无关变量的影响,从而提高了对这些因素是否具有统计意义的敏感性。

作为阻断的一个例子,设计一个实验来比较不同类型汽车轮胎的磨损情况。无论轮胎类型如何,轮胎磨损可能因汽车不同而不同,原因是汽车之间的差异、驾驶员之间的差异,等等。假设我们希望比较四种轮胎类型(A、B、C 和 D),并且有四种汽车可供比较。一个不太好的方法是在汽车的四个车轮上使用相同类型的轮胎,并改变汽车之间的轮胎类型,如表 11.1 所示。

表 11.1　车使用相同类型轮胎

车轮位置	汽车			
	1	2	3	4
1	A	B	C	D
2	A	B	C	D
3	A	B	C	D
4	A	B	C	D

这样的分配将是不可取的,因为在随后的分析中,轮胎类型之间的差异与汽车之间的差异是分不开的。将汽车作为试验块,并将四种类型的轮胎分配给每一种汽车,可以实现这些效果的分离,如表 11.2 所示。

表 11.2　四种类型轮胎分给每种汽车

车轮位置	汽车			
	1	2	3	4
1	A	A	A	A
2	B	B	B	B
3	C	C	C	C
4	D	D	D	D

当本例中所显示的对称性不可能出现时,就会使用所谓的不完全区组设计。

在某些情况下,可能有多个背景变量,其可能的污染效应也必须通过阻断来消除。在汽车轮胎的比较中,除了汽车之间的差异外,人们可能会担心车轮位置之间的差异也会影响结果。在这种情况下,车轮位置可能作为第二个阻断变量引入实验中。例如,如果要比较四种轮胎类型,可以根据如表 11.3 所示的计划(称为拉丁方设计)分配四种类型的轮胎。

表 11.3　拉丁方设计

车轮位置	汽车			
	1	2	3	4
1	A	D	C	B
2	B	A	D	C
3	C	B	A	D
4	D	C	B	A

注意,在每辆汽车中,每个轮胎都处于不同的车轮位置。

11.3 设计实验指导

为规划和开展一系列统计实验,提出了以下指导原则。

- 产生明确的问题陈述和明确界定目标。精心计划的实验通常是为了满足特定目标和满足实际约束而制定的。

- 选择适当的响应变量(输出)。尽可能多地了解流程和响应变量。

- 选择要改变的因素及其级别。使用筛选实验来确定最重要的因素(见11.4.7 节)。定义满足目标的主要因素和范围(级别)。实验设计中应排除不合理和危险的条件。如果有以前记录的性能基准,则将基准条件包含在实验中,如果有可能的话,使用它们来检查结果。还要了解流程的干扰因素和所有的环境因素,或者疑似交互的作用。

- 选择合适的实验设计、样本大小、运行顺序,必要时能够阻断。选择最终结果的精确度(可重复性),记住所需的精度越高,所需的实验运行次数就越多。为结果选择一个模型;越复杂的模型通常需要越多的运行。因此,我们必须估计完成实验所需的时间和费用。通过阻断你可以控制的因素,随机化你不能控制的因素来使用随机化、复制和阻断。不难发现设计一个实验往往是一个人工迭代过程,当新的信息和初步数据可用时,需要返工。

- 进行尽可能简单的实验。如果可能的话,采用试点研究方法,并使用顺序或分阶段的实验设计。当单元被同类分组时或一次一个地进行并且寻找最佳响应时,可以使用分阶段的方法,因为它可以允许一个单元从一个阶段移动到另一个阶段。如果每个阶段的起动成本都很高,或者在开始实验和测量性能之间存在较长的等待时间(如测量产品寿命),则可能需要进行单个实验。在进行实验期间,记录事件的时间顺序和环境因素。

- 使用适当的统计技术来分析数据并以图形方式显示。每个模型都有假设;了解它们并测试它们(线性、交互等)。

- 得出结论并提出建议。如果一项实验计划得当,那么结论将是明确而有效的,并能发掘该问题如何得到改善。最后,要知道实际意义与统计意义之间的区别。

如前所述,设计实验的作用是主动干预一个过程,以获得关于可控因素和无关变量影响系统输出的程度的知识。这种实验的结果产生了一种方法,通过这种方法可以控制一个过程,使它的输出是可预测的并且其变异性是已知的。另外,统计过程控制(SPC)是一种被动的统计方法,用于监测一个过程,以验证过程是否按预期执行,提供有关过程能力(方差)的信息,区分过程中的随机波动和异常变化。

尽管 SPC 活动减少了运输缺陷产品的机会,但它们不会减少有缺陷产品的发生。在没有流程预测模型的情况下使用 SPC 是有风险的。当某个流程失去控制时,通常的补救措施不能使它恢复控制。在这种情况下,通常设计一个应该在一开始就能完成的实验。换句话说,SPC 不是一种诊断工具,它只是一种识别流程输出属性中具有统计意义变化的手段。此外,如果设计的实验进行得当,则 SPC 监测输出的需求大大降低,因为可以选择流程的操作参数来使变异性最小化。但是,在许多制造情况下,仍然有必要记录该流程的统计特性,如满足 ISO 9000 的要求。

11.4　因素分析

11.4.1　方差分析(ANOVA)

如果一个群体包含 N 个元素,并且选择了其中 n 个元素,如果每 $N! / [(N-n)! n!]$ 个样本的选择概率相等,则该过程称为随机抽样。假设 $x_1, x_2, \cdots, x_n$ 代表 n 个样本观测值,则样本均值 $\bar{x}$ 为

$$\bar{x} = \frac{1}{n} \sum_{i=1}^{n} x_i$$

样本方差 S^2 是

$$S^2 = \frac{SS}{n-1}$$

其中

$$SS = \sum_{j=1}^{n} (x_i - \bar{x})^2 = \sum_{i=1}^{n} x_i^2 - n\,\bar{x}^2$$

SS 被称为平方和。样本的标准差是 s。在方差计算中,$n-1$ 称为自由度数,等于独立样本数。

考虑两个来自独立群体的随机样本,一个是从 n_1 个样本得到的方差 S_1^2,另一个是从 n_2 个样本得到的方差 S_2^2。我们想知道的是如何确定 S_1^2 和 S_2^2 之间是否存在统计意义上的显著差异。统计显著性这一短语是指能够说出 S_1^2 和 S_2^2 之间的差异是因样本本身的创建方式不同,还是因为自然(随机)发生的情况不同而造成的。为了确定统计显著性,我们创建以下比值,称为检验统计量[①]。

---

① 关于比值有效的形式条件和程序,参见 G. E. P. Box, W. G. Hunter, and J. S. Hunter, *Statistics for Experimenters*, John Wiley & Sons, New York, 1978。

$$F_o = \frac{S_1^2}{S_2^2}$$

衡量这种比值的自然发生的度量称为 f-统计量,其值在 f-表中给出。从 f-表中获得的 f-统计量表示为 f_{α, n_1, n_2},其中 $(1-\alpha) \times 100\%$ 是置信度。因此,如果 $\alpha = 0.05$,那么置信度为 95%,这意味着在将 F_o 与 f_{α, n_1, n_2} 进行比较后,有 5% 的可能性得出结论是不正确的。满足下式时,方差的差异不具有统计学意义,

$$F_o < f_{\alpha, n_1, n_2}$$

当满足下式时,方差具有统计学意义,

$$F_o > f_{\alpha, n_1, n_2}$$

确定一个因素的统计学意义的好处是,它避免了解释或回应简单随机效应的结果。

11.4.2 单因素实验

考虑一个单因素实验,其因素表示为 A。我们在不同层次上进行 A 变化的实验 $A_j (j = 1, 2, \cdots, a)$,我们重复 n 次实验,即得到 n 次重复。结果在表 11.4 中给出。

表 11.4 多次重复的单因素实验结果

水平	观测值				平均值	方差
A_1	x_{11}	x_{12}	$\cdots$	x_{1n}	$\mu_1 = \frac{1}{n} \sum_{j=1}^{n} x_{1j}$	$S_1^2 = \frac{1}{n-1} \sum_{j=1}^{n} (x_{1j} - \mu_1)^2$
A_2	x_{21}	x_{22}	$\cdots$	x_{2n}	$\mu_2 = \frac{1}{n} \sum_{j=1}^{n} x_{2j}$	$S_2^2 = \frac{1}{n-1} \sum_{j=1}^{n} (x_{2j} - \mu_2)^2$
$\cdots$	$\cdots$	$\cdots$	$\cdots$	$\cdots$	$\cdots$	$\cdots$
A_a	x_{a1}	x_{a2}	$\cdots$	x_{an}	$\mu_a = \frac{1}{n} \sum_{j=1}^{n} x_{aj}$	$S_a^2 = \frac{1}{n-1} \sum_{j=1}^{n} (x_{aj} - \mu_a)^2$

表 11.4 中第一列观测值 x_{j1} 的结果可以通过随机排列为 $A_j (j = 1, 2, \cdots, a)$,然后按照随机选择的顺序进行实验来获得。然后,第二列观测值 $x_{j2} (j = 1, 2, \cdots, a)$ 中的结果将通过生成 A_j 的新随机顺序并以该新随机顺序进行实验来获得。重复该过程,直到获得 n 个重复。以这种方式进行实验时,确保 x_{jk} 的值分别独立获得。因此,我们可以定义两个独立的方差,使用表 11.4 定义的 μ_i 和 S_i^2,如下所示。因素 A 的均值方差是

$$S_A^2 = \frac{n}{a-1} \sum_{i=1}^{a} (\mu_i - \bar{x})^2 = \frac{n}{a-1} (\sum_{i=1}^{a} \mu_i^2 - a\,\bar{x}^2) = \frac{SS_A}{a-1}$$

它具有 $a-1$ 个自由度，$\bar{x}$ 是给出的平均值

$$\bar{x} = \frac{1}{a} \sum_{i=1}^{a} \mu_i = \frac{1}{an} \sum_{i=1}^{a} \sum_{j=1}^{n} x_{ij}$$

误差的方差是

$$S_{误差}^2 = \frac{1}{a} \sum_{i=1}^{a} S_i^2 = \frac{1}{a(n-1)} \sum_{i=1}^{a} \sum_{j=1}^{a} (x_{ij} - \mu_i)^2$$

$$= \frac{1}{a(n-1)} (\sum_{i=1}^{a} \sum_{j=1}^{n} \mu_i^2 - an\,\bar{x}^2) = \frac{SS_{误差}}{a(n-1)}$$

它具有 $a(n-1)$ 个自由度。

S_A^2 和 $S_{误差}^2$ 这两个方差通过以下恒等式（称为平方和恒等式）关联，该恒等式具有 $an-1$ 个自由度。

$$SS_{总和} = \sum_{i=1}^{a} \sum_{j=1}^{n} (x_{ij} - \bar{x})^2 = \sum_{i=1}^{a} \sum_{j=1}^{n} [(\mu_i - \bar{x}) + (x_{ij} - \mu_i)]^2$$

等式的左边称为平方和。当右侧展开时，将会发现交叉积项之和为零，我们得到

$$SS_{总和} = \sum_{i=1}^{a} \sum_{j=1}^{n} (\mu_i - \bar{x})^2 + \sum_{i=1}^{a} \sum_{j=1}^{n} (x_{ij} - \mu_i)^2$$

$$= n \sum_{i=1}^{a} (\mu_i - \bar{x})^2 + \sum_{i=1}^{a} \sum_{j=1}^{n} (x_{ij} - \mu_i)^2$$

$$= SS_A + SS_{误差}$$

$$SS_{总和} = (a-1) S_A^2 + a(n-1) S_{误差}^2$$

因此，等式已经将总方差划分为两个独立的组成部分：A 因素和流程中的自然变量。

在方差分析中，惯例是定义一个称为均方的量，表示为 MS，它是平方和除以自由度数。因此，对于单因素实验，我们有

$$MS_A = \frac{SS_A}{(a-1)} = S_A^2 \quad a>1$$

$$MS_{误差} = \frac{SS_{误差}}{a(n-1)} = S_{误差}^2 \quad n>1$$

实验的目的是确定 A 的各个级别是否对输出 x_{ij} 有影响。我们现在能够通过建立因素 A 的均方与随机误差的独立均方的比值来确定这一点。这就告诉我们 A 的方差在统计意义上是否占总方差的很大一部分。因此，测试统计量是

$$F_o = \frac{MS_A}{MS_{误差}}$$

方差检验分析是

$$F_o < f_{\alpha, a-1, a(n-1)} \text{ 或 } F_o > f_{\alpha, a-1, a(n-1)}$$

当 F_o 的值在 $(1-\alpha)100\%$ 置信水平下足够大（不足够大）时，A 引起（不引起）输出的统计意义上的显著变化。结果通常以表 11.5 所示的形式呈现。

表 11.5　多次重复的单因素实验方差分析表

因素	平方和	自由度	均方差	F_o	$f_{\alpha, a-1, a(n-1)}$
A	SS_A	$a-1$	MS_A	$MS_A/MS_{误差}$	来自 f-表
误差	$SS_{误差}$	$a(n-1)$	$MS_{误差}$		
总和	$SS_{总和}$	$an-1$			

11.4.3　多因素实验

单因素实验的结果可以扩展到多个因素的实验，这些实验被称为多因素实验，因为该流程要求我们对每个实验重复每个因素的所有级别以及所有组合。我们将通过一个双因素实验来说明这一点，其中 A 因素为 a 级，B 因素为 b 级。重复次数为 $n > 1$，输出为 x_{ijk}，其中 $i = 1, 2, \cdots, a, j = 1, 2, \cdots, b, k = 1, 2, \cdots, n$。每个因素的每个级别之间的间隔不一定相等。

起点是平方和之和。然而，在继续进行此标识之前，我们将介绍以下几种不同方法的定义：

$$\bar{x}_{ijn} = \frac{1}{n} \sum_{k=1}^{n} x_{ijk}$$

$$\bar{x}_{ibn} = \frac{1}{b} \sum_{j=1}^{b} \bar{x}_{ijn} = \frac{1}{bn} \sum_{j=1}^{b} \sum_{k=1}^{n} x_{ijk}$$

$$\bar{x}_{ajn} = \frac{1}{a} \sum_{i=1}^{a} \bar{x}_{ijn} = \frac{1}{an} \sum_{i=1}^{a} \sum_{k=1}^{n} x_{ijk}$$

总平均值为

$$\bar{x} = \frac{1}{abn} \sum_{i=1}^{a} \sum_{j=1}^{b} \sum_{k=1}^{n} x_{ijk}$$

$\bar{x}_{ijn}$ 用于绘制各种因素的函数的平均输出，如图 11.3 所示。

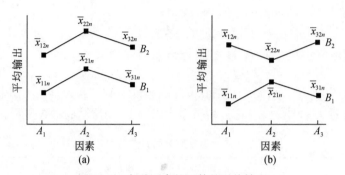

图 11.3　各种因素的函数的平均输出

（a）相互独立的非线性响应；（b）相互作用的非线性响应。

双因素方差分析的平方和之和为

$$SS_{总和} = \sum_{i=1}^{a} \sum_{j=1}^{b} \sum_{k=1}^{c} (x_{ijk} - \bar{x})^2$$

$$= \sum_{i=1}^{a} \sum_{j=1}^{b} \sum_{k=1}^{n} [(\bar{x}_{ibn} - \bar{x}) + (\bar{x}_{ajn} - \bar{x}) + (x_{ijn} - \bar{x}_{ibn} - \bar{x}_{ajn} + \bar{x}) + (x_{ijk} - \bar{x}_{ijn})]^2$$

$$= SS_A + SS_B + SS_{AB} + SS_{误差}$$

其中

$$SS_A = \sum_{i=1}^{a} \sum_{j=1}^{b} \sum_{k=1}^{n} (\bar{x}_{ibn} - \bar{x})^2 = bn \sum_{i=1}^{a} \bar{x}_{ibn}^2 - abn\bar{x}^2$$

$$SS_B = \sum_{i=1}^{a} \sum_{j=1}^{b} \sum_{k=1}^{n} (\bar{x}_{ajn} - \bar{x})^2 = an \sum_{j=1}^{a} \bar{x}_{ajn}^2 - abn\bar{x}^2$$

$$SS_{AB} = n \sum_{i=1}^{a} \sum_{j=1}^{b} (\bar{x}_{ijn} - \bar{x}_{ibn} - \bar{x}_{ajn} + \bar{x})^2$$

另外

$$SS_{误差} = \sum_{i=1}^{a} \sum_{j=1}^{b} \sum_{k=1}^{c} (x_{ijk} - \bar{x}_{ijn})^2 = \sum_{i=1}^{a} \sum_{j=1}^{b} \sum_{k=1}^{c} x_{ijk}^2 - n \sum_{i=1}^{a} \sum_{j=1}^{b} \bar{x}_{ijn}^2$$

SS_A、SS_B、SS_{AB}、$SS_{误差}$ 和 $SS_{总和}$ 分别具有 $(a-1)$、$(b-1)$、$(a-1)(b-1)$、$ab(n-1)$ 和 $abn-1$ 个自由度。平方和之和 SS_{AB} 表示因素 A 和 B 的相互作用。双因素实验的方差分析表在表 11.6 中给出。

表 11.6　多次重复的双因素实验方差分析表

因素	平方和	自由度	均方差	F_o	$f_{\alpha,z,ab(n-1)}$
A	SS_A	$a-1$	$MS_A = SS_A/(a-1)$	$MS_A/MS_{误差}$	来自 f-表的值　$z = a-1$

续表

因素	平方和	自由度	均方差	F_0	$f_{\alpha,z,ab(n-1)}$
B	SS_B	$b-1$	$MS_总=SS_B/(b-1)$	$MS_B/MS_{误差}$	来自 f-表的值　$z=b-1$
AB	SS_{AB}	$(a-1)(b-1)$	$MS_{AB}=SS_{AB}/(a-1)(b-1)$	$MS_{AB}/MS_{误差}$	来自 f-表的值　$z=(a-1)(b-1)$
误差	$SS_{误差}$	$ab(n-1)$	$MS_{误差}=SS_{误差}/ab(n-1)$		
总和	$SS_{总和}$	$abn-1$			

结果表明,方差分析分离了这两个因素的交互效应,并且通过比率 $MS_{AB}/MS_{误差}$ 确定了在一定置信水平下各因素之间的交互作用是否具有统计学意义。这种相互作用效应不同于任何可能发生的非线性效应。为了说明这一点,参见图 11.3 所示的两组曲线。图 11.3(a) 显示了这两个因素不相互作用但表现出非线性响应的情况。图 11.3(b) 显示了这两个因素相互作用并呈现非线性响应的情况。应该认识到,除非方差分析表明相互作用项具有统计学意义,图 11.3(b) 中的曲线才具有重要意义。如果该术语被证明在统计学上是有意义的,那么当重复这一系列测试时,将获得相似的曲线。如果它们不具有统计学意义,那么这些形状和大小可能相似或不相似。

11.4.4　重复一次的多因素实验

有些情况下只需要一次重复即可进行实验。在这种情况下,仍然可以分析结果,但需要一个重要的变化。这种变化是由于单个重复实验不允许估计均方误差的缘故,因为在双因素实验中由 MS_{AB} 表征的最高阶相互作用的均方值,MS_{ABC} 在三因素中实验等仍然是均方误差的一部分;也就是说,MS_{ABC} 不能与 MS_{AB} 分离。这种无法将一个或多个均方项与其他均方项分离的情况称为混淆。混淆出现在没有足够的自由度来计算各种变化的情况。因此,当进行一个重复因素实验时,通常认为与均方误差相比,最高阶交互均方值较小。双因素实验的计算简化为

$$SS_{总和}=SS_A+SS_B+SS_{误差}$$

其中,$SS_{误差}$ 现在包括 SS_{AB} 并且具有 $(a-1)(b-1)$ 自由度。此外,SS_A 和 SS_B 分别具有 $(a-1)$ 和 $(b-1)$ 自由度,并且 $SS_{总和}$ 具有 $ab-1$ 自由度。平方和之和由以下关系计算得出

$$SS_{误差}=SS_{总和}-SS_A-SS_B$$

其中

$$SS_A = \sum_{i=1}^{a} \sum_{j=1}^{b} (\bar{x}_{ib} - \bar{x})^2 = b \sum_{i=1}^{a} \bar{x}_{ib}^2 - ab\,\bar{x}^2$$

$$SS_B = \sum_{i=1}^{a} \sum_{j=1}^{b} (\bar{x}_{aj} - \bar{x})^2 = a \sum_{i=1}^{b} \bar{x}_{aj}^2 - ab\,\bar{x}^2$$

$$SS_{总和} = \sum_{i=1}^{a} \sum_{j=1}^{b} (x_{ij} - \bar{x})^2 = \sum_{i=1}^{a} \sum_{j=1}^{b} x_{ij} - ab\,\bar{x}^2$$

另外

$$\bar{x}_{ib} = \frac{1}{b} \sum_{j=1}^{b} x_{ij} \quad \bar{x}_{aj} = \frac{1}{a} \sum_{i=1}^{a} x_{ij} \quad \bar{x} = \frac{1}{ab} \sum_{i=1}^{a} \sum_{j=1}^{b} x_{ij}$$

对于双因素实验,方差分析表格的形式如表 11.6 所示,除了自由度改变为上述引用的那些,包含因素 AB 的行将被删除。

具有复制的全因子实验设计是近乎理想的,如果实际可行应该首要选择。但在许多情况下,具有一个复制因素的设计也同样有效。

11.4.5 2^k 因素分析

如果上一小节中描述的因素实验包含 k 个因素,并且每个因素只考虑两个级别,那么该实验称为 2^k 因素设计。它隐含地假设每个因素的两个级别之间存在线性关系。这个假设导致了测试方式和结果分析的某些简化。

惯例是用"H"或"+"表示一个因素的高水平的值,用"L"或"－"表示一个因素的低水平的值。然后,表 11.7 给出了构成一次运行的因素的 2^k 组合,$k = 2,3,4$。该表的使用如下,对于 $2^2(k=2)$ 因素实验,仅使用标记为 A 和 B 的列以及前四行($m=1,2,3,4$)。这四个因素的组合都是随机的。一个这样的随机顺序显示在标记为 2^2 的列中。因此,第 2 行中的组合首先进行,A 高(A_2)和 B 低(B_1)。这产生输出值 $y_{2,1}$。然后,进行第四行中显示的组合,其中 A 和 B 都处于高水平(分别为 A_2 和 B_2)。这给出了输出响应 $y_{4,1}$。剩余组合进行后,实验的一个重复已完成。得到了一个新获得的随机序列,它很有可能不同于标记为 2^2 的列中所示的顺序,并且以新顺序运行四个组合以获得第二个重复的输出响应。对于 $k=3$,因素是 A、B 和 C,并且使用表的前 8 行;对于 $k=4$,因素是 A、B、C 和 D,并且使用了表格的全部 16 行。在标记为 2^3 和 2^4 的列中,给出了每种情况下的一组随机运行顺序。

表 11.7 2^2、2^3 和 2^4 三种因素实验中每个因素的水平和进行顺序汇总表

序号	因素和它们的级别				数据($y_{m,j}$)			运行命令*		
m	A	B	C	D	$j=1$	$j=2$	$\cdots$	2^2	2^3	2^4
1	–	–	–	–	$y_{1,1}$	$y_{1,2}$		3	5	6
2	+	–	–	–	$y_{2,1}$	$y_{2,2}$		1	7	11
3	–	+	–	–	$y_{3,1}$	$y_{3,2}$		4	8	14
4	+	+	–	–	$y_{4,1}$	$y_{4,2}$		2	4	5
5	–	–	+	–	$y_{5,1}$	$y_{5,2}$			2	13
6	+	–	+	–	$y_{6,1}$	$y_{6,2}$			1	2
7	–	+	+	–	$y_{7,1}$	$y_{7,2}$			3	16
8	+	+	+	–	$y_{8,1}$	$y_{8,2}$			6	15
9	–	–	–	+	$y_{9,1}$	$y_{9,2}$				9
10	+	–	–	+	$y_{10,1}$	$y_{10,2}$				7
11	–	+	–	+	$y_{11,1}$	$y_{11,2}$				10
12	+	+	–	+	$y_{12,1}$	$y_{12,2}$				3
13	–	–	+	+	$y_{13,1}$	$y_{13,2}$				8
14	+	–	+	+	$y_{14,1}$	$y_{14,2}$				4
15	–	+	+	+	$y_{15,1}$	$y_{15,2}$				1
16	+	+	+	+	$y_{16,1}$	$y_{16,2}$				12

*当 $j=1$ 时，一组随机情况产生。当 j 改变后，会产生新的随机情况。

在收集数据后，如果重复次数大于 1，则分析过程参照表 11.8 中的内容。每列中的+和–符号分别代表+1 和–1。主要因素 A、B、C 和 D 的列与表 11.7 中给出的列相同，只是现在+和–符号分别代表+1 和–1。表示所有交互项的列是通过乘以主要因素列中的相应符号获得的。因此，列中指示交互的符号 ABC 是通过乘以标有 A、B 和 C 的列中的符号来获得的。例如，在第 7 行（$m=7$）中，$A=-1$，$B=+1$，并且 $C=+1$；因此，标记为 ABC 的列的第 7 行的符号是 $-1[=(-1)(+1)(+1)]$。此外，2^2 实验使用前三列和行 $m=1,2,\cdots,4$；2^3 实验使用前 7 列和行 $m=1,2,\cdots,8$；并且第 2^4 个实验使用前 15 列和行 $m=1,2,\cdots,16$。

表 11.8 2^2、2^3 和 2^4 三种因素实验中平方和与均方和的定义表

因子及其相关关系(λ)															数据					
A	B	AB	C	AC	BC	ABC	D	AD	BD	ABD	CD	ACD	BCD	$ABCD$	$j=1$	$j=2$	$\cdots$	$j=n$	$S_m=\sum\limits_{j=1}^{n}y_{m,j}$	m
−	−	+	−	+	+	−	−	+	+	−	+	−	−	+	$y_{1,1}$	$y_{1,2}$		$y_{1,n}$	S_1	1
+	−	−	−	−	+	+	−	−	+	+	+	+	−	−	$y_{2,1}$	$y_{2,2}$		$y_{2,n}$	S_2	2
−	+	−	−	+	−	+	−	+	−	+	+	−	+	−	$y_{3,1}$	$y_{3,2}$		$y_{3,n}$	S_3	3
+	+	+	−	−	−	−	−	−	−	−	+	+	+	+	$y_{4,1}$	$y_{4,2}$		$y_{4,n}$	S_4	4
−	−	+	+	−	−	+	−	+	+	−	−	+	+	−	$y_{5,1}$	$y_{5,2}$		$y_{5,n}$	S_5	5
+	−	−	+	+	−	−	−	−	+	+	−	−	+	+	$y_{6,1}$	$y_{6,2}$		$y_{6,n}$	S_6	6
−	+	−	+	−	+	−	−	+	−	+	−	+	−	+	$y_{7,1}$	$y_{7,2}$		$y_{7,n}$	S_7	7
+	+	+	+	+	+	+	−	−	−	−	−	−	−	−	$y_{8,1}$	$y_{8,2}$		$y_{8,n}$	S_8	8
−	−	+	−	+	+	−	+	−	−	+	−	+	+	−	$y_{9,1}$	$y_{9,2}$		$y_{9,n}$	S_9	9
+	−	−	−	−	+	+	+	+	−	−	−	−	+	+	$y_{10,1}$	$y_{10,2}$		$y_{10,n}$	S_{10}	10
−	+	−	−	+	−	+	+	−	+	−	−	+	−	+	$y_{11,1}$	$y_{11,2}$		$y_{11,n}$	S_{11}	11
+	+	+	−	−	−	−	+	+	+	+	−	−	−	−	$y_{12,1}$	$y_{12,2}$		$y_{12,n}$	S_{12}	12
−	−	+	+	−	−	+	+	−	−	+	+	−	−	+	$y_{13,1}$	$y_{13,2}$		$y_{13,n}$	S_{13}	13
+	−	−	+	+	−	−	+	+	−	−	+	+	−	−	$y_{14,1}$	$y_{14,2}$		$y_{14,n}$	S_{14}	14
−	+	−	+	−	+	−	+	−	+	−	+	−	+	−	$y_{15,1}$	$y_{15,2}$		$y_{15,n}$	S_{15}	15
+	+	+	+	+	+	+	+	+	+	+	+	+	+	+	$y_{16,1}$	$y_{16,2}$		$y_{16,n}$	S_{16}	16

注:①"+"和"−"分别代表+1 和−1,尽管它们也表示因子水平的高低;②数据如表 11.7 所示。

对于 $n>1$,平方和的计算如下

$$\text{SS}_{总和}=\sum_{j=1}^{n}\sum_{m=1}^{2^k}y_{m,j}^2-2^k n\,\bar{y}^2 \quad k=2,3,\cdots$$

$$\text{SS}_{误差}=\text{SS}_{总和}-\sum_\lambda \text{SS}_\lambda$$

$$\text{SS}_\lambda=\frac{C_\lambda^2}{n2^k}\lambda=A,B,AB,\cdots \quad k=2,3,\cdots$$

其中

$$C_\lambda = \sum_{m=1}^{2^k} S_m \times (\text{在 } m \text{ 行 } \lambda \text{ 列处标注}) \lambda = A, B, AB, \cdots \quad k = 2, 3, \cdots$$

$$\bar{y} = \frac{1}{n2^k} \sum_{m=1}^{2^k} S_m$$

S_m 在表 11.8 中被定义。

由该关系求出各主要因素的影响及其相互作用的平均值

$$\text{Effect}_\lambda = \frac{C_\lambda}{n2^{k-1}} \quad \lambda = A, B, AB, \cdots; \quad k = 2, 3, \cdots$$

其中 Effect_λ 被称为 λ 效应。如表 11.8 所示,对于 $k=2$,有 3 个 λ,A、B 和 AB;对于 $k=3$,有 7 个 λ,A、B、C、AB、AC、BC 和 ABC;对于 $k=4$,存在 15 个 λ,A、B、C、D、AB、AC、BC、AD、BD、CD、ABC、ABD、ACD、BCD 和 $ABCD$。

主效应及其相互作用的均方值很简单

$$\text{MS}_\lambda = \text{SS}_\lambda$$

因为每个因素的自由度数是 1,误差的均方如下

$$\text{MS}_E = \frac{\text{SS}_E}{2^k(n-1)} \quad n>1; k = 2, 3, \cdots$$

检验统计量是

$$F_o = \frac{\text{MS}_\lambda}{\text{MS}_{误差}} = \frac{\text{MS}_\lambda}{\text{SS}_{误差}/[2^k(n-1)]} \quad \lambda = A, B, AB, \cdots; k = 2, 3, \cdots$$

表 11.9 给出了 2^k 因素分析的方差分析表。

表 11.9　多次重复的 2^k 因素实验方差分析表

因素	平方和	自由度	均方差	F_o	$f_{\alpha,1,(n-1)2^k}$
A	SS_A	1	MS_A	$\text{MS}_A/\text{MS}_{误差}$	来自 f- 表的值
B	SS_B	1	MS_B	$\text{MS}_B/\text{MS}_{误差}$	来自 f- 表的值
C	SS_C	1	MS_C	$\text{MS}_C/\text{MS}_{误差}$	来自 f- 表的值
$\vdots$					
AB	SS_{AB}	1	MS_{AB}	$\text{MS}_{AB}/\text{MS}_{误差}$	来自 f- 表的值
AC	SS_{AC}	1	MS_{AC}	$\text{MS}_{AC}/\text{MS}_{误差}$	来自 f- 表的值
BC	SS_{BC}	1	MS_{BC}	$\text{MS}_{BC}/\text{MS}_{误差}$	来自 f- 表的值
$\vdots$					
ABC	SS_{ABC}	1	MS_{ABC}	$\text{MS}_{ABC}/\text{MS}_{误差}$	来自 f- 表的值

续表

因素	平方和	自由度	均方差	F_o	$f_{\alpha,1,(n-1)2^k}$
⋮					
误差	$SS_{误差}$	$2^k(n-1)$	$MS_{误差}$		
总和	$SS_{总和}$	$n2^k-1$			

11.4.6 重复一次的 2^k 因素分析

在某些情况下,仅用一次重复进行因素实验更为经济。当只使用一次重复时,就没有对均方误差的估计。然而,有一种图形方法可以确定重要因素和相互作用;但误差方差仍然未知。

在讨论这个过程如何工作之前,我们介绍使用累积正态分布函数对纵坐标(y轴)数据进行缩放的绘图。这类似于绘制纵坐标按对数缩放的数据。在纵坐标已被对数缩放的图上,指数函数将显示为一条直线。类似地,在纵坐标已用正常累积概率函数进行缩放的图上,具有正态分布的有序值的过程将显示为一条直线。换句话说,对于正态分布,平均值 m 两侧的累积概率值 $P(z)$ 标准差 s 分别为 $P(\mu+s)=0.84$ 和 $P(\mu-s)=0.16$,而平均值是 $P(\mu)=0.5$。因此,在概率变换图上,这三组坐标 $[\mu-s,0.16]$、$[\mu,0.5]$ 和 $[\mu+s,0.84]$ 指定了三条如图 11.4 所示的直线。

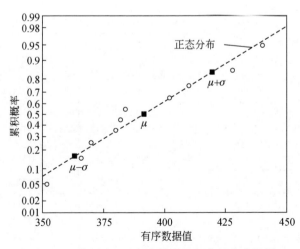

图 11.4 使用表 11.10 中数据的概率标度坐标图

表 11. 10 有序数据及其指定概率表

j	z_j	$z_j[(j-0.5)/10]$ 的累积概率
1	352	0. 05
2	366	0. 15
3	370	0. 25
4	380	0. 35
5	382	0. 45
6	384	0. 55
7	402	0. 65
8	410	0. 75
9	428	0. 85
10	440	0. 95

用概率缩放的 y 轴绘制数据的过程如下。分析一组 m 个数据值 $y_i,i=1,2,\cdots,$ m。将数据从最小值(最负值)排序到最大值(最正值),并将最小值赋给数字1,次最小值分配给数字2,以此类推,最大值为数字 m。调用这些有序数据值 $z_j,j=1,$ $2,\cdots,m$。对应于每个 z_j,我们赋值为 $(j-0.5)/m,j=1,2,\cdots,m$ 的累积概率,即 $z\leqslant z_j$ 的概率。要在概率缩放的 y 轴上绘制的每个数据值的坐标是 $[z_j,(j-0.5)/m]$。为了说明这个过程,考虑表 11. 10 中所示的有序数据。它们的平均值是 $m=391.4$,样本方差是 $s^2=787.6(s=28.06)$。这些数据如图 11. 4 所示。如果数据确实是正态分布的,它们将全部位于直线上。但是,根据这条线上各点的贴近度和分布情况,可以合理地假定这些数据是正态分布的。

我们现在继续使用这种技术来确定一次重复的因素设计中具有统计学意义的因素和相互作用,并且 $k>2$ 时同样适用。该过程类似于用于在图 11. 4 中获取结果的那个过程。有序的数据值被效果 λ 的有序值替换。可以忽略不计的影响将是正态分布的,并且倾向于在该图上以直线表示,而显著性的影响将远离这条直线。分析表 11. 11 给出的数据,这些数据是通过一个 2^4 重复的设计获得的。使用前一节的公式,我们计算了平方和效应,表 11. 11 列出了这些影响,且这些影响是有序的,累积的概率分配在表 11. 11 最后一列显示,然后在图 11. 5 中绘制结果。从表 11. 11 看出,A、C、D、AC 和 AD 的平方和占总数的96.6%。当使用概率坐标绘制有序效应时,可以看到由于 A、C、D、AC 和 AD 引起的影响远远偏离正态分布线。这表明它们不是正态分布的,因此在统计学意义上影响了流程。

表 11.11 重复一次的 2^4 因素实验分析

序号	因素及其级别				数据	计算值						
m	A	B	C	D	$y_{m,1}$	λ	SS_λ	影响	有序影响	λ 顺序	概率($i-0.5$)/15	i
1	−	−	−	−	86	A	7 482.25	43.25	43.25	A	0.966 7	15
2	+	−	−	−	200	B	156.25	6.25	19.75	C	0.900 0	14
3	−	+	−	−	90	C	1 560.25	19.75	6.25	B	0.833 3	13
4	+	+	−	−	208	D	3 422.25	−29.25	5.25	BCD	0.766 7	12
5	−	−	+	−	150	AB	0.25	0.25	4.75	BC	0.700 0	11
6	+	−	+	−	172	BC	90.25	4.75	3.75	ABC	0.633 3	10
7	−	+	+	−	140	AC	5 256.25	−36.25	3.25	ACD	0.566 7	9
8	+	+	+	−	192	CD	20.25	2.25	2.25	CD	0.500 0	8
9	−	−	−	+	90	AD	4 422.25	−33.25	0.75	BD	0.433 3	7
10	+	−	−	+	142	BD	2.25	0.75	0.25	AB	0.366 7	6
11	−	+	−	+	96	ABC	56.25	3.75	−2.75	$ABCD$	0.300 0	5
12	+	+	−	+	130	BCD	110.25	5.25	−8.75	ABD	0.233 3	4
13	−	−	+	+	136	ACD	42.25	3.25	−29.25	D	0.166 7	3
14	+	−	+	+	120	ABD	272.25	−8.25	−33.25	AD	0.100 0	2
15	−	+	+	+	160	$ABCD$	30.25	−2.75	−36.25	AC	0.033 3	1
16	+	+	+	+	130	总和	22 923.75					

$\bar{y} = 140.2$

a 计算数据由基于例 14.13 的 MATLAB 程序得出,该例子出自 E. B. Magrab et al.,2005,*An Engineers Guide to MATLAB*,2nd ed.,Prentice Hall,Saddle River,NJ。

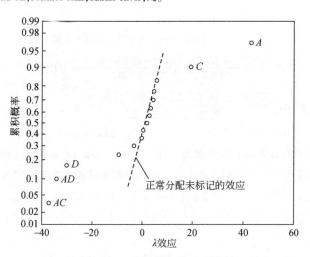

图 11.5 表 11.11 中数据的统计显著性 λ 效应

11.4.7　输出的回归模型

对于 2^k 因素或 2^{k-p} 分数因素设计的方差分析结果可直接用于获得一种关系,该关系可作为具有统计学意义的主要因素和统计学交互作用的函数来估计该流程的输出。我们首先介绍编码变量 x_β

$$x_\beta = \frac{2\beta - \beta_{\text{low}} - \beta_{\text{high}}}{\beta_{\text{high}} - \beta_{\text{low}}}$$

式中,β 是主要变量,即 $\beta = A, B, C, \cdots$;如果 $\beta = A$,则 $\beta_{\text{high}} = A_{\text{high}}$ 并且 $\beta_{\text{low}} = A_{\text{low}}$ 并且当 $\beta = A_{\text{high}}$ 时,$x_A = 1$,并且当 $\beta = A_{\text{low}}$ 时,$x_A = -1$。如果 $A_{\text{low}} \leqslant A \leqslant A_{\text{high}}$,则 $-1 \leqslant x_A \leqslant 1$。

平均输出 y_{avg} 的估计值不能用一般符号表示。因此,它的归纳必须从以下具体例子中推断出来。再分析表 11.11 给出的数据和图 11.5 所示的结果,它们确定了具有统计学意义的因素及其相互作用(当重复次数大于 1 时,具有统计学意义的因素及其相互作用将从它的方差分析表中确定,见表 11.9)。具有统计学意义的主要因素及其相互作用被发现为 A、C、D、AC 和 AD。然后,y_{avg} 的估计值由下式给出

$$y_{\text{avg}} = \bar{y} + 0.5(\text{Effect}_A x_A + \text{Effect}_C x_C + \text{Effect}_D x_D + \text{Effect}_{AC} x_A x_C + \text{Effect}_{AD} x_A x_D)$$

$$= 140.13 + 21.63 x_A + 9.88 x_C - 14.63 x_D - 18.13 x_A x_C - 16.63 x_A x_D$$

式中,x_β 取 -1 和 1 之间的任何值;$\beta = A$、C 和 D。

为了验证 y_{avg} 的方程是合理的,在表 11.11 中出现的 16 个级别组合中,将其值与实验得到的值进行了比较。例如,对于表 11.11 中的组合 $m = 7$,我们可以看到当 $x_A = -1$,$x_C = 1$ 和 $x_D = -1$ 时,测量值为 140。因此,$y_{\text{avg}} = 144.5$,y_{measured} 和 y_{avg} 之间的差异是 4.50,这被称为残差。如果对 16 个组合中的每一个组合都执行此计算,并且如果得到的差异(残差)按图 11.4 所示的概率缩放坐标进行排序和绘图,那么我们将有一个基础来说明 y_{avg} 是否是过程的合理表示。换句话说,如果残差是正态分布的,那么这个方程就足够了。

11.4.8　2^k 部分因素分析

部分因素分析有时比 2^k 因素分析更有用,因为它们只需进行较少的实验。然而,实验次数的减少是以引入混淆为代价的。回想一下,混淆是指一个人无法区分主效应和它的相互作用,或者一个相互作用和其他相互作用。由于混淆,不能得到均方误差的估计值。因此,当事先知道相互作用及其大小时,或者进行一组筛选实验以确定哪些因素(如果有的话)在统计学上是重要的时,使用部分因素设计是最

有效的。部分因素设计用 2_R^{k-p} 表示,其中 k 是因素数量,如果进行次数减少为原来的 $1/2$,则 $p=1$,如果进行次数减少为原来的 $1/4$,则 $p=2$。R 是实验的分辨率。分辨率表明混淆的严重性。当 $R=\mathrm{III}$,称为分辨率 3 设计时,没有主要因素与其他主要因素混淆,但它们与其他两个因素的相互作用混淆。一个例子是 2^{3-1} 的设计,这是一个分辨率为 3 的设计,标记为 2_{III}^{3-1}。当 $R=\mathrm{IV}$,称为分辨率 4 设计时,没有主要因素与其他主要因素或任何两个或更多因素相互作用混淆。这方面的一个例子是 2^{4-1} 设计,在某些情况下,它是分辨率为 4 的设计,表示为 2_{IV}^{4-1} 设计。当 $R=\mathrm{V}$,称为分辨率 5 设计时,没有主要因素或两个因素的相互作用与其他主要因素或两个因素的相互作用混淆。一个例子是 2^{5-1} 的设计,在某些情况下,这样的分辨率为 5 的设计表示为 2_{V}^{5-1}。表 11.12 给出了 2_{III}^{3-1}、2_{IV}^{4-1} 和 2_{V}^{5-1} 设计的因素水平。

表 11.12　部分因素设计中几个因素的水平

序号	2_{III}^{3-1}			2_{IV}^{4-1}				2_{V}^{5-1}				
m	A	B	C	A	B	C	D	A	B	C	D	E
1	−	−	+	−	−	−	−	−	−	−	−	+
2	+	−	−	+	−	−	+	+	−	−	−	−
3	−	+	−	−	+	−	+	−	+	−	−	−
4	+	+	+	+	+	−	−	+	+	−	−	+
5				−	−	+	+	−	−	+	−	−
6				+	−	+	−	+	−	+	−	+
7				−	+	+	−	−	+	+	−	+
8				+	+	+	+	+	+	+	−	−
9								−	−	−	+	−
10								+	−	−	+	+
11								−	+	−	+	+
12								+	+	−	+	−
13								−	−	+	+	+
14								+	−	+	+	−
15								−	+	+	+	−
16								+	+	+	+	+

混淆的影响总是存在于部分因素设计中,这会影响人们估计 $\mathrm{MS}_{\text{误差}}$。因此,来自部分因素实验的数据用于与一次重复的因素实验相同的图形流程进行分析。

11.5 方差分析的实例

11.5.1 例 1——刚性组合梁的制造

目标是确定当梁承受三点弯曲载荷时产生最坚硬的玻璃纤维和环氧复合材料梁的制造条件。通过进行三因素、单次复制、全因子实验来确定制造条件,得到了 27 种不同的制造组合。这三个因素如下:①玻璃纤维织物取向。②来自三个制造商的环氧树脂,每种树脂具有相同的标称强度特性。③各厂家提供的固化剂的用量以及与环氧树脂一起使用的用量。表 11.13 总结了这些组合。在这些制造条件的 27 种不同组合下制造了 27 个梁,列于表 11.14。梁在室温下至少固化 48h,最初为 7.6cm×17.8cm 的薄板。然后修剪这些玻璃板,形成 11.4cm×2.5cm 的横梁。然后对每个梁进行三点弯曲测试以确定其刚度。三点弯曲试验支持梁非常靠近其自由边,而在其中心施加载荷。负载在一定范围内变化,并且在每个值处测量梁在负载下的位移。绘制计算结果并得到了最优的直线。当 x 轴表示梁的位移时,直线的斜率表示刚度。

表 11.13 不同组合制造条件

因素 A:铺层顺序和组织角度(E,F,G)

铺层顺序($1,2,3,4,5$)

E 层:($0°,0°,0°,0°,0°$)

F 层:($30°,30°,0°,-30°,30°$)

G 层:($45°,-45°,0°,-45°,45°$)

因素 B:固化剂比例(L,M,N)

L=制造商推荐

M=在制造商推荐的基础上增大

N=在制造商推荐的基础上降低

因素 C:树脂体系(X,Y,Z)

X=1 号制造商

Y=2 号制造商

Z=3 号制造商

表 11.14　二十七种制造组合

ELX(11)	EMX(4)	ENX(16)	ELY(24)	EMY(5)	ENY(12)	ELZ(17)	EMZ(25)	ENZ(20)
FLX(8)	FMX(22)	FNX(26)	FLY(3)	FMY(2)	FNY(18)	FLZ(23)	FMZ(15)	FNZ(1)
GLX(14)	GMX(6)	GNX(13)	GLY(9)	GMY(7)	GNY(27)	GLZ(19)	GMZ(10)	GNZ(21)

注：括号中的数字对应于试样的制造顺序。表 11.13 描述了三个字母组合对应的制造条件。

玻璃纤维织物标称厚度为 0.7mm。该复合材料具有 50% 的玻璃纤维含量，这意味着 50% 的体积是环氧树脂。模具填充了五层玻璃纤维织物，这些玻璃纤维织物的标称取向沿不同的轴线（偏置）切割。这使纤维织物具有不同的组织角度，如表 11.13 所示。测试结果见表 11.15，分析见表 11.16。统计显著性因素 A（纤维取向）和 C（树脂体系）的平均值绘制在图 11.6 中。根据图 11.6 所示的结果可以看出，为了获得最坚硬的组合梁，应使用 0° 的编织角和来自 2 号制造商的树脂系统。由于固化剂比例不是重要因素，因此应使用该制造商推荐的。

表 11.15　二十七种制造组合刚度汇总

树脂系统	纤维取向 E 硬化剂配比			纤维取向 F 硬化剂配比			纤维取向 G 硬化剂配比		
	L	M	N	L	M	N	L	M	N
X	31.6×10^3	39.8×10^3	3.7×10^3	25.2×10^3	21.2×10^3	14.8×10^3	22.6×10^3	15.7×10^3	19.9×10^3
Y	48.2×10^3	48.0×10^3	44.1×10^3	31.0×10^3	39.7×10^3	33.8×10^3	22.1×10^3	36.9×10^3	25.4×10^3
Z	40.8×10^3	38.2×10^3	38.7×10^3	29.8×10^3	27.6×10^4	37.9×10^3	27.2×10^4	24.5×10^3	26.7×10^3

表 11.16　方差分析数据[a]

变异的来源	平方和	自由度	均方根	F_0	f-95%
A（纤维定向作用）	7.1546×10^8	2	3.5773×10^8	7.97√	4.46
B（固化剂）	1.2996×10^8	2	6.4980×10^7	1.45	4.46
C（树脂系统）	1.0821×10^9	2	5.4105×10^8	12.05√	4.46
AB	1.8146×10^8	4	4.5356×10^7	1.01	3.84
BC	3.5506×10^8	4	8.8764×10^7	1.98	3.84
AC	1.3010×10^8	4	3.2526×10^7	0.72	3.84
误差+ABC	3.5932×10^8	8	4.4915×10^7		
总和	2.9534×10^9	26			

a　利用 MATLAB 软件中的 anovan 函数得到的结果。下同。

√　在 95% 置信水平下具有统计学意义。下同。

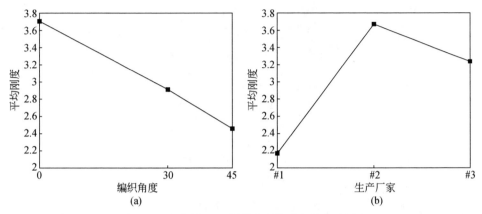

图 11.6　在统计上显著影响平均刚度的主要因素

(a)编织角度;(b)生产厂家。

11.5.2　例2——气动真空吸尘器的最佳性能[①]

气动真空吸尘器使用压缩空气产生吸力。图 11.7 显示了产生吸力的主要气动真空组件,称为喷射器。它的运作如下,通常 620kPa 的压缩空气在喷嘴底部射流排出,射流的出口速度被阻塞(马赫数等于 1),高速气流通过吸入空气在喷嘴的混合段减速。在扩散器中进一步夹带混合物并恢复压力。动力和吸入空气可以直接传递到外面,如果排气声音太大,则通过声学消声器进行消声。

主要目的是通过确定产生最大吸力流量的尺寸来优化喷射器,同时具有对喷射器的尺寸变化不敏感的设计。气动真空必须满足以下性能要求:①620kPa 时的最大压缩空气流量[②]为 1.13sm^3/min。②软管末端的吸入流量为 2.8sm^3/min。目前的设计吸入流量为 1.7sm^3/min。

参照图 11.7,可以看出,设计参数是空气喷嘴的内径 D_j,喷射角 θ_j,入口直径 D_i,入口角度 θ_i,混合截面直径 D_{ms},混合段长度 L_{ms},扩散器角度 θ_d 和扩散器长度

①　T. E. Dissinger and E. B. Magrab,"Redesign of a pneumatic vacuum cleaner for improved manufacturability and performance,"Paper no. 95- WA/DE- 14,1995 ASME International Mechanical Engineering Congress and Exposition,San Francisco,CA,November 1995。

②　每分钟标准立方米数(sm^3/min)是通过每分钟的立方米数乘以压缩空气压力与大气压力之比(在本例中为 6)得到的。

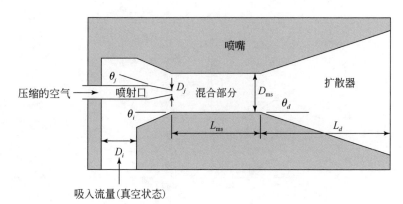

图 11.7   喷射器组件的横截面及其相应的设计参数

L_d。初步的分析和测试表明,喷嘴和射流基本上是相互分离的,因此喷嘴可以独立设计。入口直径是弱耦合的,并被选择为满足最小流量要求的最小直径,发现 D_i = 3.2cm。初步试验还表明,混合段直径主要控制吸入流量,分析表明 D_{ms} = 2.0cm 可以很好地工作。额外的测试表明,流量随着扩散器长度的增加而增加。由于存在尺寸限制,因此选择了与实际尺寸一样大的 L_d,结果为 L_d = 11.4cm。

通过三因素、三级实验和一次复制实验,确定了剩余的几何参数入口角度 θ_i、混合段长度 L_{ms} 和扩散角度 θ_d 的影响。选择三个级别是因为预计一个或多个因素会产生非线性响应。表 11.17 给出了所选择的水平和相应的测量流量。为了得到这些结果,喷嘴的进气段,混合段和扩散器制造成三类,然后按照指示组装成 27 个组合,如表 11.17 所示。进气段长度为 1.8cm,扩散器的长度为 11.4cm。空气射流相对于混合段入口的轴向位置也会影响性能。通过调整射流相对于混合段的轴向位置,以实现最大流量。所有 27 个测试的这个位置保持不变。

表 11.17   三因素三水平实验的测量流量   （单位:m^3/min）

θ_i	L_{ms} =50.8mm			L_{ms} =76.2mm			L_{ms} =101.6mm		
	θ_d =1°	θ_d =3°	θ_d =5°	θ_d =1°	θ_d =3°	θ_d =5°	θ_d =1°	θ_d =3°	θ_d =5°
10°	2.86	3.07	2.93	2.83	3.06	3.00	2.72	3.04	3.01
25°	2.88	3.00	2.89	2.85	3.14	3.03	2.73	3.02	2.89
40°	2.74	3.00	2.89	2.72	3.09	2.99	2.66	2.90	2.83

表 11.18 给出了结果的统计分析,其中可以看出主要效应 θ_i、L_{ms} 和 θ_d 是显著的,并且两因素交互作用不显著。对平均响应有统计学意义的因素如图 11.8 所

示,其中可以看出,当 $\theta_i = 25°$、$L_{ms} = 7.6cm$、$\theta_d = 3°$时,可以获得最大平均流量。然而,实际上 θ_i 可以小至 $10°$,L_{ms} 可以小至 $50.8mm$。为了更仔细地检测扩散器角度对流量的敏感性,一组测试采用 $\theta_i = 25°$,$L_{ms} = 7.6cm$,$\theta_j = 10°$,$D_j = 3.2cm$,$L_d = 11.4cm$,而 θ_d 为 从 $2°$ 到 $5°$ 以半度的增量变化。结果如图 11.9 所示,表明在 $2.5° < \theta_d < 3.5°$ 的范围内,流量保持在其最大平均值的 1% 以内。因此,三种因素的最终值及其可接受值的范围如表 11.19 所示。这样就达到了加工公差较大的设计目标,最小改进流量超过了 10% 。

表 11.18　三因素三水平喷射器设计的方差分析[a]

变异来源	平方和	自由度	均方	F_o	f-95%
A（长度，L_{ms}）	0.0504	2	0.0252	19.79 $^\checkmark$	4.46
B（入口角 θ_i）	0.0440	2	0.0212	17.25 $^\checkmark$	4.46
C（扩散角，θ_d）	0.3507	2	0.1754	137.59 $^\checkmark$	4.46
AB	0.0074	4	0.0018	1.44	3.84
BC	0.0030	4	0.0008	0.59	3.84
AC	0.0112	4	0.0028	2.19	3.84
误差+ABC	0.0102	8	0.0013		
总和	0.4769	26			

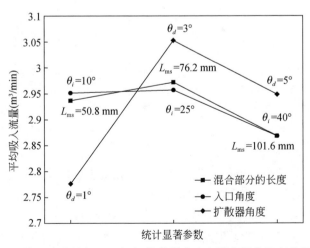

图 11.8　平均吸入流量与入口角度、扩散器角度和混合部分长度的函数关系

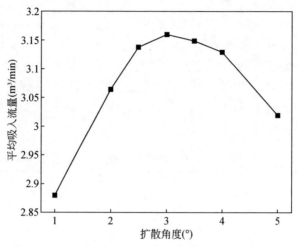

图 11. 9   吸入流量与扩散角度的关系

表 11. 19   喷射器的尺寸参数及其可接受的范围

参数	最终值和范围
扩散角度 θ_d	3°±0. 5°
入口角度 θ_i	25°±5°
混合截面长度 L_{ms}	64±13mm

11. 6   田   口   法

田口倡导质量工程理念,将实验设计作为工程设计过程的正式组成部分。他考虑了产品或流程开发的三个阶段:系统设计、参数设计和公差设计。在系统设计中,工程师使用科学和工程原理来确定系统的基本结构。例如,如果要测量未知电阻,电路知识表明基本系统应该被配置为惠斯登电桥。另外,如果正在设计组装印刷电路板的流程,那么可以指定轴向插入机、表面贴装机、流焊机等。在参数设计中,确定系统参数的具体值。这将涉及选择惠斯登电桥示例的标称电阻和电源值,印刷电路板组装过程中组件贴片机的数量和类型,等等。通常,目标是指定这些标称参数值,使得从不可控(噪声)变量传输的变异性最小化。公差设计用于确定参数的最佳公差。在惠斯通电桥示例中,公差设计方法将揭示设计中的哪些组件最为敏感,以及应在哪些位置设置公差。如果一个组件对电路的性能没有太大的影响,它将被广泛指定。

田口建议采用统计实验设计方法来帮助改善质量,特别是在参数设计和公差设计时。实验设计方法可用于寻找最佳产品或流程设计,其中"最佳"意味着对不可控因素有效的产品或流程。如果产品或流程对变异来源的影响不敏感,即使变异来源尚未消除,也可说是稳定的。

田口理论的一个关键点是减少变异性。除非已知理想(目标)值,否则不能令人满意地定义性能特性的变化。一旦确定目标值,就可以定义与其相关的变化。高质量的产品在整个产品的生命周期和操作条件下,表现在接近目标值的水平上。

为了开发设计产品以提供其目标性能并在面对变化时保持其性能的流程,必须认识到噪声的性质。有三种类型的噪声因素:①外部噪声因素。②单元间噪声因素。③恶化噪声因素。外部噪声因素是产品外部的变异性的来源,其实例是环境(温度、相对湿度、灰尘、紫外线、电磁干扰)和系统敏感的能量(热、振动、辐射)的任何非预期输入。单元间噪声不能使任何两个项目产生完全相同的结果。制造流程和材料是产品组件单元之间变异性的主要来源。恶化噪声通常被称为内部噪声因素,因为产品或流程内部会发生某些变化。某些产品在使用或储存过程中"老化"是常见现象,因此性能会劣化,如房屋上的油漆老化。

用户对产品质量的感知与产品对噪声的敏感度密切相关。因此,必须尽量减少噪声对产品或流程性能的影响。有两种方法可以最大限度地减少这种变异性:①消除噪声源。②消除产品对噪声源的敏感度。对于后一种方法,本章讨论的实验设计方法起着重要作用。

田口认为,任何偏离其预期性能的产品或流程,都会给制造商、用户和社会造成损失。制造商可能承担的损失包括检查、报废和返工、保修费用和退货。对用户造成的损失可能是用于解决小故障的时间和精力,由于机械故障而损失的利润,以及服务合同成本。对社会造成的损失可能是污染和浪费。

所有连续性能特性的目标规格应以标称水平和高于标称水平的公差表示。美国一些行业仍然只是按照规格区间说明目标值。这种做法错误地传达了一种思想,即质量水平对于规格区间内的所有性能特性值都是同样好的,一旦性能值超过规格区间,质量水平就会突然恶化。这种类型的规范如图 11.10(a)所示。

田口提出性能偏离目标值的成本本质上是二次型的,而不是常数,因此最低成本是按目标值计算的,如图 11.10(b)所示。换句话说,目标性能比符合规格区间更重要。从质量损失函数中求出偏离目标值的成本。

有三种情况可以用质量损失函数来描述:①标称上最好。②越小越好。③越大越好。标称上最好的例子是发动机气缸的直径和运算放大器的增益。越小越好

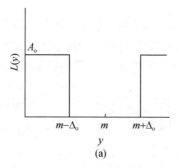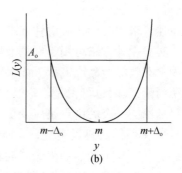

图 11.10 损失函数

(a)规定区间内损失最小时;(b)规定区间内损失非线性变化时。

的例子是微波炉辐射泄漏和汽车尾气污染。越大越好的例子是黏合剂的强度和轮胎的牵引力。这三种情况下的质量损失函数 $L(y)$ 如下。

标称上最好

$$L(y) = A_o(y-m)^2/\Delta_o^2$$

越小越好

$$L(y) = A_o y^2/\Delta_o^2$$

越大越好

$$L(y) = A_o\Delta_o^2/y^2$$

其中,图 11.10(b)中定义了 Δ_o 和 A_o。

田口方法的实现类似于方差分析技术。然而,也存在有一些重要的差异,Montgomery[1] 及 Fowlkes 和 Creveling[2] 已经讨论了一些田口方法的优点,田口方法是一种工程师的因子分析方法,它获得结果的速度快于一些统计学理论。具体而言,它不使用任何具有统计意义的测试,也不包括确定交互作用的方法,这个方法中交互经常与主效应混淆。尽管如此,该方法得到了广泛而成功的应用。

11.7 六西格玛

正如 1.4.3 节所述,六西格玛从统计学中得名,其中西格玛(σ)代表一个流程

① D. C. Montgomery, *Design and Analysis of Experiments*, 3rd ed., John Wiley & Sons, New York, pp. 426-433,1991。

② W. Y. Fowlkes and C. M. Creveling, *Engineering Methods for Robust Product Design*, Addison Wesley, Reading, MA, pp. 329-335, 1995。

的属性的标准偏差,我们表示为 X。六西格玛方法假定属性的变化过程具有平均值 μ 和标准差 σ 的正态(高斯)概率分布。为了量化六西格玛的含义,我们引入了正态分布 $\Phi_N(X<X_o;\mu,\sigma)$ 的累积分布函数。它表示当 X 的总体正态分布的平均值为 μ 和标准差为 σ 时,属性 X 小于某个特定值 X_o 的概率。因此,属性 X 的测量样本将具有小于规格上限(USL)的值的概率由下式给出

$$P_U = \Phi_N(X<\text{USL};\mu,\sigma)$$

其将小于规格下限(LSL)的概率由下式给出

$$P_L = \Phi_N(X<\text{LSL};\mu,\sigma)$$

那么 LSL$<X<$USL 的概率可以从下式中确定

$$P_{U-L} = P_U - P_L = \Phi_N(X<\text{USL};\mu,\sigma) - \Phi_N(X<\text{LSL};\mu,\sigma)$$

摩托罗拉公司开发并实施了基于六西格玛的理念,六西格玛与统计学理论间的关系解释如下。他们假定过程的平均值可以偏离预期的平均值 μ 多达 $\pm 1.5\sigma$。如果这样的话,那么我们有两个极限情况需要考虑:$\mu \to \mu - 1.5\sigma$ 和 $\mu \to \mu + 1.5\sigma$。这两种情况的概率分别是

$$P_{(U-L)-} = \Phi_N(X<\text{USL};\mu-1.5\sigma,\sigma) - \Phi_N(X<\text{LSL};\mu-1.5\sigma,\sigma)$$

$$P_{(U-L)+} = \Phi_N(X<\text{USL};\mu+1.5\sigma,\sigma) - \Phi_N(X<\text{LSL};\mu+1.5\sigma,\sigma)$$

另外,摩托罗拉假定 LSL$=\mu-6\sigma$ 和 USL$=\mu+6\sigma$;因此名称为六西格玛。当使用这些上限和下限规格限制时,可以发现这一点:

$$P_{(U-L)+} = P_{(U-L)-} = 0.999\ 996\ 6$$

换句话说,每百万个产品只会出现 3.4 个缺陷。如果平均值 μ 不变,则可以发现

$$P_{U-L} = 1.97 \times 10^{-9}$$

也就是说,每十亿个产品只有 1.97 个缺陷。这相当于手表每 16 年出现 1 秒的误差。

参 考 文 献

T. B. Barker, *Quality by Experimental Design*, Marcel Dekker, New York, 1985.

A. Bendell, J. Disney, and W. A. Pridmore, Eds., *Taguchi Methods: Applications to World Industry*, IFS (Publications) Ltd, Bedford, UK, 1989.

G. E. P. Box, W. G. Hunter, and J. S. Hunter, *Statistics for Experimenters*, John Wiley & Sons, New York, 1978.

F. W. Breyfogle Ⅲ, *Statistical Methods for Testing, Development and Manufacturing*, John Wiley & Sons, New York, 1992.

N. L. Frigon and D. Mathews, *Practical Guide to Experimental Design*, John Wiley & Sons, New

York, 1997.

R. H. Lochner and J. E. Matar, *Designing for Quality*, Quality Resources, White Plains, NY, 1990.

R. D. Moen, T. W. Nolan, and L. P. Provost, *Improving Quality Through Planned Experimentation*, McGraw-Hill, New York, NY, 1991.

D. C. Montgomery, *Design and Analysis of Experiments*, 3rd ed., John Wiley & Sons, New York, 1991.

R. H. Myers and D. C. Montgomery, *Response Surface Methodology: Process and Product Optimization Using Designed Experiments*, John Wiley & Sons, New York, 1995.

M. S. Phadke, *Quality Engineering Using Robust Design*, Prentice Hall, Englewood Cliffs, NJ, 1989.

J. W. Priest, *Engineering Design for Producibility and Reliability*, Marcel Dekker, New York, 1988.

P. J. Ross, *Taguchi Techniques for Quality Engineering*, McGraw-Hill, New York, 1988.

G. Taguchi, *Introduction to Quality Engineering*, Asian Productivity Organization, Tokyo, 1986.

G. Taguchi, *System of Experimental Design: Engineering Methods to Optimize Quality and Minimize Costs*, Vols. 1 & 2, Kraus International Publications, White Plains, NY, 1987.

G. Taguchi, E. A. Alsayed, and T. Hsiang, *Quality Engineering in Production Systems*, McGraw-Hill, New York, 1989.

附　　件

附件一：材料特性和原材料相对成本

附表 1.1　材料特性[a]

材料	杨氏模量 （gPa）	泊松比	热膨胀系数 [μm/(m·°K)]	导热系数 [W/(m·°K)]	屈服强度 （MPa）
普通碳素钢(<2%C)	170~180	0.275	11.5~13.7	15.22~32.3	276~621
低合金钢(Cr<12%)	76.5~223	0.280~0.300	10.1~14.9	25.3~51.9	180~2 400
不锈钢(>12%Cr)	68.9~240	0.220~0.346	7.02~21.1	1.35~37.2	15.0~2 400
铸铁	62.1~240	0.240~0.370	7.75~19.3	11.3~53.3	65.5~1 450
锌合金	63.5~97.0		19.4~39.9	105~125	125~386
铝合金	70~85	0.33	21~26	78~240	20~500
镁合金	45~50	0.35	25~30	45.0~135	70~400
钛合金	85~120	1.33	8~11	4.9~12	350~1 200
铜合金	10~170	0.181~0.375	5.80~26.3	2.00~401	0.250~2 140
黄铜	13.8~115	0.280~0.375	18.7~21.2	26.0~159	69~683
青铜	41~125	0.280~0.346	16.0~21.6	33.0~208	69~793
镍合金	28~235	0.230~0.339	0.630~27.3	3.50~225	35~4 830
锡合金	30~53	0.330~0.400	14.0~36.0	19.0~73.0	11.9~448[b]
钴合金	100~235		1~15.7	6.50~200	379~1 420
钼合金	200~365	0.285	4.90~7.20	14.0~280	190~1 100
钨合金	138~430	0.280~0.300	4.40~11.7	70.0~330	310~1 240

材料	杨氏模量 (gPa)	泊松比	热膨胀系数 [μm/(m·°K)]	导热系数 [W/(m·°K)]	屈服强度 (MPa)
因瓦合金（卡彭特因瓦 36®合金，冷拔棒材）	148		1.3@93℃	8.5~11	483
科瓦铁镍钴合金（卡彭特 科瓦®合金）	138		4.9@ 30~400℃	17.3	345
超级因瓦（卡彭特超级因 瓦 32-5）	145	0.23	0.63@ -55~95℃		276
铝镍钴合金（复合 A-6S 铝镍钴磁性材料）	100~200		10~13@20℃	10~15	80~300
钕铁硼合金（复合 N-33 钕 铁硼磁性材料）	150~160		5@20℃	9.0	80
铜锰镍（山特维克锰铜® 锰铜 43 电阻丝）			18.0@ 20~100℃	22.0	180
康铜（热电偶线 E 型标准）			8.30@20℃	21.8	414[b]
钼（退火）	330		6@0~250℃	138	324[b]
铂金（CP 级，退火）	171	0.39	9.1@20℃	69.1	125~165[b]
钽（退火）	186	0.35	6.5@20℃	54.4	450[b]
钨丝	400	0.28	4.40@20~100℃	163.3	750
碳化硅	350~480		4~5.2	110~205	400~650
二硅化钼（$MoSi_2$）	242		6.5@20℃	66.2	
石墨	4.80		0.60~4.30@20℃	24.0	
树脂（成型）	1.52~6.10		80~200		20~65
丙烯酸（透明合成树脂，透 明塑胶，有机玻璃）（聚甲 基丙烯酸甲酯，通用，成型）	0.950~4.50		54.0~150	0.128~0.190	50~70
聚丙烯（PP，成型）	0.85~1.5		18.0~185	0.187~0.216	21~38
聚苯乙烯（PS）	1.2~2.6	0.334~0.390	1.30~158		28~50
环氧树脂（成型，未增强）	2.3~3		61~110	0.0270~5.01	38~72
氟碳				0.167~0.795	
酚醛树脂（未增强，成型）	4.10~8.64				41.0~57.9[b]
硅酮（硅橡胶）	120~170	0.5	13.9~335		0.414~41.4[b]

续表

材料	杨氏模量 （gPa）	泊松比	热膨胀系数 [μm/(m·°K)]	导热系数 [W/(m·°K)]	屈服强度 （MPa）
尼龙				0.180~3.00	
聚乙烯(PE)	1.2~2.6		121~200		18~28
乙缩醛(共聚物,未增强)	1.38~3.20	0.35	11.0~234	0.231~0.310	37.0~120
聚酰亚胺	1.36~47.0		2.50~60.0	0.042~0.488	23.3~230
醋酸纤维素(成型)	1.60~2.20		11.0~170	0.170~0.330	19.0~51.0
聚氯乙烯(成型)	0.001 59~3.24		50		17.0~52.0
聚氨酯(弹性体,聚酯级)	0.002~0.02		25.2~171		1.10~42.1
醇酸树脂	0.028 0~3.45		20.0~170		17.9~24.8
聚对苯二甲酸丁二酯(未 增强,成型)	0.028 0~3.45		20.0~170		17.9~24.8
聚对苯二甲酸乙二醇酯 (未增强)	1.83~3.70		25.0~92.0	0.190~0.290	47~90
丙烯腈-丁二烯橡胶(成 型)	1.52~6.10		0.800~139	0.128~0.190	20~65
氯丁橡胶			600~700	0.095~0.13	3.5~15
丁基橡胶	0.001 5~0.004		110~300	0.08~0.95	2~3
硅橡胶(硅弹性体)	0.005~0.02	0.5	13.9~335	0.180~3.00	2.5~5.5
氮化铝			6.2~7	80~310	
氧化铝(99.9%,Al_2O_3)	290~360	0.22	7~12	20~30	360~650
氮化硼(100%,硼砂)				20.0	
碳纤维(CFRP)	78~170		1.1~3.2	1.2~2.8	560~1 000
银	76	0.37		419	140[b]

a 从以下来源编译：http://www.matweb.com/；http://www.custompartnet.com/materials/；M. F. Ashby,
Material Selection in Mechanical Design,Pergamon Press,Oxford,1992。

b 极限强度。

附表 1.2　按重量计算的相对于普通碳素钢的原材料成本

材料	价格/重量 VS 钢材	来源/注解
普通碳素钢(<2% C)	1	热轧钢卷：http://www.steelonthenet.com/prices.html (2008 年 10 月 31 日)
低合金钢(Cr<12%)	0.8~1.5	Ungureanu et al.[1]

续表

材料	价格/重量 VS 钢材	来源/注解
不锈钢(400 系列)	3 ~ 20	http://www. chinamining. org(2008 年 7 月 18 日)
铸铁	0.55 ~ 1.1	Ashby et al. [2]
锌	0.9 ~ 1.1	http://www. lme. co. uk/zinc. asp(2008 年 10 月 31 日)
锌合金	1.1 ~ 5.5	Ashby et al. [2]
铝	1.5 ~ 2.25	http://www. lme. co. uk/aluminium. asp(2008 年 10 月 31 日)
铝合金	2.25 ~ 4.5	Ashby et al. [2]
镁	2.5 ~ 3.5	www. magnesium. com(2008 年 10 月 31 日)
镁合金	8 ~ 10	Ashby et al. [2]
钛合金	40 ~ 140	Ashby et al. [2]
铜	3 ~ 4	http://www. lme. co. uk/copper. asp (2008 年 10 月 31 日)
铜合金	2.5 ~ 9.0	Ashby et al. [2]
黄铜	2.5 ~ 9.0	Ashby et al. [2]
青铜	2.5 ~ 9.0	Ashby et al. [2]
镍	9 ~ 12	http://www. lme. co. uk/nickel. asp (2008 年 10 月 31 日)
镍合金	8 ~ 18	Ashby et al. [?]
锡	11 ~ 14	http://www. lme. co. uk/tin. asp(2008 年 10 月 31 日)
钴	50 ~ 70	cobalt. bhpbilliton. com(2008 年 10 月 31 日)
钼	40 ~ 70	www. infomine. com(2008 年 10 月 31 日)
钨合金	25 ~ 40	Ashby et al. [2]
因瓦合金	35 ~ 45	国家电子合金(2008 年 9 月 19 日)
科瓦尔合金	60 ~ 75	国家电子合金(2008 年 9 月 19 日)
铂	22 500 ~ 27 500	www. infomine. com(2008 年 10 月 31 日)
碳化硅	18 ~ 38	Ashby et al. [2]
树脂	4 ~ 8	Ashby et al. [2]
亚克力(透明合成树脂,有机玻璃)	3.5 ~ 6	Ashby et al. [2](甲基丙烯酸甲酯值)
聚丙烯	1.7 ~ 2.6	Ashby et al. [2]

续表

材料	价格/重量 VS 钢材	来源/注解
聚苯乙烯	2.75~3.5	Ashby et al. [2]
环氧树脂	4.8~9.2	Ashby et al. [2]
矽胶	5~12	Ashby et al. [2]
聚乙烯	2.0~2.5	Ashby et al. [2]
缩醛	5.5~10.5	Ashby et al. [2]
聚氨酯	7.5~15	Ashby et al. [2]
硅橡胶	15~35	Ashby et al. [2]
氮化铝	150~250	Ashby et al. [2]
氧化铝(Al_2O_3)	6~8	Ashby et al. [2]
碳纤维	80~160	Ashby et al. [2]
玻璃纤维	12~25	Ashby et al. [2]
银	300~340	www. kitcosilver. com(2008 年 10 月 31 日)

1 C. A. Ungureanu, Das, S., and Jawahir, I. S., "Life-cycle Cost Analysis: Aluminum versus Steel in Passenger Cars," in *Aluminum Alloys for Transportation, Packaging, Aerospace, and Other Applications*, S. Das and W. Yin, Eds., The Minerals, Metals and Materials Society, 2007, pp. 11-24。

2 M. Ashby, H. Shercliff, and D. Cebon, *Materials: Engineering, Science, Processing, and Design*, Butterworth-Heinemann(Elsevier), Burlington, MA, 2007。

附件二:专有名词翻译对照表

英文原文	中文翻译
life-cycle engineering	生命周期工程
surgically-implanted electronic defibrillator	植入式电子除颤器
fault-tree analysis	故障树分析
failure modes and effects analysis	失效模式和影响分析
cause-and-effect diagram	因果图
poka-yoke	防止错误
guide pins	导向销
statistical process control	统计过程控制

续表

英文原文	中文翻译
injury-causing characteristics	致伤特征
the variability of products	产品变异性
incomplete block design	不完全区组设计
contaminating effect	污染效应
Latin square design	拉丁方设计
statistical process control(SPC)	统计过程控制
analysis of variance	方差分析
random sampling	随机抽样
statistically significant	统计显著性
test statistic	检验统计量
Wheatstone bridge	惠斯登电桥

附件三：机构翻译对照表

机构(原文)	中文翻译
National Center for Manufacturing Sciences	国家制造科学中心
Black and Decker	百得公司
Poland Springs and Deer Park	波兰春鹿公园
Wave solder machine	波峰焊机
Transducer	换能器
Stiff composite beams	刚性组合梁
Pneumatic vacuum cleaner	气动真空吸尘器
Axial insertion machine	轴向插入机
Surface-mount placement machine	表面贴装机
Flow solder machine	流焊机

索　引

索　引

索　引

黄铜的研磨和表面处理

properties of,204,345t

黄铜的特性

recycling of,305

黄铜的循环利用

scrap from,206

黄铜的碎屑

types of,206

黄铜的类型

Brazing,198,201,204,208

硬焊

Brick,194

砖块

Bridges,117,188,199t,205t

桥梁

Bronze

青铜

applicationsfor,205t

青铜的用途

costs,348t

青铜的成本

description of,205

青铜的描述

manufacturing methods for,270,273,278

青铜的制造方法

properties of,345t

青铜的特性

Buckling,157,188

屈服

Build time,287

制造时间

Buna-S,217t. 225

丁苯橡胶

Burden rate,labor,45,66,69t,72,80t,82

负担率

Business case,62-63

商业案例

Bus modularity,156

总线模块化

Butyl rubber,218t,226,347t

丁基橡胶

C

CAD,52,252n,279,287

计算机辅助设计

Cadmium,198,206,207,303

镉

Capacitors,139,191t,229,234,311

电容器

Capital,42,45,49,65-66,65t

资本、资金

Carbon,190-194,197,227

碳(元素)

Carbon/carbon composites,232t,233

碳/碳化合物

Carbon dioxide,224

二氧化碳

Carbon fiber,226,347t,349t

碳纤维

Carbon nanotubes,235t,237

碳纳米管

Carbon steels

碳钢

applications for,190t,2460

碳钢的用途

carburization of,234

碳钢的渗碳处理

costs,347t

碳钢的成本

description of,190-193

碳钢的特征描述

high,192,190t,292,271,273

高碳钢

low,192,190t,201,242t,271

低碳钢

manufacturing methods for

碳钢的制造方法

casting. ,249,250,259-262

碳钢的铸造

comparison of,242t

碳钢的制造方法比较

forging,273

碳钢的锻造成型

powder metallurgy,278

碳钢的粉末冶金制造

medium,192,190t,242t,246,271

中碳钢

索 引

索　引

索　引

索　引

| 索　引 |

| 377 |

索　引

索　引

索 引

索　引

索　引